纺织服装高等教育“十三五”部委级规划教材

女下装构成技术与应用

NVXIAZHUANG GOUCHENG JISHU YU YINGYONG

沈婷婷　何　瑛◎主编

東華大學出版社
·上海·

内 容 提 要

本书上篇阐述女裙的构成技术与应用。通过分析原型裙的结构设计原理，详尽说明裙子廓型变化的原理和特征、纵横向分割线在裙子中的构成技术，并以典型的款式为例分析抽褶、褶裥、波浪等造型方式以及裙腰变化的构成技术；下篇阐述女裤的构成技术与应用。通过分析直筒裤、锥形裤和喇叭裤的结构设计原理，并以变化丰富的具体款式为例说明各种裤子的结构设计变化。本书注重基础理论联系实际，图文并茂，结合款式特征，讲解细致深入，既适合服装院校的师生作为教材，又可供服装行业人员参阅。

图书在版编目(CIP)数据

女下装构成技术与应用 / 沈婷婷，何瑛主编. —上海：东华大学出版社，2019.8

ISBN 978-7-5669-1637-2

Ⅰ.①女… Ⅱ.①沈…②何… Ⅲ.①女服-裙子-结构设计②女服-裤子-结构设计 Ⅳ.①TS941.717

中国版本图书馆 CIP 数据核字(2019)第 185193 号

责任编辑：李伟伟

封面设计：戚亮轩

女下装构成技术与应用

NVXIAZHUANG GOUCHENG JISHU YU YINGYONG

主　　编：沈婷婷　何　瑛

出　　版：东华大学出版社出版(上海市延安西路 1882 号，200051)

本 社 网 址：dhupress. dhu. edu. cn

天猫旗舰店：http//dhdx. tmall. com

营 销 中 心：021-62193056　62373056　62379558

印　　刷：苏州望电印刷有限公司

开　　本：889 mm×1194 mm　1/16

印　　张：14.25

字　　数：502 千字

版　　次：2019 年 8 月第 1 版

印　　次：2019 年 8 月第 1 次印刷

书　　号：ISBN 978-7-5669-1637-2

定　　价：48.00 元

前　言

女下装的主要品种包括裙子、裤子、裙裤以及连身裤。从构成技术来看，裙子相对比较简单，它仅仅包覆了人体下半身的外围，因此服装结构的学习者也往往从裙子开始着手。本书本着学习服装结构必须建立在充分认识人体的立体形态，按照人体的立体起伏形态合理地处理服装结构的理念和思路，在学习裙子的平面结构制图之前，对款式关键立体造型的构成原理采用先通过在人台上立体试样的方式有效地帮助读者理解服装与人体之间的关系，具有很强的直观性。有一些结构问题在平面纸样上难以理解或把握，放到人体的立体模型上思考就能迎刃而解。在掌握了立体造型对应的平面结构处理技术后，再来学习平面结构制图，就能达到事半功倍的效果，并且能融会贯通，举一反三，将构成技术运用到款式变化中，发挥平面结构制图既能准确地把握服装尺寸，又能快速高效地处理服装结构的优势，体现其实用性和普遍性。

本书上篇为女裙的构成技术与运用，从基本款裙子的构成技术入手，采用先立体再平面的方式逐步递进式地分析裙子廓型、纵向分割、横向分割、抽褶造型、褶裥造型和波浪造型的构成技术，并在此基础上通过综合变化案例说明裙腰的变化和半裙构成技术的拓展及应用。

下篇为女裤的构成技术与运用。裤子同为女下装的服装品类，在构成技术上与裙子有很多相似之处，如腰臀差的处理、分割、褶裥及波浪等立体造型的构成技术与方法，均可以参照裙子部分的相关构成技术。下篇从三种基本裤型入手，详细讲解了不同廓型裤子构成理论和构成技术，然后通过十二个独立款式女裤的综合案例来展现并讲解裤腰的变化、分割线的设计、零部件的配置以及多种裤子轮廓造型的构成技术及拓展应用。

本书的上篇由沈婷婷编写，下篇由何瑛编写。由于水平有限，书中仍有不尽如人意之处，敬请广大读者和同行批评指正。

编　者

目　　录

• 上篇　女裙的构成技术及应用

• 下篇　女裤的构成技术及应用

上篇 女裙的构成技术及应用

第一章

裙子的款式要素

裙子是女性衣橱里最绚丽、最出彩的服装品类,它能充分展现女性的魅力,深受各年龄层女性的喜爱。它品种丰富、造型多样、风格各异。有彰显简洁干练的西装裙,有粗犷中带柔美的牛仔裙,有轻盈飘逸的雪纺裙,有摇曳生姿的筒裙,有及地裙尾的礼服裙,还有活泼可爱的超短裙等,不胜枚举。它不仅是炎热夏季的服装主角,在温度适宜的春秋季、甚至是大雪纷飞的冬季,它仍是很多钟爱裙子的女性的选择,毛呢中长裙配上帅气的靴子是独属于寒冷的美丽。

服装的构成包括三大要素,即款式、色彩(图案)和材料,其中任何一个要素的变化都会给服装带来无穷的多样性。下面仅从款式要素的角度对裙子进行一个大致的分类。

从款式要素来看,也还存在着分类方法和分类角度的差别,以下是几种较常见或常用的分类方法。

1. 按裙长分

裙子的长度影响着裙子的风格基调,短裙显得活泼时尚,适合青春靓丽的年轻女性穿着;长裙大多显得成熟稳重,适合职业女性或年龄稍长的女性穿着。

裙长曾经是裙子流行的重要因素。1947年,法国设计师克里斯汀·迪奥(Christian Dior)发表了新风貌(New Look)的时装,裙子的长度距地面 13 cm。英国设计师玛丽·匡特(Mary Quant)首创的迷你裙(膝上 20 cm)在 20 世纪 60 年代成为了时尚革命的引路先锋。

裙长是一个设计值,综合而言,常见的裙长有超短裙、迷你裙、及膝裙、中长裙、长裙等(图 1-0-1)。

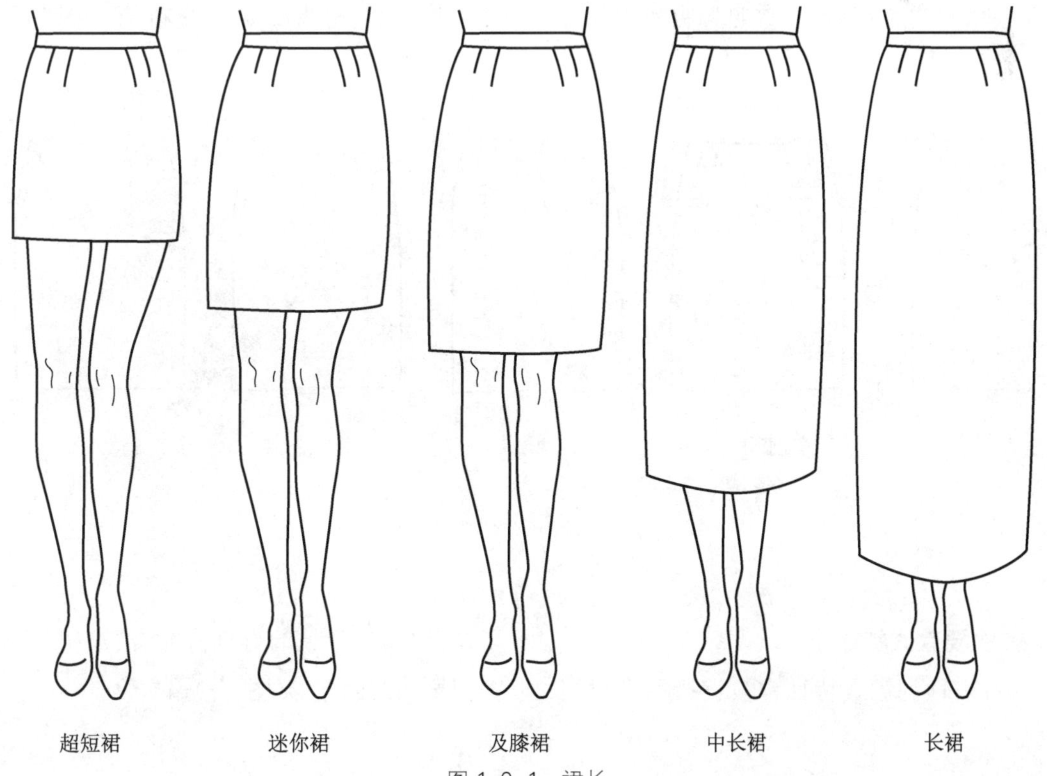

图 1-0-1　裙长

2. 按廓型分

廓型是服装的大轮廓，决定了服装的外部造型。从西方服装发展史看，从 16 世纪到 19 世纪末曾经大量使用裙撑和臀垫等辅助材料，其目的就是人为地夸张裙子整体或局部的廓型。

目前常见的裙子廓型有 H 型（直筒型）、小 A 型、大 A 型（喇叭型）、V 字型、O 型（气球型）、鱼尾型等（图 1-0-2）。

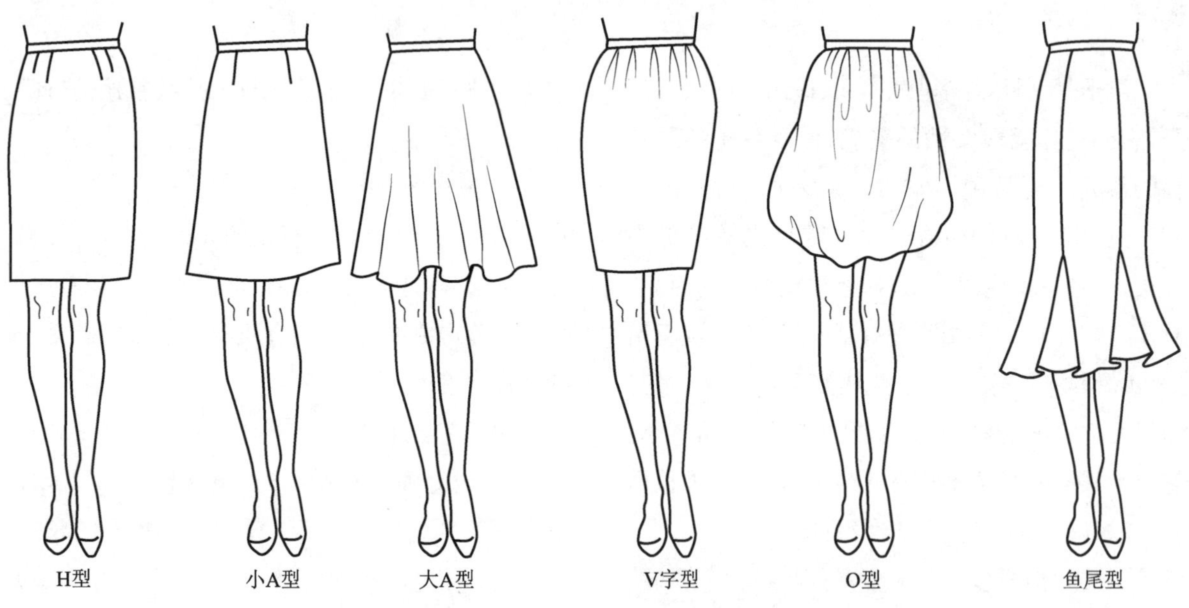

图 1-0-2 裙子廓型

3. 按腰头方式和腰位高低分

腰位是裙子的承重部位，按照腰头和裙片之间的关系可分装腰型、无腰型和连腰型。按照腰位的高低又可分为低腰、中腰和高腰（图 1-0-3）。

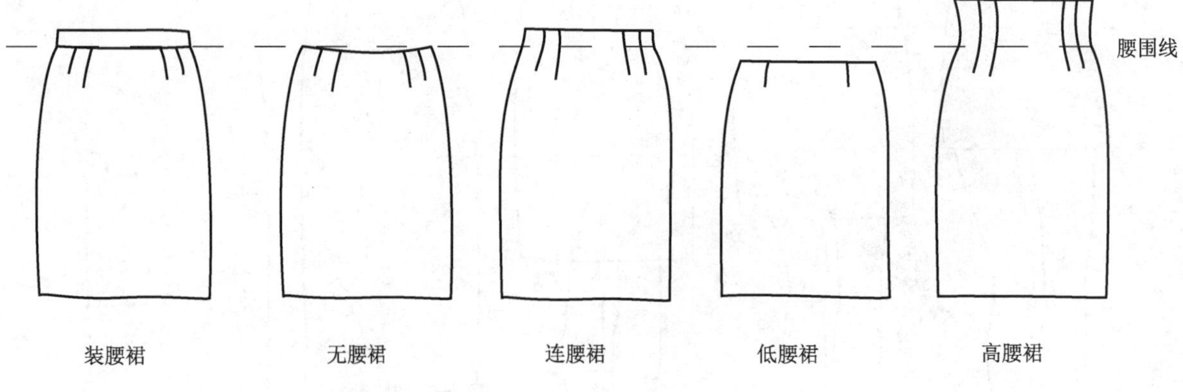

图 1-0-3 裙腰分类

4. 按主要款式特征分

一些代表性的款式特征常被直接用来对裙子进行命名，常见的有插片裙、波浪裙、垂褶裙、抽褶裙和褶裥裙等（图 1-0-4）。

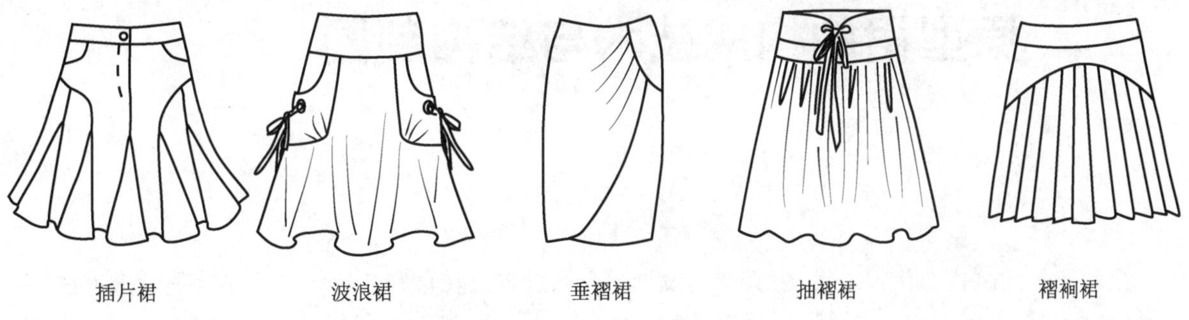

图 1-0-4 裙子的款式特征

5. 按穿着方式分

裙子除了常用的套筒式穿着方式外，还有围裹式(图 1-0-5)。

6. 按腰部的装饰分

除裙身外，裙腰也是裙子款式设计的重要部位，如抽褶、滚边、饰片和下翻式等(图 1-0-6)。

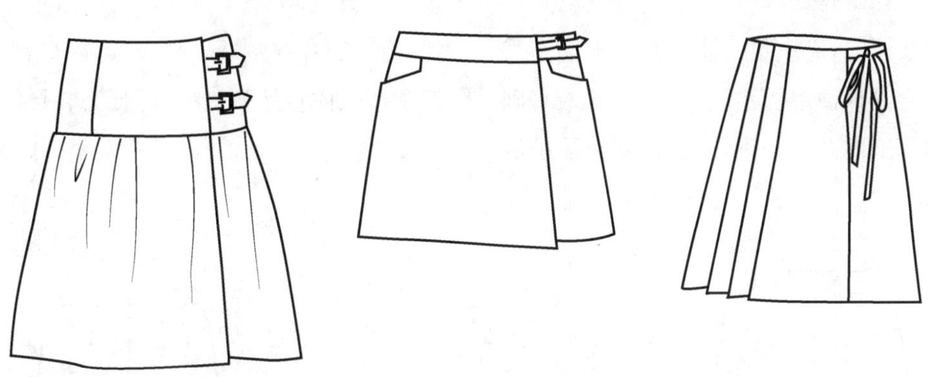

图 1-0-5 围裹式裙子

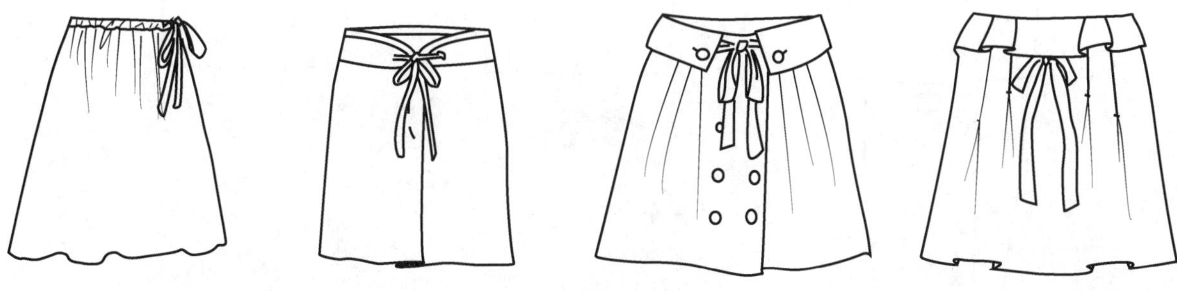

图 1-0-6 裙子腰部装饰

第二章 原型裙的构成技术与结构制图

虽然裙子的款式变化很丰富，但其结构设计的基本原理都是相通的，即在原型裙的基础上，通过省道转移和装饰设计形成多种多样的裙装造型。

第一节 原型裙的立体造型原理与松量设定

所谓原型裙就是最基本的，既能构造出人体腰臀部位曲面形态，又满足人体日常基本动态需求的裙子。它是最简单的裙装款式，具备最基础的裙装结构。如图 2-1-1 所示，其款式特征是从腰围到臀围贴合人体，臀围线以下裙身呈直筒状，前后裙片在侧缝处拼合，前后身各四个腰省。腰头在人体自然腰线处，裙腰为装腰结构。

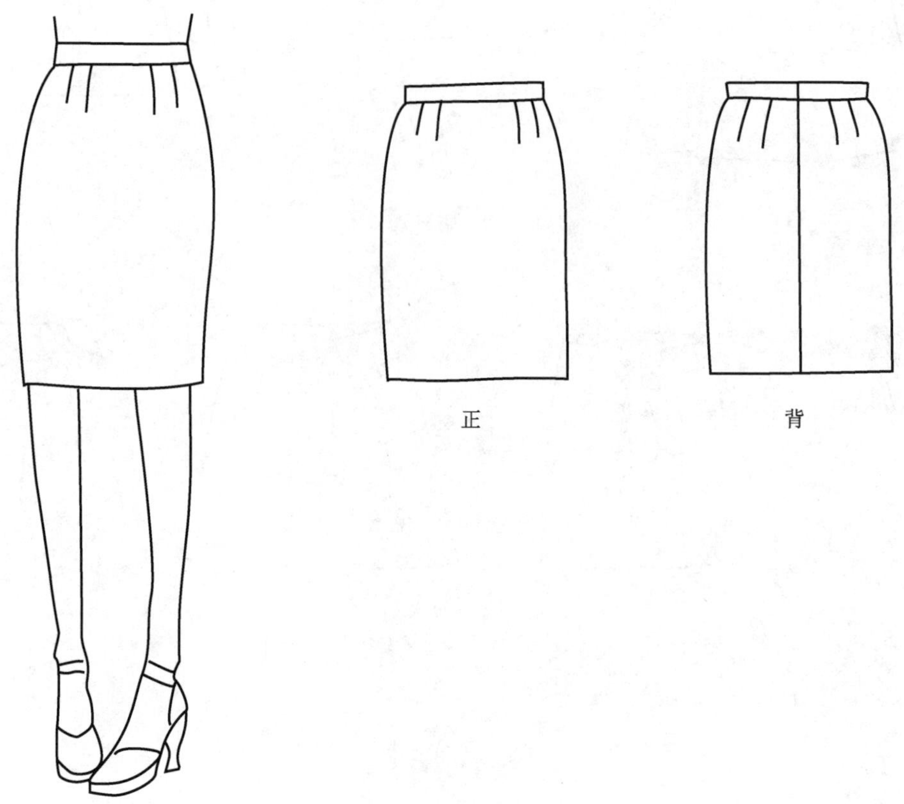

图 2-1-1 原型裙

一、原型裙的立体造型原理

服装是用二维的平面面料将三维的人体表面包裹出来，虽然服装和人体之间有或宽松或合体的关系存在，但人体始终是服装的基础。三维的人体表面转化为二维的服装平面结构图，然后通过缝制成为三维的服装，因此可以先通过在人台上立体造型来理解原型裙的构成原理。取一块长方形的布料围绕人台下肢，并保持臀围处布料的水平状态。由于人台的腰部纤细而臀部丰满，围绕时满足了臀部的围度则自然会在腰部产生余量。要使腰部也能贴合人台，必须设法把这些余量处理掉，最直接的方式就是把它们折叠起来形成省道。从腰部到臀部的人体体表是类似椭圆球面的复曲面，要想贴合人体塑造出这一最能体现女性形体美感的复曲面形态，则收省不能集中收于一两处，而得通过多处收省的方式来实现。其原理如同想要塑造出一个球体，则必须借助多个块面才能构造出来一样。因此需要基本均匀地围绕人体一周来收取这个腰臀差(图2-1-2)。

因此，原型裙的造型原理就是利用腰省和侧缝线以均衡美观的方式实现了分解处理腰臀差的目的和要求，从而塑造出人台从腰围线到臀围线的这部分立体形态，臀围线以下仅是用长方形构造出了圆柱形。

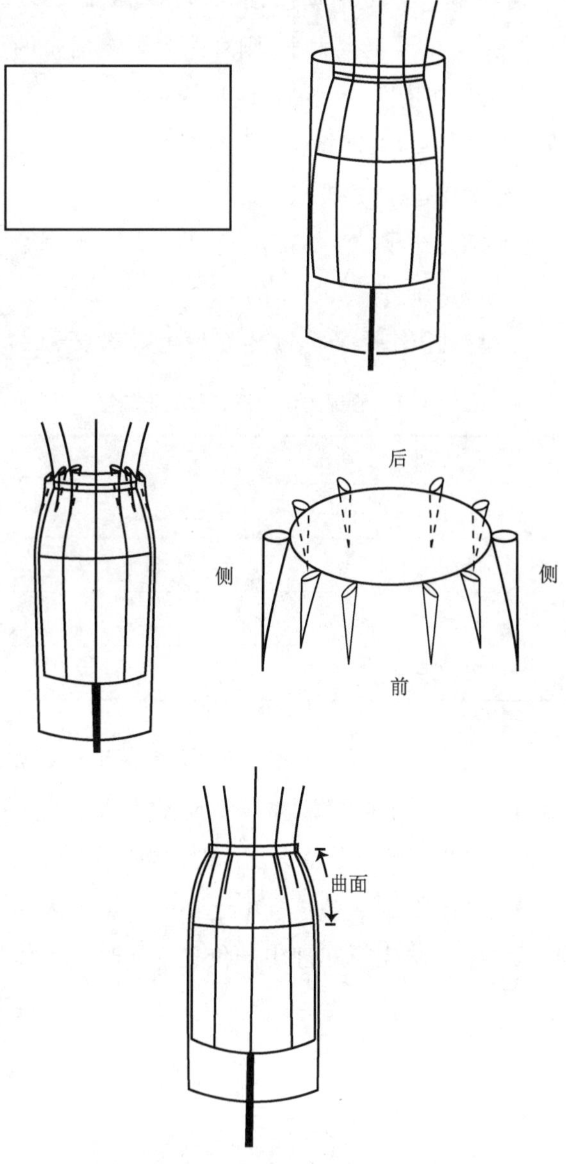

图 2-1-2　原型裙的立体造型原理

二、原型裙的松量设定

人体与人台的不同之处在于人台是静止的，而人体是活动的，因此在人台的立体造型理解服装结构原理的基础上，还需进一步解决服装如何适应人体活动的问题。

在服装的平面制图时，首先要制定规格尺寸，其关键就在于如何在人体的净尺寸基础上根据人体动态要求和款式特征加放合适的松量。

作为裙子基础的原型裙，其款式特征是贴合人体，因此松量主要用于满足人体下肢的常规动态要求。

首先来分析人体下肢的动作会使哪些相关部位的尺寸发生变化？变化的幅度或范围又是多大？就日常生活而言，人体下肢的动作主要有迈步、抬腿、下蹲和坐等，这些动作会使皮肤产生拉伸等变化，也就使人体相关部位的尺寸随之发生变化。对裙子而言，主要是围度上的增加，包括腰围和臀围。

然后要考虑针对人体相关部位动态尺寸的变化，如何设置合适的松量。如果松量设定得小了，会影响人体的活动或使人体活动受限。反之，如果松量设定得大了，则可能会影响裙子的造型美感。所以，合适的松量是既能满足人体日常活动的需要，又能符合裙子造型的要求。

1. 腰围松量的设定

腰部是裙子的支撑部位，腰围是指水平测量人体腰部最细处一周所得的尺寸。

人体动作使腰部体表产生的变化见表2-1-1。

表 2-1-1 腰部的运动形式和平均增量

运动形式	平均增量
席地而坐并 90°前屈	2.9 cm(最大变形量)
坐在椅子上	1.5 cm
坐在椅子上并 90°前屈	2.7 cm
呼吸和进餐前后	1.5 cm

从表中可知腰部的最大变形量是当人体席地而坐并 90°前屈时发生的，平均增量为2.9 cm。但因为腰部是裙子的受力支撑部位，如果直接取该数值作为腰围的松量会由于腰部松量过大而导致裙子无法支撑在理想的位置。同时从人体骨骼构造可知，腰部的骨骼只有腰椎，其余为内脏、肌肉、脂肪等。医学测试表明，腰围缩小 2 cm 后在人体腰部产生的压力并不会对身体产生影响。综合以上因素，裙子的腰围松量一般设定在 0～2 cm 之间为宜。

2. 臀围松量的设定

臀部是人体下部最丰满的部位，臀围是指以水平测量臀部最丰满处一周所得的尺寸。人体的动作使臀部体表尺寸产生的变化见表 2-1-2。

表 2-1-2 臀部的运动形式和平均增量

运动形式	平均增量
席地而坐并 90°前屈	4.0 cm(最大变形量)
坐在椅子上	2.6 cm
坐在椅子上前屈	3.5 cm

从表中可知臀部的最大变形量是当人体席地而坐并 90°前屈时发生的，平均增量为4.0 cm。臀部是由骨盆支撑的，因此，在不考虑面料厚度和弹性的前提下，臀围的最小放松量为 4.0 cm，也就是原型裙所需的臀围松量。

第二节 原型裙的平面结构制图

在理解了裙子的造型原理和基本动态松量设定的基础上，采用平面制图方法直接作出原型裙的平面结构图。

一、规格设计

本书中的下装号型统一取 160/68A，这是绝大多数服装生产企业的裙子母版号型，也就是通常所称的 M 码。为区分人体净尺寸和成衣尺寸，表中用 W 表示人体净腰围，用 W′表示裙子腰围；用 H 表示人体净臀围，用 H′表示裙子臀围。两者之间的差值就是松量。

如前所述，腰围的松量可以取 0～2 cm，也就是在人体净腰围 68 cm 的基础上可以取裙子的腰围为 68～70 cm，这里取了 1 cm 的松量即 69 cm；臀围的松量取了最基本的 4 cm(表 2-2-1)。

表 2-2-1 中除了围度指标外，还包括了两个长度指标：腰长与裙长。腰长是指从腰围线到臀围线的长度，一般在靠近人体侧缝的位置测量。腰长不需要加放。裙长是指从腰围线向下量至裙子底摆线的长度，裙长尺寸是一个设计值，和流行因素有较大的关联。表中裙长取 60 cm，对于 160 cm 身高的女性大约可盖住膝盖。裙长、腰长等尺寸均不包含腰头宽。

表 2-2-1　原型裙的规格设计

单位：cm

号型	部位尺寸	腰围	臀围	腰长	裙长(不含腰)	腰头宽
160/68A	净体尺寸	68	90	18	—	—
	加放尺寸	1	4	10	—	—
	成衣尺寸	69	94	18	60	3

二、结构制图

一般左右对称的款式，制图时只绘制右半身的样板，左半身通过对称的方式得到。制图时先绘制横平竖直的基础线，再绘制曲线形态的结构线（图 2-2-1～图 2-2-3）。

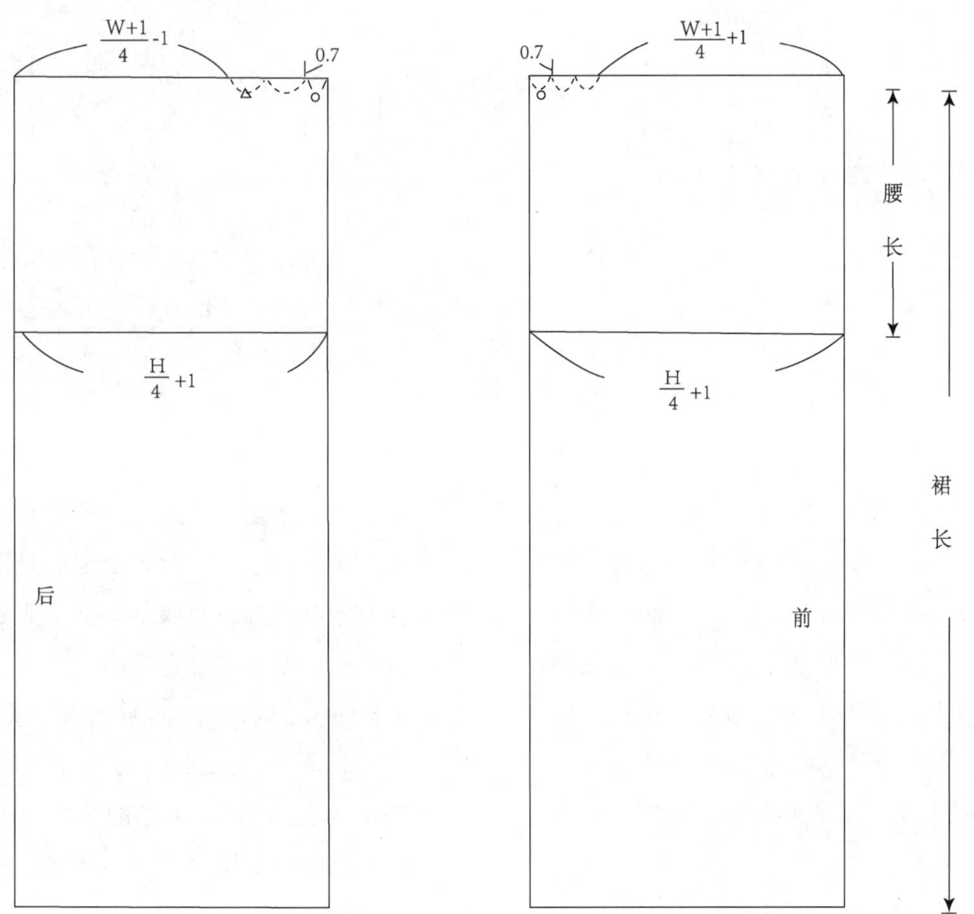

图 2-2-1　原型裙的平面结构制图 1

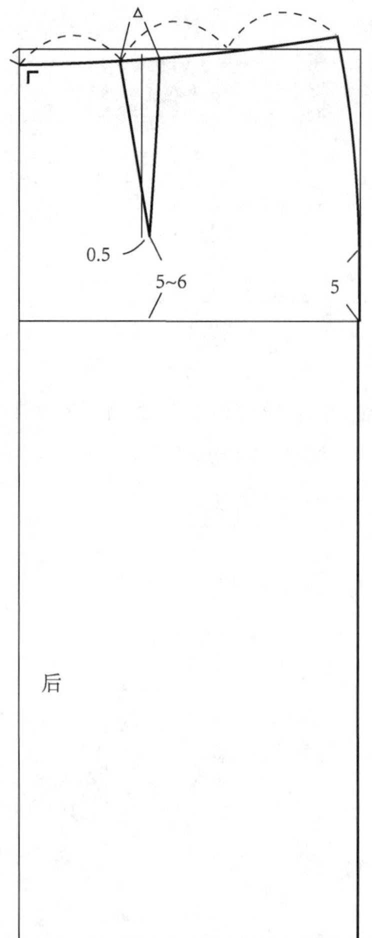

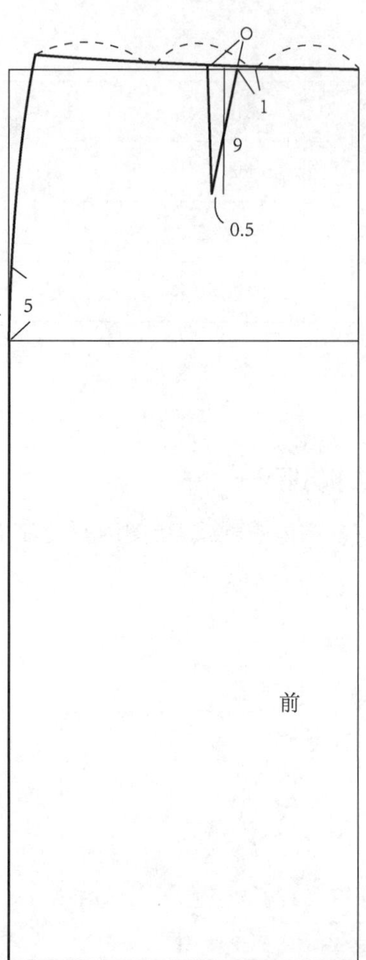

图 2-2-2　原型裙的平面结构制图 2

(1) 作基础线图

作两个长方形，长为裙长(60 cm)，宽为 H/4 (22.5 cm)＋松量/4(1 cm)＝23.5 cm(即 H′/4)。以右侧的长方形作为前裙片，右边线是前中心线，左边线是侧缝辅助线；以左侧的长方形作为后裙片，右边线是侧缝辅助线，左边线是后中心线。两个长方形的上边线都是腰口辅助线，下边线都是下摆辅助线。

(2) 作臀围线

距离长方形的上边线取腰长(18 cm)作一条水平线，此线即为臀围线。

(3) 作前后侧缝线

在前腰辅助线上按照公式(W＋1)/4＋1(即 W′/4＋1)取点。然后将此点到侧缝辅助线之间多余的腰臀差平均分为三份，取靠近侧缝辅助线的那个等分点垂直向上取 0.7 cm，即为前腰侧点。为使前后裙片的侧缝曲线一致，便于缝制，在后腰辅助线上同样取前侧缝的撇掉量，垂直向上取 0.7 cm 即为后腰侧点。从臀围线以上 5 cm 处开始以符合人体侧面形态的微凸弧线分别连顺前后腰侧点与臀围线以下的侧缝线。

(4) 作前腰线

从前腰中点起，用平顺的弧线连接至前腰侧点。注意前腰中点处需保持直角。前侧缝线与前腰线相交的前腰侧点处也需呈直角。

(5) 作后腰线

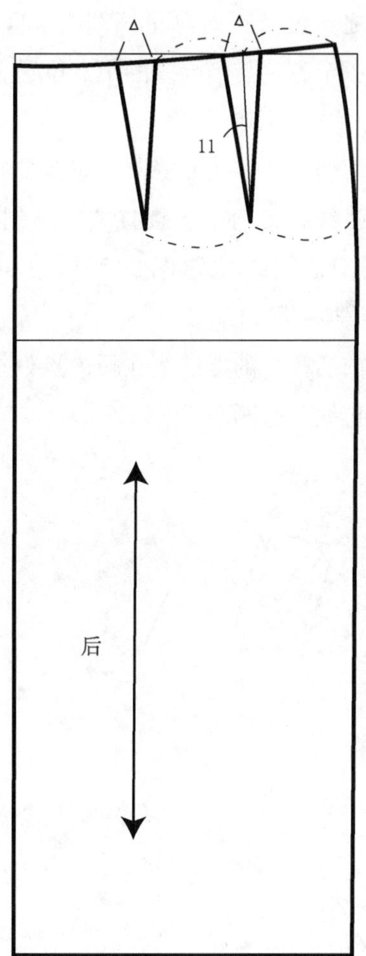

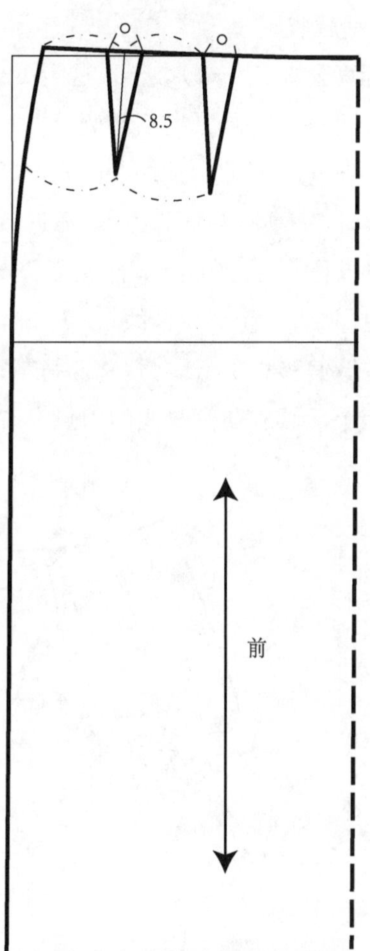

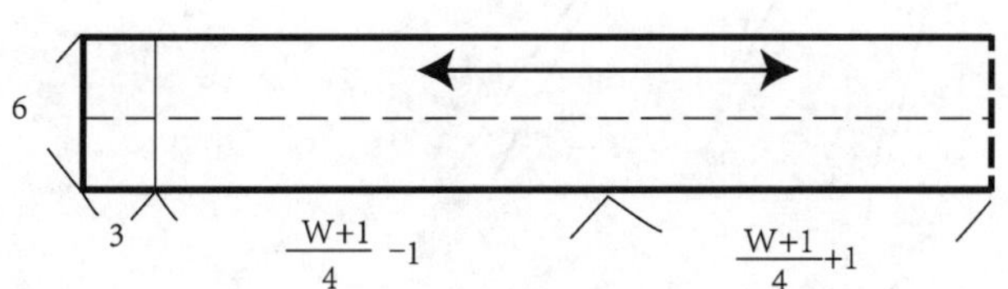

图 2-2-3　原型裙的平面结构制图 3

后腰中点下降 1 cm 后，用平顺的弧线连接至后腰侧点。注意后腰中点处需保持直角。后侧缝线与后腰线相交的后腰侧点处也需呈直角。

(6) 作前腰省

先作靠近中心的前腰省：三等分前腰弧线，取靠近前中的第一个等分点向侧缝方向移 1 cm 的点作为第一个省道的起点，省量为三分之一前腰臀差，省长约 9 cm，省尖铅垂后向侧缝偏移 0.5 cm。另一个前腰省位于第一个前腰省与侧缝线的中点，省量仍为三分之一前腰臀差，省长约 8.5 cm，省尖位于第一个省尖与侧缝线的中点位置。

(7) 作后腰省

按照计算公式(W+1)/4−1(这个 1 cm 是前后差,即 W′/4−1)取点,与后腰侧点之间的差值就是后腰省量,将此量分成两份。先作靠近后中心的后腰省:三等分后腰弧线,取靠近后中的第一个等分点作为省道的起点,省量为二分之一份后腰省总量,省长距离臀围线 5~6 cm,省尖铅垂后向侧缝偏移 0.5 cm。另一个后腰省的省位位于第一个后腰省与侧缝线的中点。省量仍为二分之一份后腰省总量,省长约 11 cm,省尖位于第一个省尖与侧缝线的中点位置。

(8) 修正省道

将两个前腰省按照缝制状态折叠起来,修顺前腰口弧线。将两个后腰省按照缝制状态折叠起来,修顺后腰口弧线(图 2-2-4)。

(9) 检查腰口线

将前后裙片的侧缝线在腰侧点处拼合,检查整条腰口线是否圆顺(图 2-2-5)。

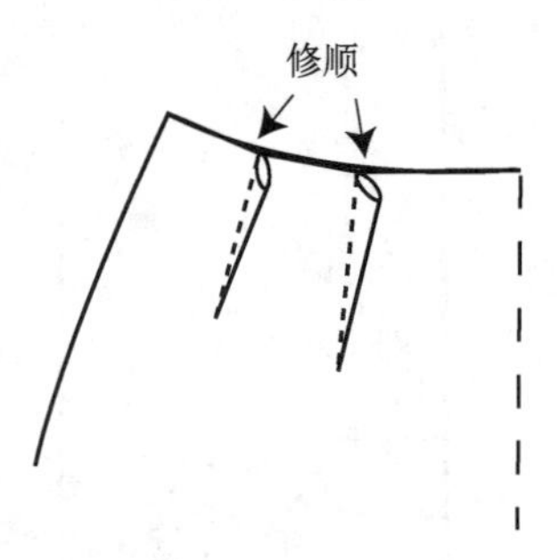

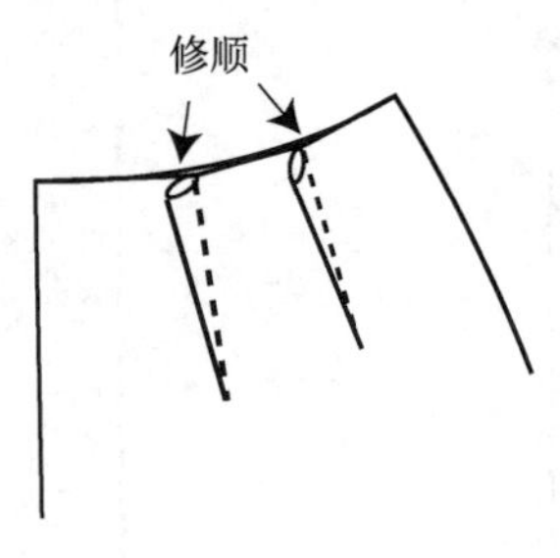

图 2-2-4 修正省道

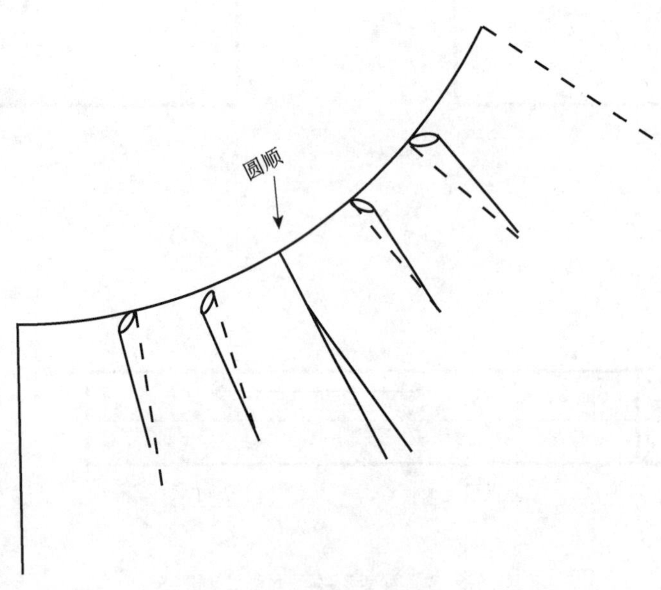

图 2-2-5 腰口线

(10) 腰头

作腰头宽 3 cm,长为腰围(69 cm)+3 cm 叠门宽的长方形为腰头的净样板。裙腰为连裁结构,应加上与裙片缝合的对位记号。

(11) 丝缕

前后裙片都取裙长方向为经向丝缕,腰头取腰围围度方向为经向丝缕。

(12) 放缝

除底边折边量取 2.5 cm 外,其余缝份取 1 cm (图 2-2-6)。

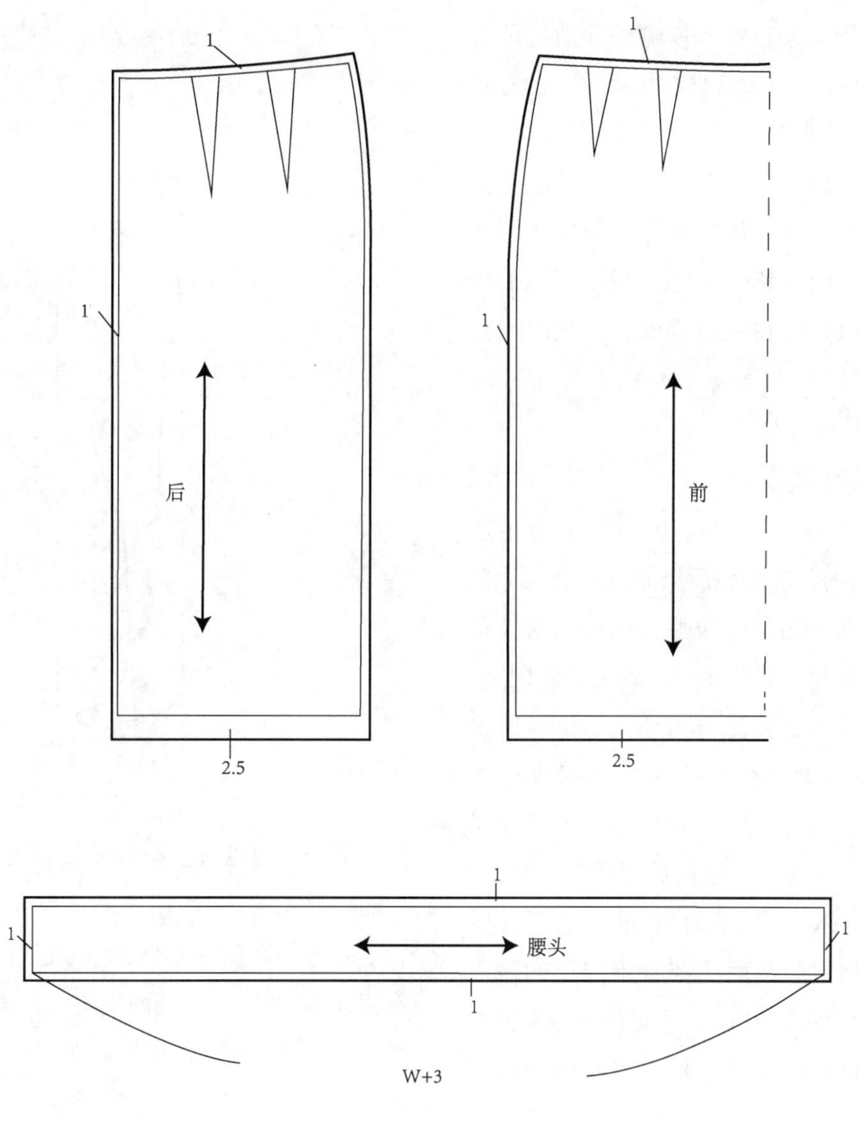

图 2-2-6　原型裙放缝图

第三节　原型裙样板的结构分析

从原型裙样板的结构可以看出，平面的面料是通过结构线（侧缝）和省道来模拟臀围线以上部分的复曲面立体形态，这是造型的关键。也就是说，原型裙的结构线（侧缝）和省道之所以会是这样，完全是由人体的特征所决定的。原型裙结构处理的实质就是以既合理又美观的方式来处理腰臀差。

下面按照制图时的顺序来逐步分析原型裙样板的结构。

一、腰围前后差

在制图时裙子的前后臀围均取了 H/4（22.5 cm）＋松量/4（1 cm）＝23.5 cm（即 H′/4），而计算前后腰围时用到了前后差（1 cm），即后腰围减去前后差（1 cm），前腰围加上前后差（1 cm）。为什么前后腰围会存在这个前后差呢？

从人体纵向的形态来观察人体腰臀部的特征着手，由图 2-3-1 可以看出人体躯干后中心的脊柱呈 S 型，后腰明显凹进，同时腹部相对平坦而臀部丰满；造成了腰围断面相对靠前，而臀围断面相对靠后的形态。即人体的腰围与臀围水平断面的中心并不在同一铅垂线上，当前后臀围取相等时，则前腰围大于后腰围，也就是作图时用到的腰围前后差。

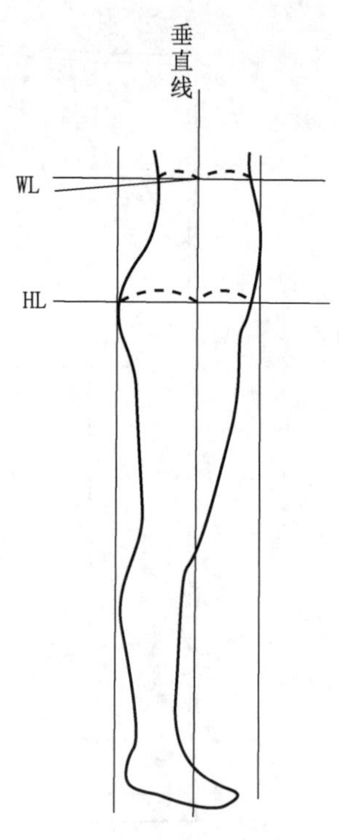

图 2-3-1 人体侧面

二、前后侧缝线

在作前后侧缝线时，将前腰臀差分成了三份，取其中一份的位置起翘后绘制成符合人体侧面弧形的侧缝线。后侧缝也取了同样的撇掉量是为了使前后裙片的侧缝曲线一致便于缝制，也可以取后腰臀差的三分之一份作为后侧缝的撇掉量，这样后侧缝弧线会稍长一些，在缝制时需要以吃势的方式缝合。总之，当前后的侧缝线拼合时会包含约三分之一份的前后腰臀差之和。

从观察人体腰臀部的截面图着手（图 2-3-2），将原型裙的截面图与腰围部位的截面图重合在一起。如图中所示，里面是人体腰围的横截面，外面的粗线表示的是原型裙的外包围圈，O′是重合图中假设的曲率中心。以一定的角度间隔加入分割线，各区间腰围与臀围的差值即为各部分需要处理的腰臀差量。观察可知，前裙片的腰臀差较小，后裙片的腰臀差较大；靠近前后中心的局部腰臀差小，而靠近侧面的局部腰臀差较大，因此原型裙的前后中心线附近不需要腰省，腰侧处则利用侧缝线来处理腰臀差，侧缝处去除的约三分之一前后腰臀差之和也就用来构造曲率变化较大的人体侧面。

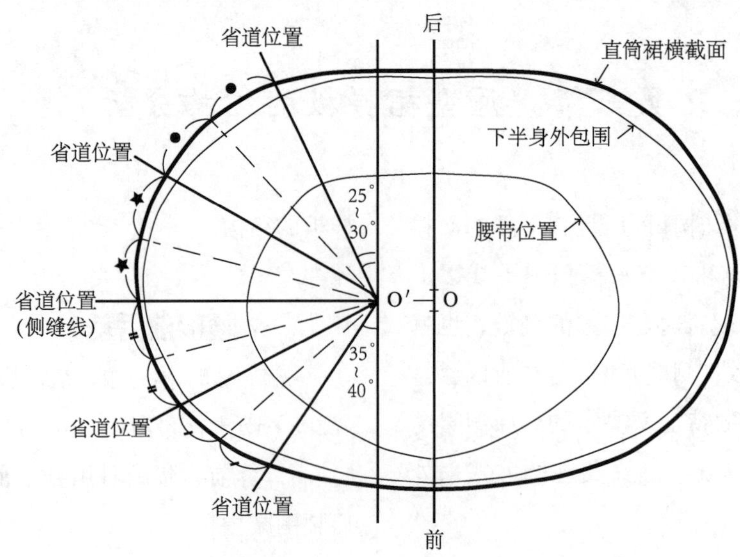

图 2-3-2 腰省的位置

三、腰围线

作前后腰线时，后腰中点下落了 1 cm，而前腰中点不下落。从人体的形态上分析：从侧面看(图 2-3-3)，人体的腹部前凸，而臀部略有下垂，使后腰部至臀部之间略有凹进，呈 S 型。腹部的隆起使前裙腰向上移，后腰下部的平坦使后腰中心下落，一般下落 0.5～1.5 cm(通常取 1 cm)，这样能使裙子的后腰部处于良好的稳定状态。

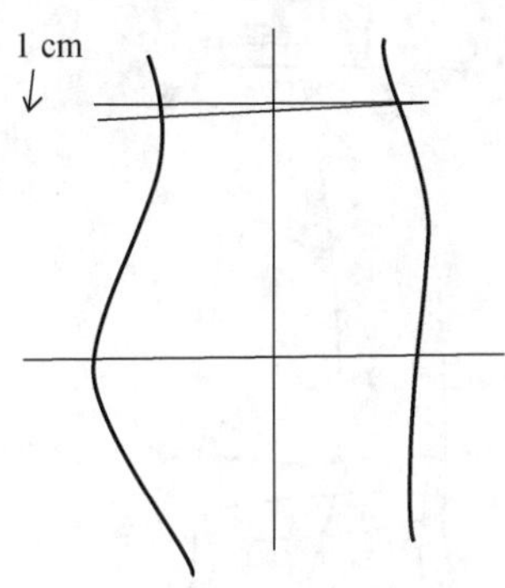

图 2-3-3　后腰下落

四、腰省的位置

原型裙上腰臀差除了侧缝处去除三分之一外，其余的余量分别通过前后裙片收腰省来实现。腰省作为省道包含了三个组成要素：省位、省大(或省量)和省长(或省尖位置)。腰省的位置在制图时基本上以前后腰围的三等分点作为基准，然后往侧缝偏移一定的数值。靠近中心的后腰省一侧设计在三等分点处。前裙片上腰省的偏移量稍大些，靠近前中心的前腰省一侧设计在三等分点往侧缝方向偏移 1 cm 处。从截面图 2-3-2 来看，前片省道的位置设置在与前中矢状方向夹角约 35°～40°的直线上，以及这条线与侧缝线的中间位置；后片省道的位置则设置在与后中矢状方向夹角约 25°～30°的直线上，以及这条线与侧缝线的中间位置，这些就是原型裙中的省道位置。也就是说，四个腰省的位置基本上是沿原型裙横截面的法线方向。

五、腰省的大小

即省量，在人体腰臀部的截面图上分别测量前后中心线到第一个省道的中心线之间、第一个省道的中心线到第二个省道的中心线之间的原型裙外包围和人体腰围的尺寸差值，就是各个省道的省量。但通常为了制图的简便，一般将前后裙片的两个省道大小处理成各自相等。由于腰围存在前后差，即前腰围大于后腰围，使得前腰臀差小于后腰臀差，前腰省自然就小于后腰省。一般单个前腰省为 2～2.5 cm，单个后腰省为 3～3.5 cm。

六、省道的长度

省道的长度或省尖位置取决于腹部和臀部的凸出位置。人体的腰臀部如同一个倒置的鸡蛋形，前面的腹凸靠上，大约在人体腰长一半的位置，所以前腰省的长度一般取腰围线以下 9～10 cm。后面的臀凸靠下，后腰省的长度一般取臀围线以上 5～6 cm。同时腹部和臀部都有立体的弧面形态，因此靠近前中和后中的腰省稍长一些，靠近侧缝的腰省相对短一些。

前后裙片上靠近中心的腰省省尖在制图时取铅垂线向侧缝方向偏移 0.5 cm，这个偏移量是为了符合人体从腰到臀逐渐丰满的体形特征，使得裙片形成的省道线也略微倾斜，体现出腰臀比例(图 2-3-4)。靠近侧缝的腰省则体现美感与均衡，在腰线和省尖位置上都取中点位置。

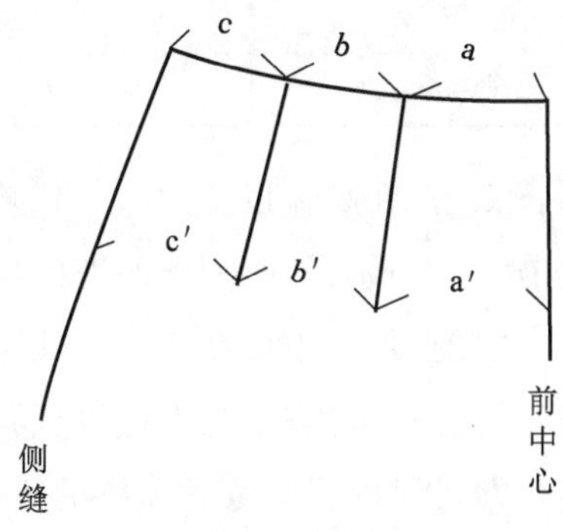

图 2-3-4　省尖位置形成的比例美感

综上所述，原型裙的结构原理是利用侧缝线和前后腰省合理分配腰臀差，并将前后腰省分别放置在美观均衡的位置上，前后省尖分别指向人体的腹凸和臀凸，由此模拟制作出与人体腰臀体表相近似的椭球形复曲面。

第四节　原型裙的直接运用

原型裙的裙摆与臀围围度尺寸一样且闭合成圈，会产生行走不便等问题，因此在原型裙的基础上，保留其原有的结构特征，即腰臀部合体、臀围以下基本呈直筒状，并通过设计开衩或褶裥等弥补其下摆围不足的缺陷，使之能满足人体基本步行的功能，就成为了紧身裙。日常生活中常见的西装裙、一步裙和窄摆裙等都属于这一类造型。

当人体行走时，两脚间产生的前后距离为步幅。表 2-4-1 中是一般女性以平均步幅 67 cm 行走时，下肢各部位所需要的围度。从表中可以看出，随着裙长的增加，下摆围必须随之增大才能满足人体的需要(图 2-4-1)。

表 2-4-1　下肢各部位所需围度

单位：cm

部位	平均数据
步幅	67
膝围线上 10	94
膝围处	100
小腿上部	126
小腿下部	134
脚踝	146

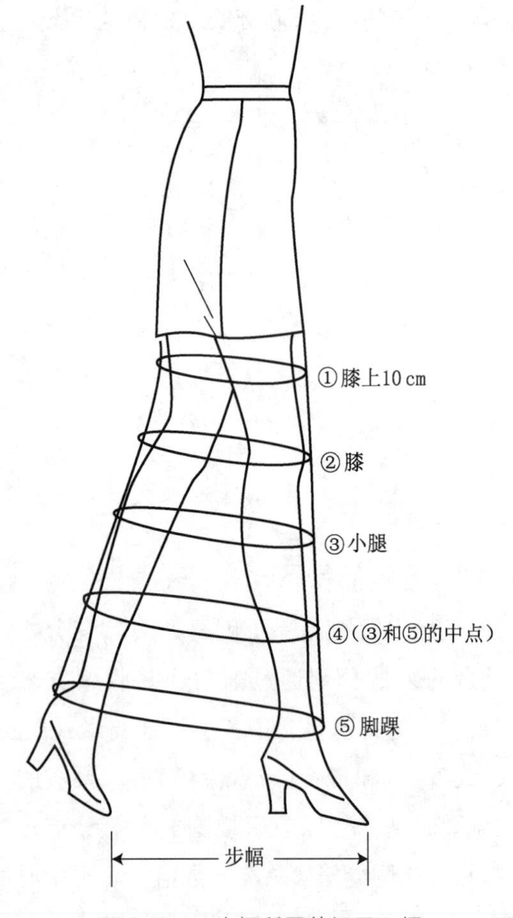

图 2-4-1　步幅所需的裙子下摆

当裙长很短，在膝盖以上 10 cm 位置时，需要的下摆围为 94 cm，同原型裙的臀围尺寸，因此双腿行走没有受到很大的束缚，可以不设开衩。当裙长较长时，则需要在下摆设置开衩，开衩的位置和方式根据服装款式风格的不同可以有多种形式，如西装裙在后中设置叠衩(图 2-4-2)，开衩高度一般不高于臀围线以下 20 cm。类似旗袍风格的窄摆裙等直接在侧缝开衩，开衩的缝止点比较高。休闲风格的直裙往往在前中或后中开衩，两侧互不搭缝。除了开衩以外，暗裥等方式也可以用来增加下摆的不足量(图2-4-3、图2-4-4)。

这类直筒型的裙子由于臀围合体，因此在选择面料时主要考虑厚度适中、弹性好、比较结实的面料，这样在坐后站立起来时，能让裙子快速地回复到原来的造型，表面不留太多的皱痕。一般宜选用密度较高的棉、毛以及涤纶、锦纶等合成纤维织物，如棉织物中的牛仔布、卡其、贡缎等，毛织物里的哔叽、华达呢、花呢等；加入了氨纶纤维的弹性面料在规格设计时可以适当减少臀围松量，能使裙子更包紧臀部，勾勒出曲线，是年轻消费者喜爱的面料；其余，如皮革类面料用来制作此类裙子也能体现其特有的质感。

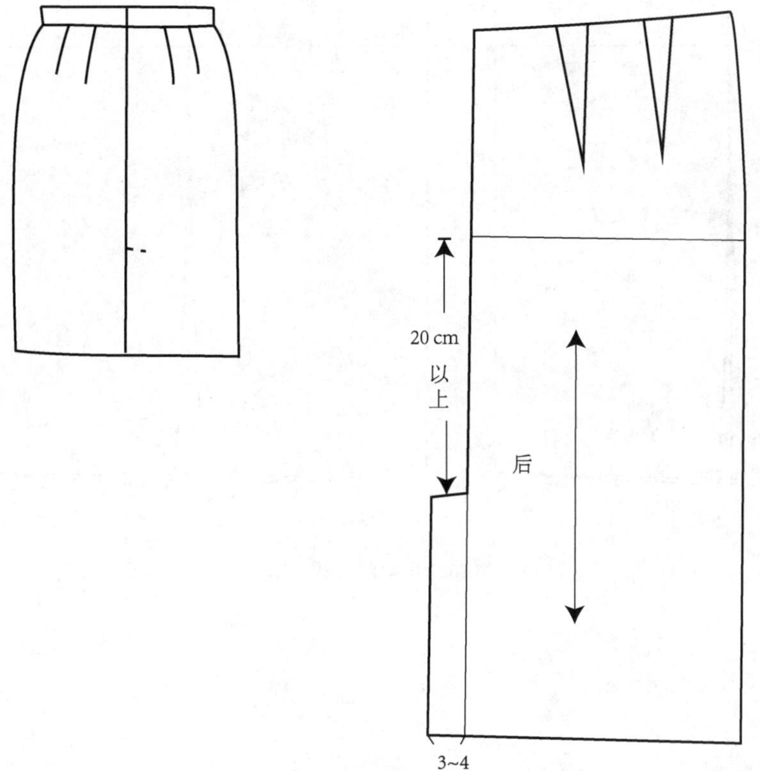

图 2-4-2 西装裙后叠衩

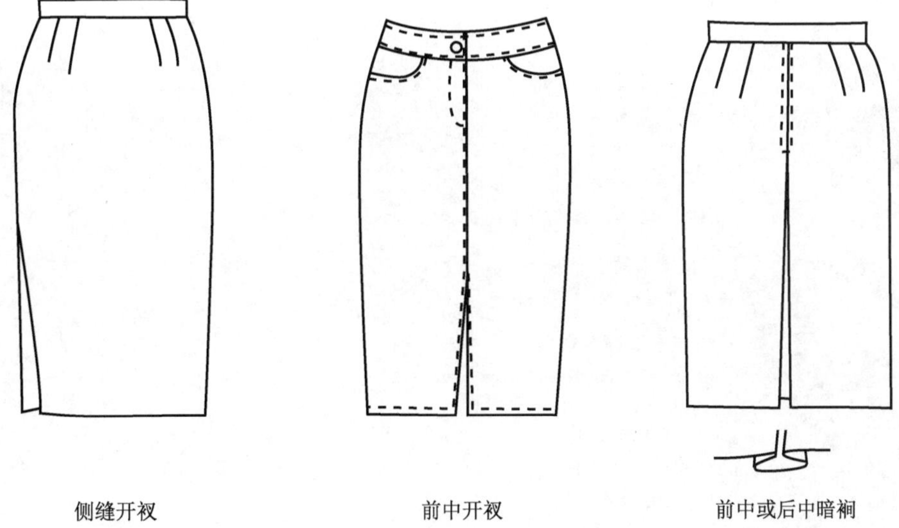

图 2-4-3 直裙的下摆开衩和褶裥

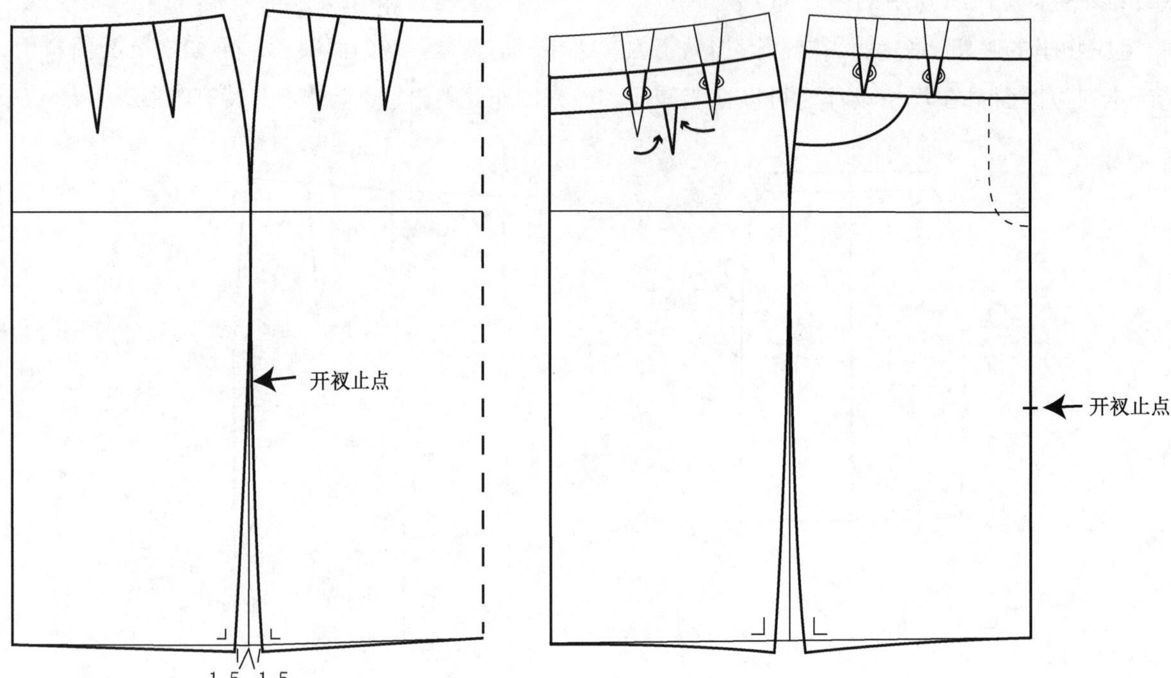

图 2-4-4　直裙的开衩结构图

第三章

裙子廓型变化的构成技术

从原型裙的造型可以看出，由于臀围线以下呈圆柱形，所以下摆即使设了开衩或暗裥也只能满足基本行走的需要，而不能做较大幅度的腿部动作，那怎样才能使裙子的摆围增大，不用设置开衩就能方便腿部的动作呢？——让臀围线以下不再是圆柱形，而是成为摆围大于臀围的圆台形，也就是改变原型裙整体直筒状的廓型。

第一节　A 型　裙

A 型裙又称半紧身裙，其款式特征是整体呈 A 字廓型，从腰围到臀围较合体，裙摆稍扩张，前后裙片各两个腰省，如图 3-1-1 所示。

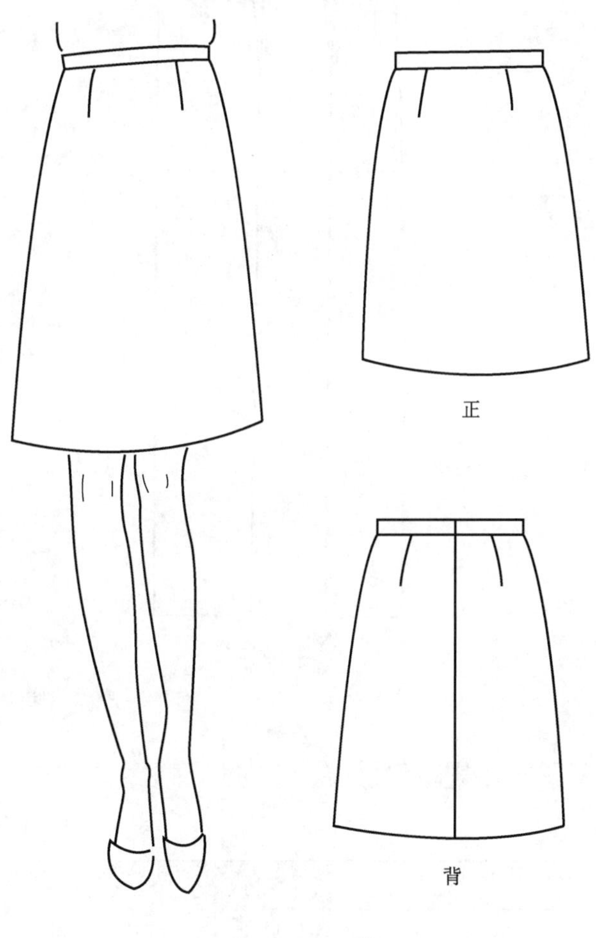

图 3-1-1　A 型裙

先在人台上进行立体试样，为了使裙子的下摆增大，在坯布对齐人台的前中线和臀围线后，需从水平向斜上方推抚，再向下推抚，使臀围线以下到裙摆自然形成倾斜角度，达到人体能自然行走的摆围。这时腰线上的余量减少，只需别取一个腰省即可(图 3-1-2)。

这个立体试样的过程体现了从原型裙转化成 A 型裙的实质，即将原型裙中的一部分腰省量转移到下摆，使之成为下摆的扩张量，使裙子的整体廓型呈现 A 型，腰省的数量由原来的两个减少为一个。

因此 A 型裙的平面纸样设计原理就是在原型裙的基础上从省尖垂直向下作辅助线至下摆，沿辅助线剪开。闭合部分省量在臀围和下摆处形成展开量，同时侧缝也适当加摆以获得平衡。将其余的省量合并成一个省，放在美观的位置上，一般取腰线的中点附近(图 3-1-3)。

在理解了 A 型裙结构原理的基础上，平面制图时可以应用原型裙腰省转移成下摆摆量的结果直接制图。

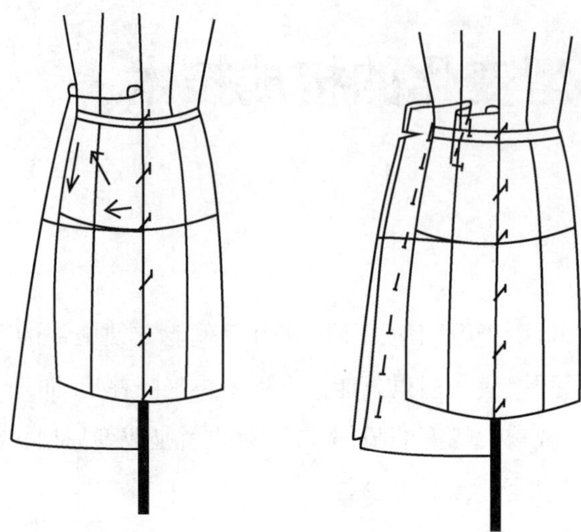

图 3-1-2　A 型裙的立体试样

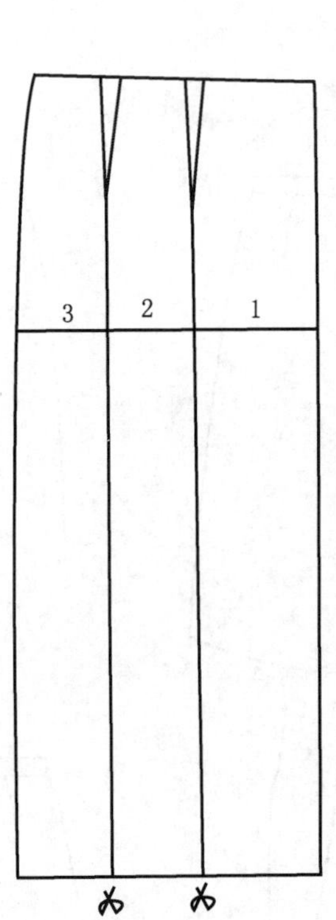

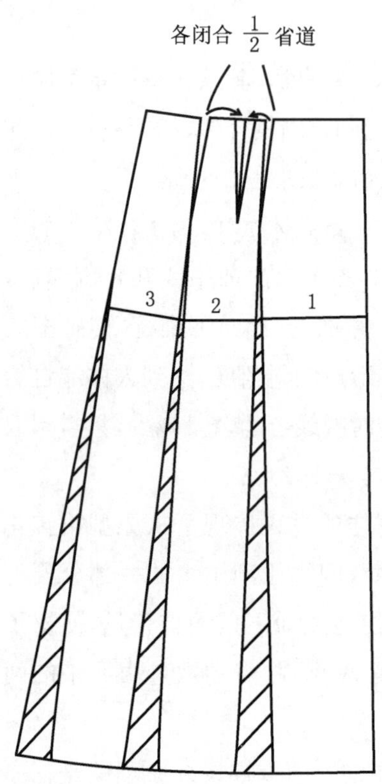

图 3-1-3　A 型裙的平面结构设计原理

一、规格设计（表 3-1-1）

表 3-1-1　A 型裙的规格设计　　单位：cm

号型	部位尺寸	腰围	臀围	腰长	裙长（不含腰）	腰头宽
160/68A	净体尺寸	68	90	18	—	—
	加放尺寸	1	6～8	10	—	—
	成衣尺寸	69	96	18	55	3

二、结构制图

如图 3-1-4 所示。

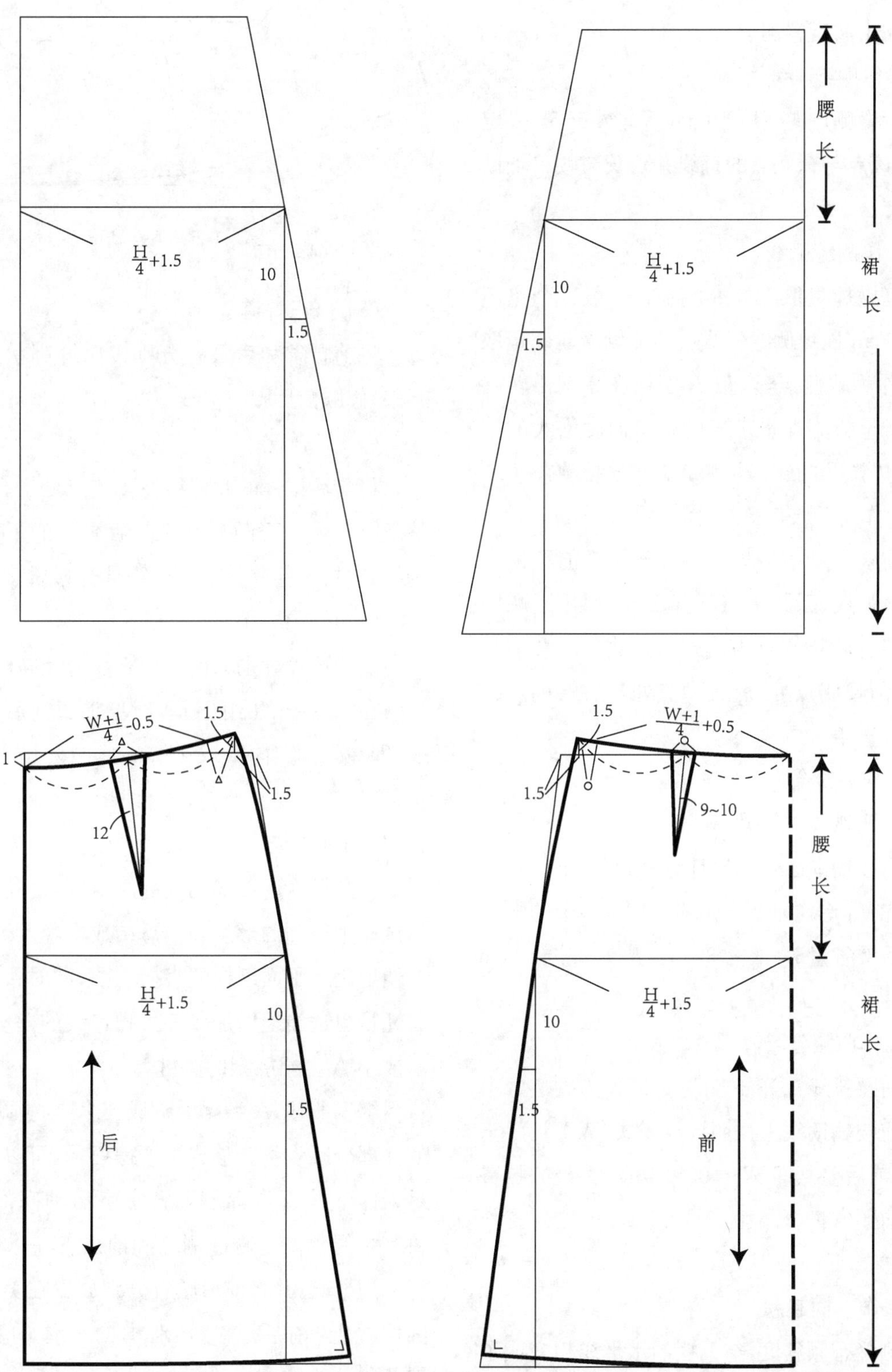

图 3-1-4　A 型裙的平面结构制图

(1) 作基础线

按裙长(55 cm)、腰长(18 cm)作出腰口辅助线、臀围线和摆围线三条水平线。在臀围线上取H/4(22.5 cm)+松量/4(1.5 cm)=24 cm(即H′/4)作出前后臀侧点。

(2) 作侧缝斜线

前后臀侧点向下取10 cm后向外1.5 cm定点,连接该点与臀侧点的直线并延长与腰口辅助线线相交。

(3) 作侧缝弧线

侧缝撇掉量取1.5 cm左右,一般这个量不宜超过2 cm以免侧缝弧线过凸。侧缝起翘量取1.5 cm作为腰侧点,这是A型裙在原型裙转移部分腰省量成为摆量带来的腰口曲度增大的结果,然后以微凸的弧线与侧缝斜线连接顺畅。

(4) 作前后腰口弧线

从前腰中点用平顺的弧线连接至前腰侧点为前腰口弧线,后腰中点下降1 cm后用平顺的弧线连接至后腰侧点为后腰口弧线。注意前腰中点处、前腰侧点处、后腰中点处与后腰侧点处都需保持直角。

(5) 作后腰省

将后腰弧线二等分,等分点即作为省道的中点。在后腰辅助线上按照计算公式(W+1)/4−0.5 cm(前后差)(即W′−0.5)取点,多余的腰臀差即为后腰省量(一般为3 cm左右),省长12 cm左右。

(6) 作前腰省

将前腰弧线二等分,等分点即作为省道的中点。在前腰辅助线上按照计算公式(W+1)/4+0.5 cm(前后差)(即W′−0.5)取点,多余的腰臀差即为前腰省量(一般为2~2.5 cm左右),省长10 cm左右。

(7) 作下摆起翘

因侧缝有倾斜度,与下摆的水平线相交成了锐角,拼接后无法圆顺,所以下摆需要起翘与侧缝线呈直角。起翘量的多少可以通过将前后侧缝拼接后修顺来确定(图3-1-5)。

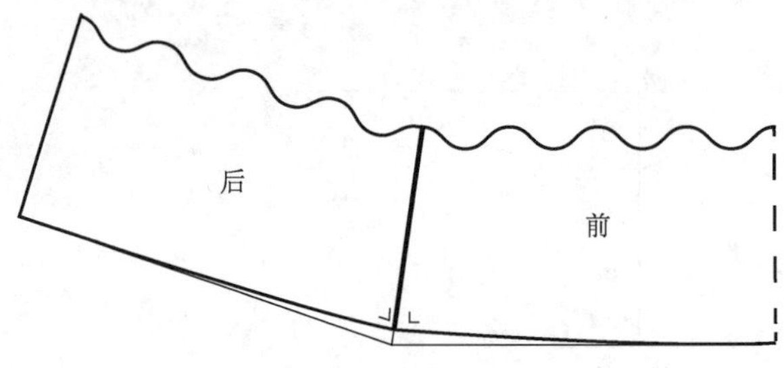

图3-1-5 下摆修正

(8) 修正省道

将前腰省和后腰省分别按照缝制状态折叠起来,修顺前后腰口弧线。

(9) 拼合检查

将前后裙片的侧缝线在腰侧点处拼合,检查整条腰口线是否圆顺。将前后裙片的下摆在侧缝线处拼合,检查整条下摆线是否圆顺。

(10) 丝缕

前后裙片分别取前后中心线为经向丝缕。

在A型裙的制图过程时增加了前后侧缝斜线,即在臀侧点向下取10 cm后向外1.5 cm定点,连接该点与臀侧点的直线形成了侧缝斜线,它实质上是确定了将原型裙中的一部分腰省转移成下摆摆量后形成的侧缝倾斜度,也就是将立体试样中得到的形态归纳总结成了经验数值,以方便地用于平面纸样的直接制图,同时腰侧点的起翘量也适当地增加以增大腰口线的曲度,这是形成小A型裙廓型的关键。

综上所述,A型裙的构成技术是将原型裙中的一部分腰省量转移成了下摆摆量,可以直接满足人体下肢迈步行走等日常生活动态的需要。将其余的腰臀差通过侧缝和前后各一个腰省进行合理分配,并将前后腰省分别放置在美观均衡的位置上,前后省尖分别指向人体的腹凸和臀凸。

第二节　斜　　裙

A型裙只是将原型裙中的部分腰省转移到裙摆，如果将原型裙中所有的腰省量都转移到裙摆，会得到什么样的裙子廓型呢？在人台上继续在侧面沿腰线向下推抚面料，使整条腰线自然贴合人台，就可以看到坯布的臀围线更加低于人台的臀围线，侧缝的倾斜度与A型裙相比进一步加大，裙摆也随之加大，形成少量的波浪，这样的廓型称为斜裙(图3-2-1)。

裙片整体呈现扇形特征，臀围处比较宽松，下摆有少量波浪，如图3-2-2所示。

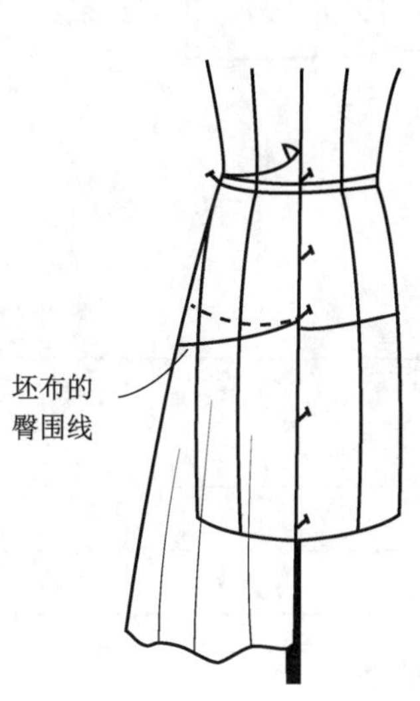

图3-2-1　斜裙的立体试样

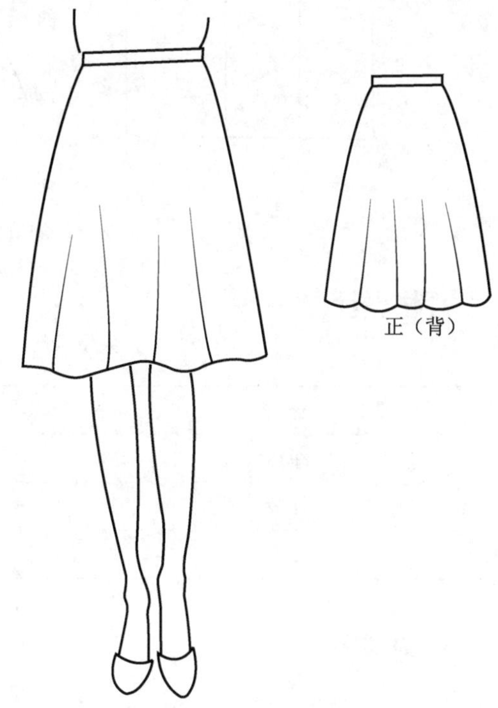

图3-2-2　斜裙

通过立体试样可以看到斜裙的实质就是将原型裙中的所有腰省量都转移到下摆，使之都转化为下摆的扩张量，下摆增大后裙子的整体廓型呈现明显的上小下大的扇形。这可以用来理解斜裙的平面纸样设计原理，将原型裙中的两个腰省都闭合转移至下摆使下摆增大，同时侧缝也适当加摆，腰口线的弧度与A型裙相比进一步加大(图3-2-3)。

如前所述，原型裙可以理解成较准确地模拟出了人体腰臀部位的复曲面，随着从A型裙到斜裙逐步将腰省转移成了裙摆量，同时侧缝线的斜率随之增大，也就造成了腰臀部复曲面的贴合度越来越弱。换句话说就是从原型裙时的准确模拟型逐渐发展到了斜裙的粗略模糊型，这时对前后裙片的造型准确性要求自然就降低了，前后裙片的差异度就被弱化了，所以在平面制图时往往会简化处理，即除了腰口弧线以外，将前后裙片其余的线条前后共用。

理解了斜裙造型特点，实际应用中可以采取简便的方式直接制图。

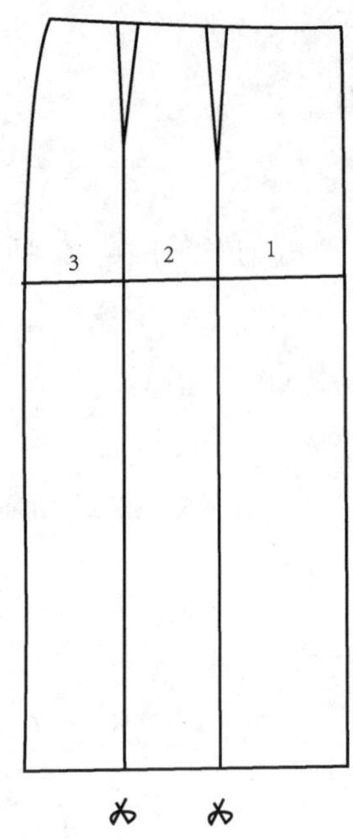

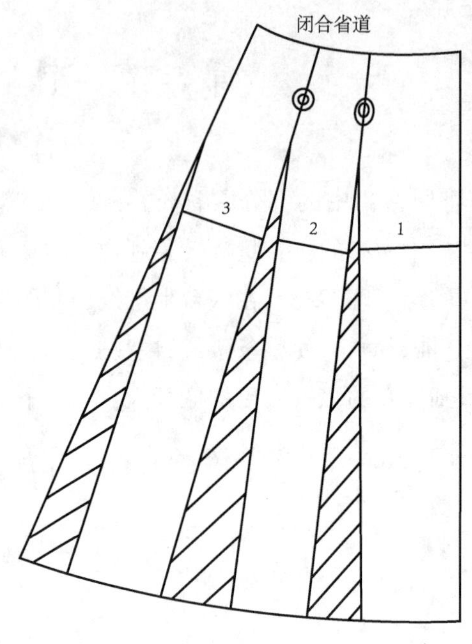

图 3-2-3 斜裙的平面结构设计原理

一、规格设计(表 3-2-1)

表 3-2-1 斜裙的规格设计 单位：cm

号型	部位尺寸	腰围	臀围	腰长	裙长(不含腰)	腰头宽
160/68A	净体尺寸	68	90	18	—	—
	加放尺寸	1	8 以上	10	—	—
	成衣尺寸	69	98 以上	18	60	3

二、结构制图

如图 3-2-4 所示。

(1) 作基础线

在前后中心线上按裙长作出腰口辅助线和裙摆辅助线两条水平线。

(2) 作腰口辅助线

在腰口辅助线上取(W+1)/4，再取二等分点，以此中点为圆心，向腰口线上方作弧线，弧长为 3.5 cm，即为腰侧点。连接中点并延长1～1.5 cm。

(3) 作侧缝辅助线

从延长 1～1.5 cm 后的点作垂线，长度为裙长。

(4) 作下摆辅助线

按裙长作侧缝辅助线的垂线与摆围辅助线相交。

(5) 作侧缝线和腰口线

在侧缝辅助线上取 13 cm 左右，向腰侧点作圆顺的弧线。从前腰中点作弧线至腰侧点，核准腰口弧线尺寸，与侧缝弧线相交成直角。后中下落 1 cm 连顺即为后腰口线。

(6) 作底摆弧线

圆顺连接底摆线，与中线和侧缝线都要呈直角。

(7) 作丝缕线

此例中前后中线都是连裁，所以取前后中线的经向丝缕方向。

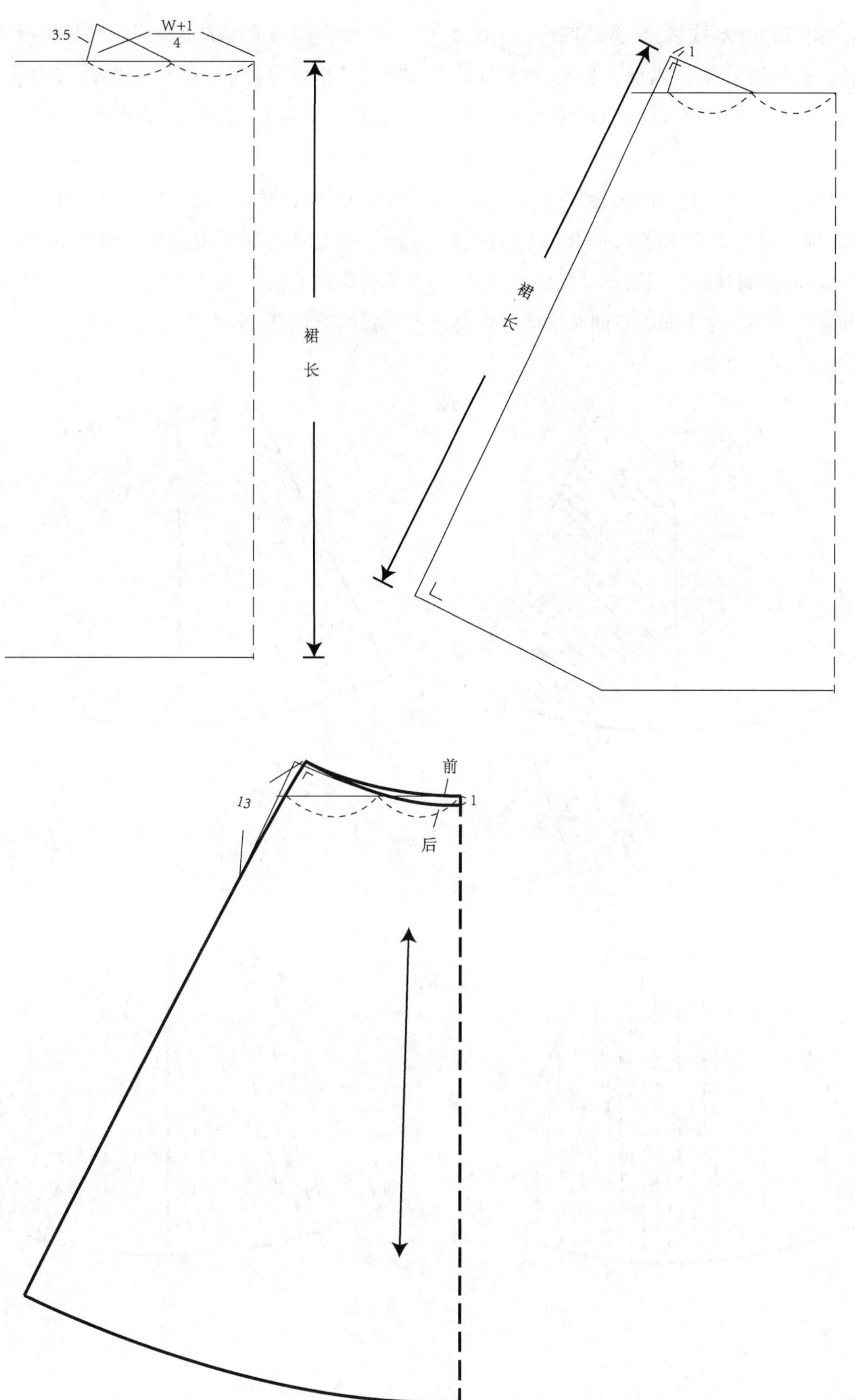

图 3-2-4　斜裙的平面结构制图

当斜裙以四片形式拼接时，即前中、后中为断缝结构，整条裙子由左、右前片和左、右后片共四片组成时，选择不同的丝缕方向会使拼缝处呈现不同的视觉效果。尤其是条纹面料，丝缕方向变化将引起条纹方向的变化，如图 3-2-5 所示，即分别以侧缝、前中心线和前后片中心为直丝和以前后片中心为斜丝的拼接效果。同样的款式、版型和面料，因为丝缕走向的不同而形成了多样的视觉效果(图 3-2-5)。

制图中最关键的是腰侧点的起翘量，它直接决定了裙摆的大小，起翘量越大，腰口线弧度越大，摆围就越大。这个起翘量至少应大于 3 cm，才能保证臀围有足够的松量，此例中取了 3.5 cm。侧缝线只在腰口附近略呈弧线。

综上所述，斜裙是将原型裙中的所有腰省量都转移到了裙摆，成为摆量，腰口线呈明显上翘的弧线形，前后片趋同。

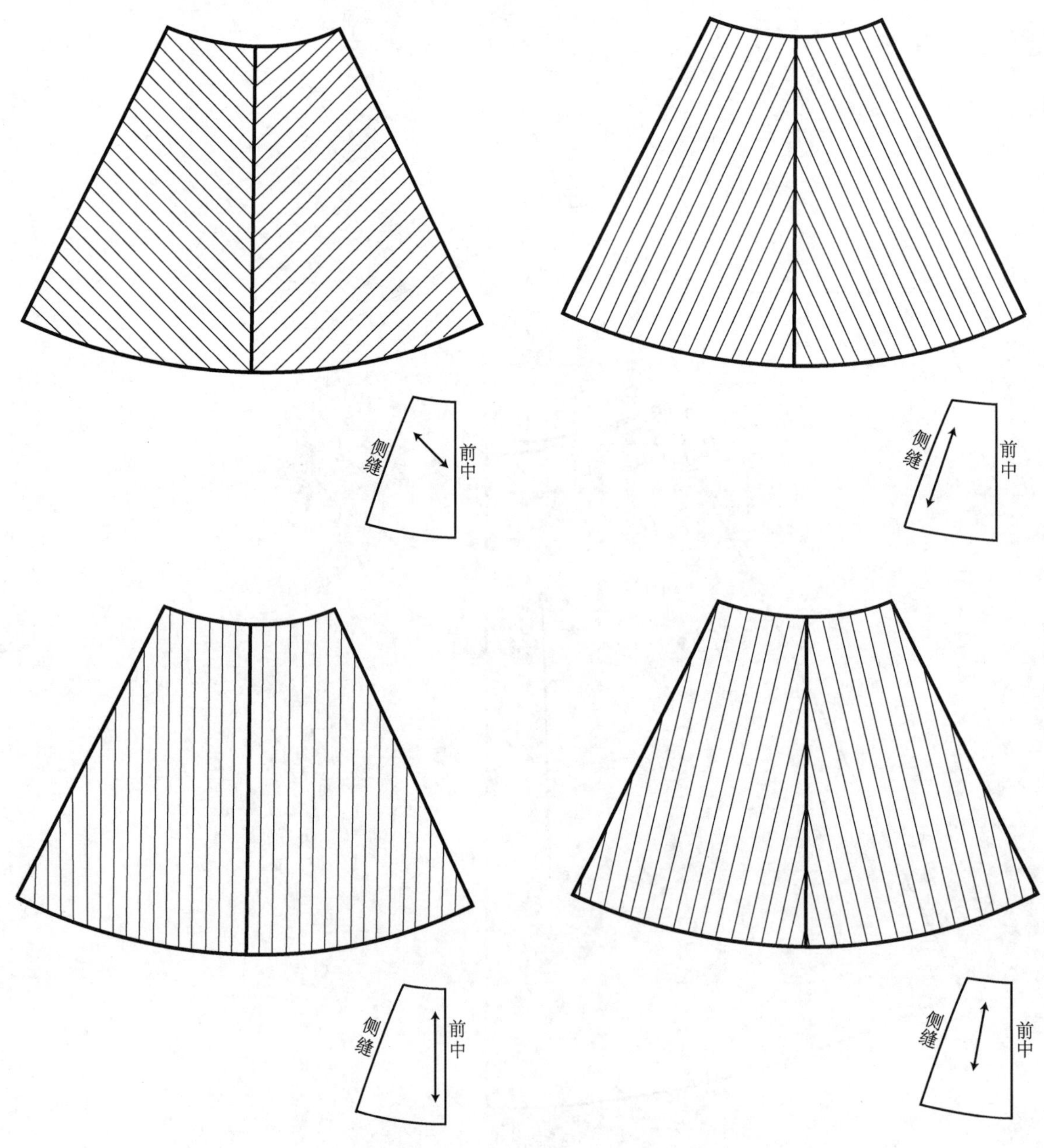

图 3-2-5　丝缕对拼接效果的影响

第三节 圆 裙

如前所述，斜裙已经把原型裙的腰省量都转移成了下摆量，那如果还想获得更大的裙子下摆该怎么办呢？

可以通过在人台上进行立体试样来获得思路。要想形成下摆的波浪造型，就必须要有形成波浪部分的布料并垂挂下来，因此在腰口线上方打入剪口，从旁推抚坯布，使之能自然垂挂下来形成波浪，以此类推，可以在腰口线上多次剪入并推抚布料垂挂，形成均匀的波浪下摆，直至腰侧点（图 3-3-1）。

形成波浪造型的部分垂挂下来的布料就是作为装饰性的增摆量。那么在平面纸样设计中，可以相应地采用剪开后增加拉开量的方式来获得这部分装饰性的增摆量（图 3-3-2）。将斜裙的腰口线靠合在一起，拉开下摆处，图中拉开后使中线和侧缝形成 90°，即四分之一圆，整条裙子即为 360°（整个圆形）。比斜裙增加的拉开量就是装饰性的增摆量。

从图中可以看出，这时的裙片平面纸样是一个四分之一的圆形，内弧长就是腰围，外弧长就是形成波浪造型的裙摆，那么在实际应用中就可以用更简便的方法来直接制图。其纸样实质就是一个已知内弧长和裙长的同心圆。整圆裙就是指裙子平展时是一个完整的圆形，裙摆是 360°。

整圆裙的款式特征是裙片悬垂形成下摆均匀的波浪，造型优美，有飘逸感，迈步行走时有动感，如图 3-3-3 所示。

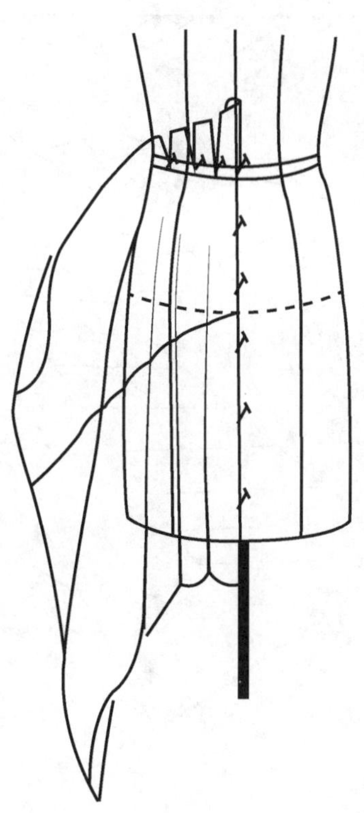

图 3-3-1 圆裙的立体试样

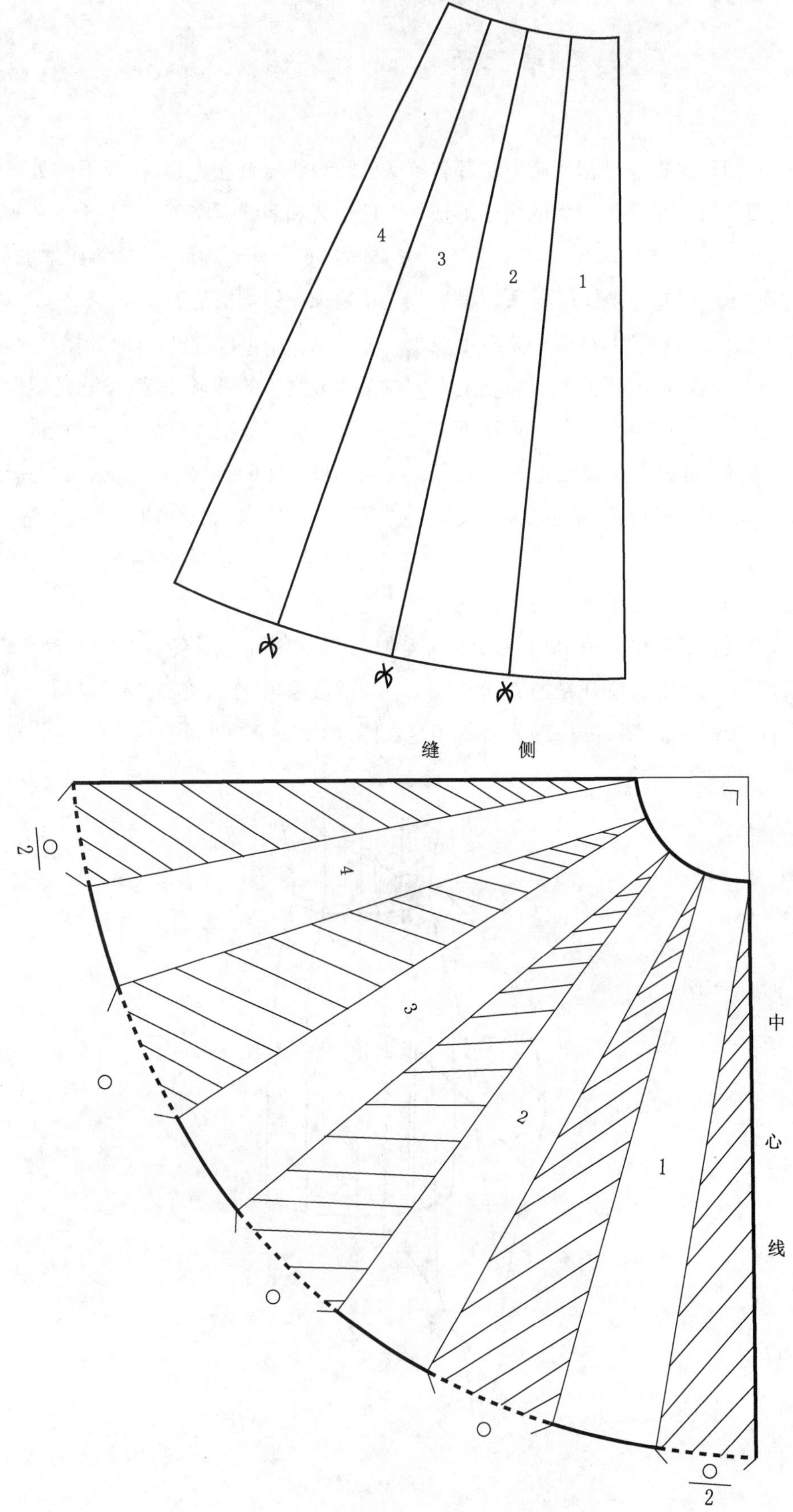

图 3-3-2 圆裙的平面结构设计原理

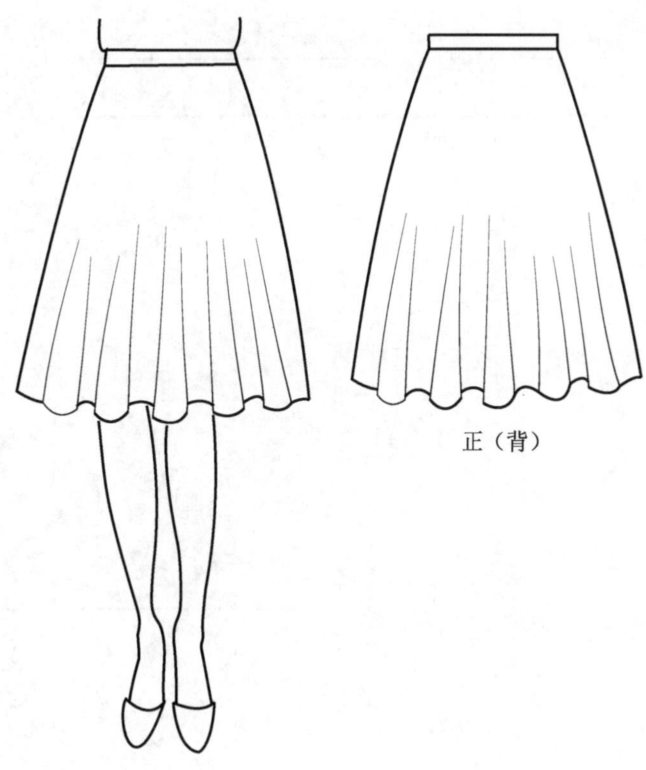

图 3-3-3　圆裙

一、规格设计（表 3-3-1）

表 3-3-1　整圆裙的规格设计

单位：cm

号型	部位尺寸	腰围	臀围	腰长	裙长(不含腰)	腰头宽
160/68A	净体尺寸	68	90	18	—	—
	加放尺寸	1	—	10	—	—
	成衣尺寸	69	不用考虑	18	60	3

因为圆裙腰部合体，丰富的摆量使臀位处有很大的放松量，因此在圆裙规格设计中只需要设计腰围和裙长尺寸即可。

二、结构制图

如图 3-3-4 所示。

已知裙摆的形态（整圆）和腰围，可以通过计算出所需半径后直接制图。用圆周长公式来计算腰围作图需要的半径，R＝周长（W′）/2π，即 R＝69/（2×3. 14）＝11 cm，作出内圆即得前腰围线。外圆半径＝内圆半径＋裙长，作出外圆即得裙摆线。后中心低落 1 cm 作出后裙片的腰口弧线。

（1）作基础线

从 A 点引出一条水平线和一条铅垂线。

（2）作前腰口线

以 A 点为圆心，以计算得出的 R（11 cm）为半径，作四分之一的圆，即为 1/2 前腰口线。

（3）作下摆线

以 A 点为圆心，以 R＋裙长（71 cm）为半径，作四分之一的圆，即为裙摆线。

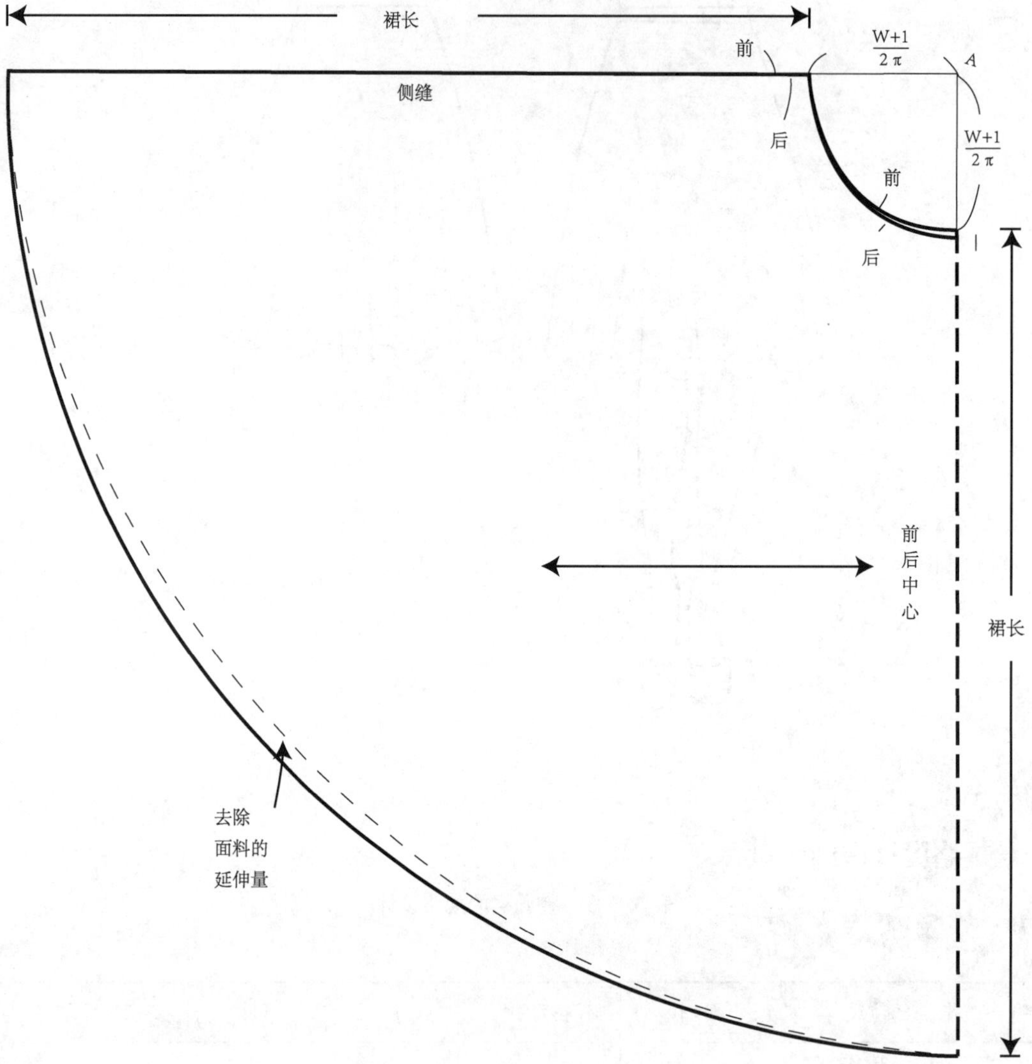

图 3-3-4　整圆裙的平面结构制图

(4) 作后腰口线

前腰中点下降 1 cm 即为后腰中点，与腰侧点连接圆顺，即为后腰口线。

(5) 确定丝缕线

因为是两片式的结构，即前裙片和后裙片各一片，取前后中心为横丝缕相对不受面料门幅的限制，也比较节料(图 3-3-5)。当不受面料门幅限制时，也可以取前后中心为直丝缕。

(6) 丝缕影响

因为整圆裙的前后裙片分别是一个半圆形，面料不同丝缕方向的悬垂性能有差异，一般

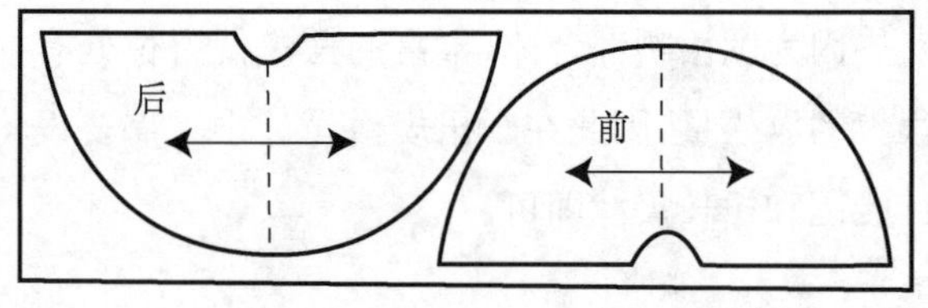

图 3-3-5　窄幅面料排料图

来说斜向丝缕的悬垂性能优于直丝缕和横丝缕，所以会造成裙子下摆的长度不齐整，因此这类的大摆裙需要对其下摆进行悬挂修剪，尤其是悬垂性好的面料。一般采用将裙子缝制好(裙

摆先不折边)后悬挂一晚左右,再根据裙摆呈水平的要求将伸长的部分进行修剪(图 3-3-4 中的虚线)。

三、圆裙造型与面料

影响圆裙造型的最重要因素是面料的悬垂性,同样的结构图用不同悬垂性的面料来制作,得到的裙子波浪形态和扩张感会有较大的差异。一般以悬垂效果好、具有飘逸感与柔软感的材料为宜。如丝织物、化纤仿丝织物中的雪纺、乔其、双绉等,这类面料静止时能垂坠下来形成优美的下摆波浪形,而在人体动作时或迎风而动时,能轻盈地舞动展现其飘逸感。这类面料制作出来的圆裙下摆宽度小、波浪数多;但也有的整圆裙造型要追求特殊的膨胀感或体积感,那就要选择稍硬挺些的面料,如硬纱(欧根纱)等。用这类面料制作出来的圆裙则显得下摆宽度大,波浪数少。因此,要根据所设想的造型来选择匹配的面料(图 3-3-6)。

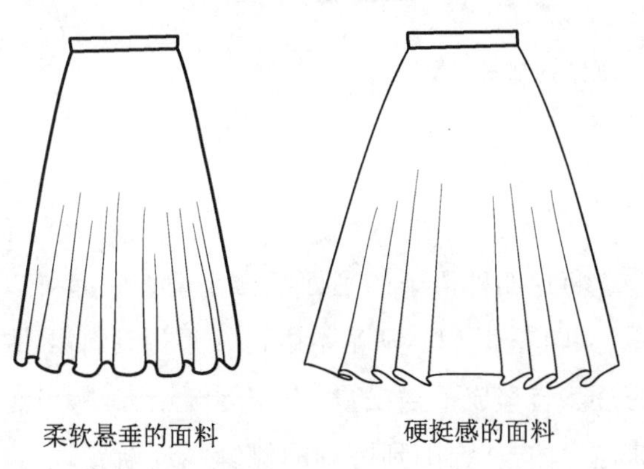

图 3-3-6 圆裙造型与面料

当前中、后中为断缝结构,由四片裙片组合而成时,和斜裙一样,面料的丝缕方向有较多选择。如中心线为直丝缕、直丝缕位于中心和侧缝之间或侧缝为直丝缕,都会引起裙摆垂坠效果的差异(图 3-3-7)。

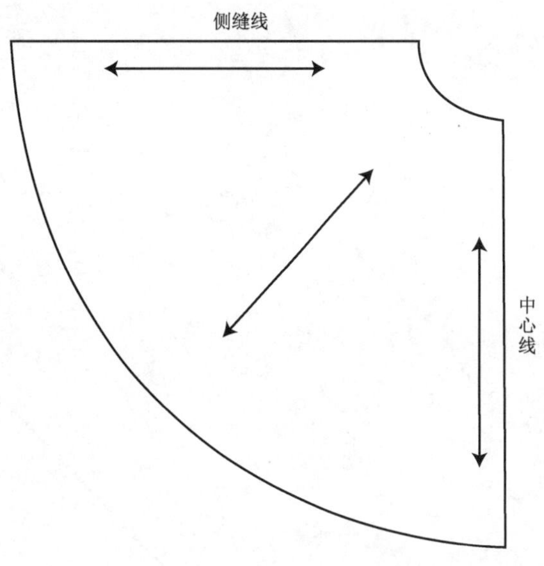

图 3-3-7 四片式整圆裙的丝缕

四、其他圆裙

同样道理,用整圆裙的平面结构制图原理可以设计任意大于或等于 180°圆裙的纸样,所需要的尺寸是腰围 W′和圆裙的角度,就可以计算出制图所需的半径。

$$R = W'180/\pi n \quad (n\text{是角度})$$

再用裙长绘出裙摆。后中心低落 1 cm 得到后裙片。

如半圆裙,也就是裙子平展时刚好是半圆,即整条裙子的裙摆是 180°。方法和整圆裙一样,先用角度和腰围尺寸,根据圆弧长的计算公式得出制图时用的内圆半径 R=69/3.14=22 cm。再用此半径作出内圆即为腰口弧线,此半径加上裙长作为外圆半径作出裙摆弧线(图3-3-8)。

五、圆裙的裙摆变化

圆裙的裙摆波浪形态是此类裙子的视觉焦点,因此裙摆线常被用作款式变化的设计点,如呈现尖角形态的手帕裙(裙摆呈方角),如图 3-3-9 可以直接用直角形作为裙摆线(裙摆线 1),也可以如图中虚线所示(裙摆线 2)。图 3-3-10 为裙摆一侧高一侧低的斜底摆裙。

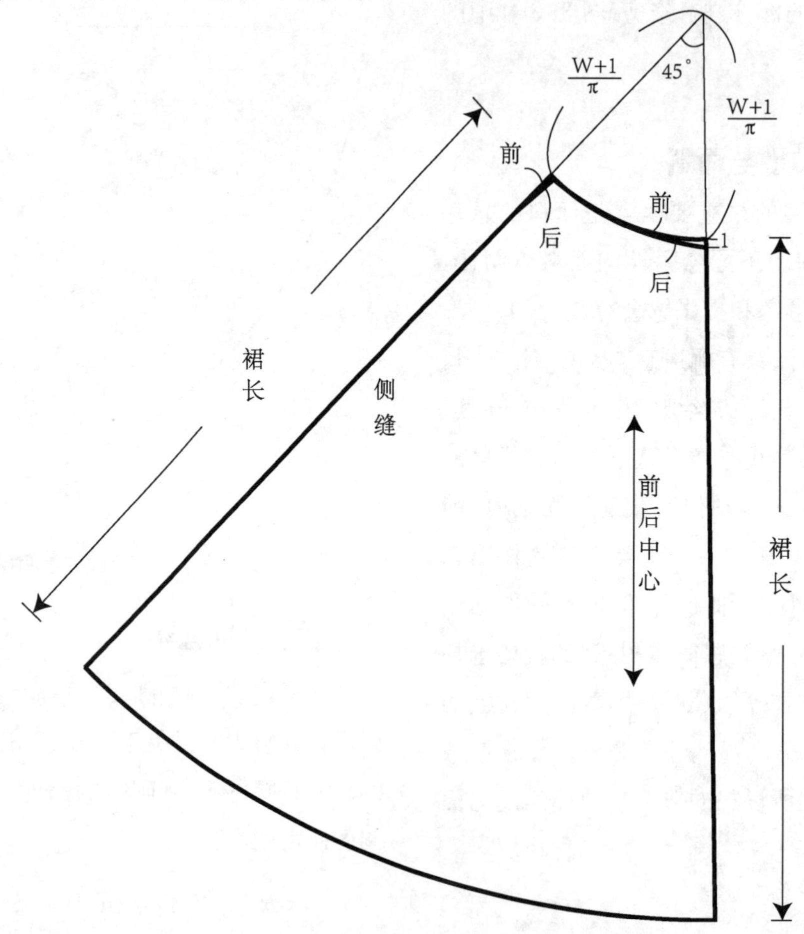

图 3-3-8　半圆裙的平面结构制图

本章的原型裙、A 型裙、斜裙和圆裙构成了裙子廓型的四种阶梯式变化。原型裙是所有裙子的基础，它从腰围到臀围为贴合区，臀围以下呈直筒状；A 型裙廓型明确、简约大方，是最常用的廓型，它从腰围到中臀围处为贴合区，以下呈 A 型扩展；斜裙和圆裙仅在腰围处承重贴合，以下由面料的悬垂形成波浪，圆裙的波浪富有装饰性。

将这四种裙子的平面纸样重叠在一起可以看出（图 3-3-11），从基本裙到 A 型裙到斜裙，腰省逐步转移成下摆摆量，下摆逐渐增大，腰口越来越弯曲，从腰围到臀围的侧缝线逐渐变直，直至宽松的圆裙时，侧缝线则完全为直线。从立体形来看，是从圆柱形逐步向圆台形的变化，与人体的关系是从合体逐步向宽松的变化。

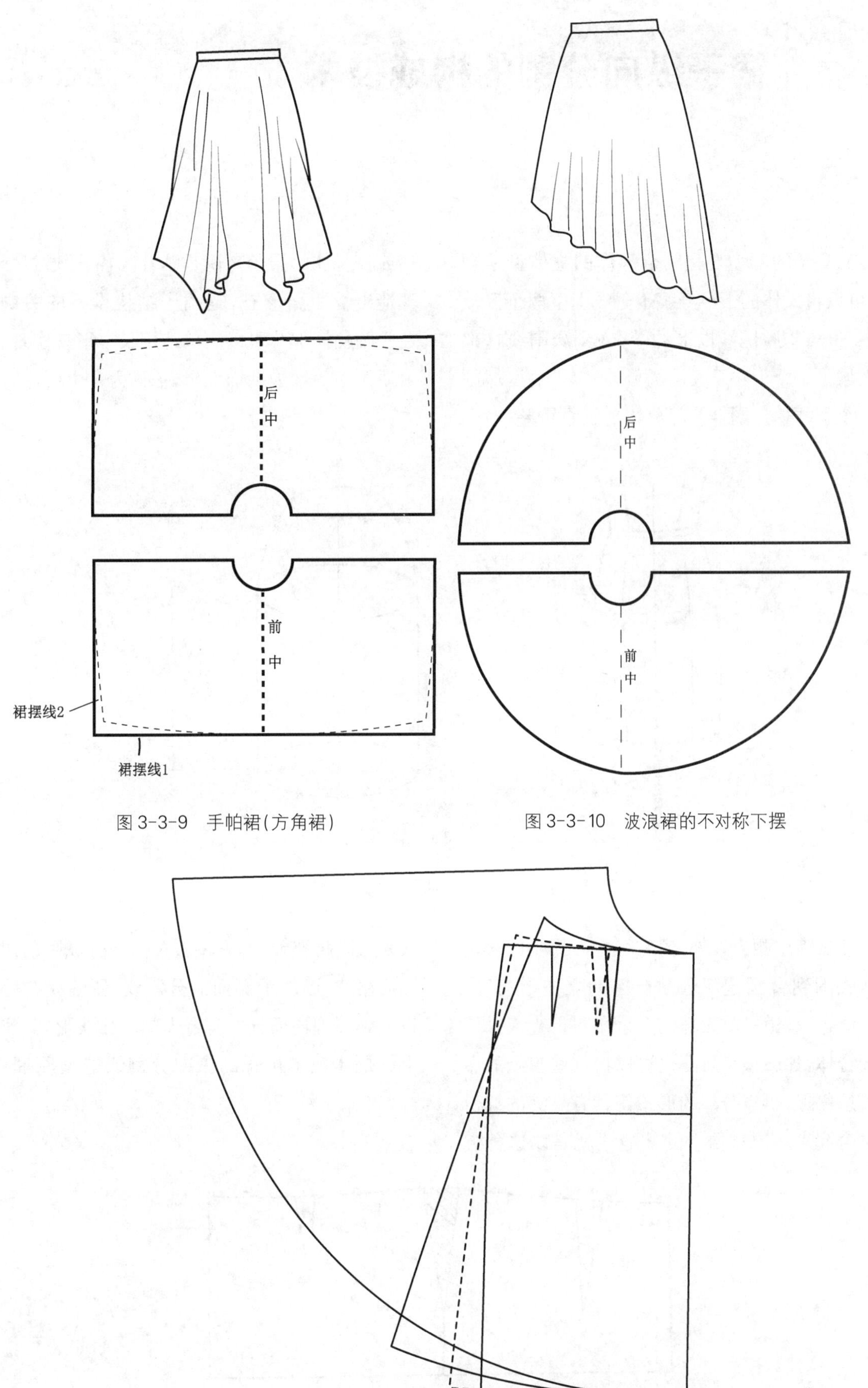

图 3-3-9　手帕裙(方角裙)

图 3-3-10　波浪裙的不对称下摆

图 3-3-11　裙子的四种廓型结构

第四章 裙子纵向分割的构成技术

从裙子的廓型变化结合人体的立体型来理解，可以将人体的下半身躯干分成上下两个区域（图 4-0-1），臀围线以上约 5 cm 到腰围线这部分区域是一个上小下大的圆台体，以下的区域则是一个圆柱体。圆台体部分体现了腰臀差，对合体或较合体的裙子来说是贴合区，需要通过腰省塑造出复曲面形态，是裙子结构设计的关键所在。圆柱体部分可以简单地用长方形来实现，或者用波浪等增加装饰效果，被称为自由设计区。

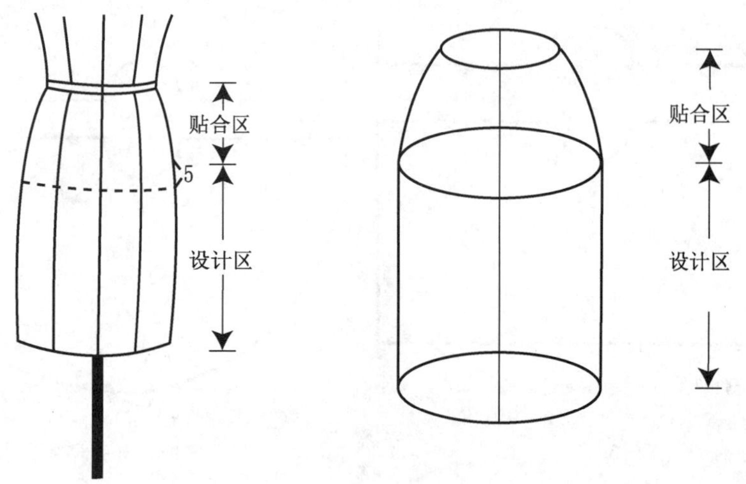

图 4-0-1　裤子的人体区域特征

那么除了腰省以外，还有哪些方式能用来塑造从腰围到臀围这部分贴合区的立体形态呢？如前所述，省道是将腰部的多余布料折叠起来使腰围合体，那么换个思路也可以将这些多余的布料直接去掉，再以分片的形式使其有足够的缝份再拼合起来。原型裙中的侧缝线就是以这种方式来去除腰臀差的，它将整条裙子分成了前裙片和后裙片，形成了侧面的分割线，侧缝线在臀围以上到腰围这部分取符合人体的弧线形，其实质上就是体现了裙子的纵向分割线造型原理（图 4-0-2）。

图 4-0-2　原型裙的侧缝

把这个思路运用到裙子的纵向分割线上，从视觉审美看，纵向分割线从腰部贯穿通过臀部到裙摆，能拉长视线，显得穿着者的下肢修长、挺拔，美化了人体比例，因此是裙子和裤子较常用的分割线。以A型裙为例(图4-0-3)，从省尖作铅垂线到裙摆，将裙片分成中片和侧片，省道直接在中片和侧片中去掉，这是分割线的雏形构造。但是从比例上看这样分割后得到的裙中片和裙侧片不够美观，因为裙摆的加摆量都放在侧片上了，裙中片没有体现出A型裙腰围、臀围和摆围三者间的特征。要设法利用分割线来实现更均衡更美观的造型，这是服装的审美需要。下面就以六片裙为例来说明其处理方式。

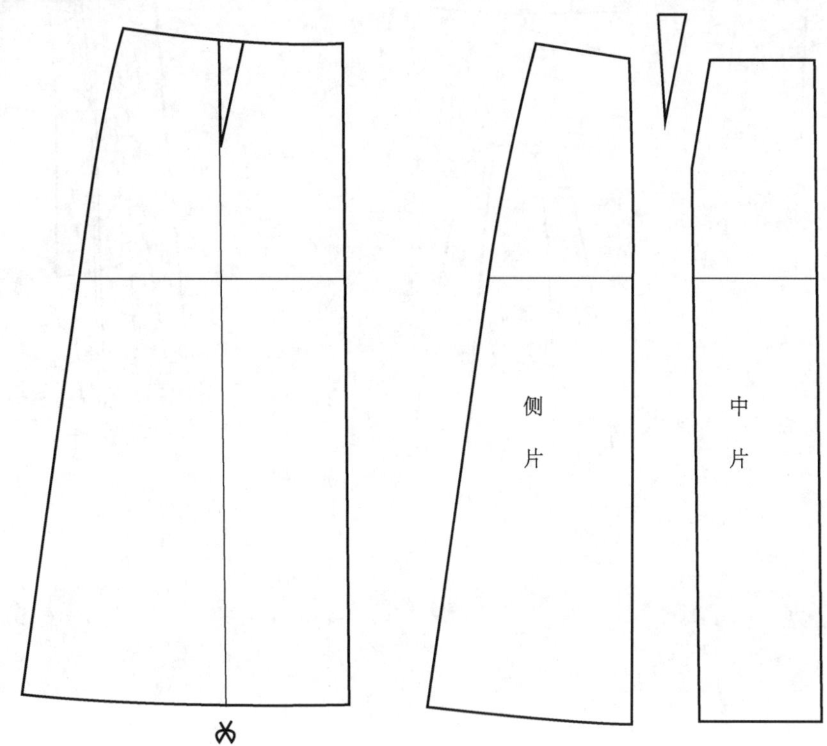

图4-0-3 利用分割线去除省道

第一节 六片A型裙

其款式特征是A型廓型，前后各三片(一片中片、两片侧片)，侧缝装拉链，如图4-1-1所示。

先通过在人台上的立体试样来理解纵向分割线的作用(图4-1-2)。在腰围到臀围这部分贴合区里，中片和侧片可以通过分割线掐别出该区域的曲面形态。在臀围以下的自由设计区内，要凸显的是裙子的整体美感，因裙子呈A型廓型，为了平衡美感，在分割线里也要适当地加摆，并且中片和侧片同步加摆以保持裙摆的稳定。

可以看出，这样的加摆方式使得中片和侧片都能体现出腰围、臀围和摆围三者之间的A型比例关系。因此这条纵向的分割线不仅在腰臀部位的贴合区起到了去除腰省的作用，而且在臀围线以下的设计区还起到让拼接的中片和侧片同步加摆的作用，这正是纵向分割线的综合造型功能。

图 4-1-1 六片裙

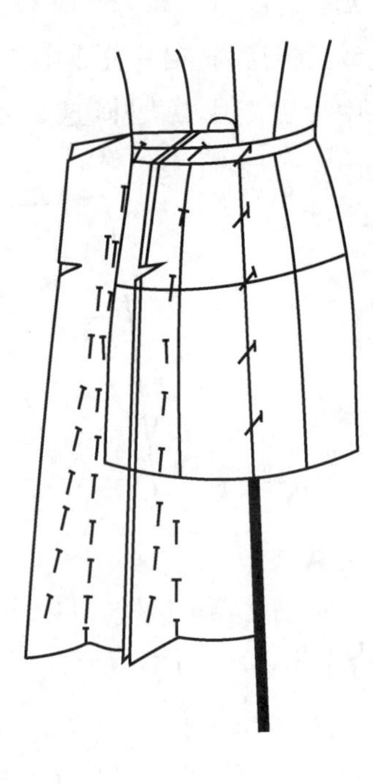

图 4-1-2 六片 A 型裙的立体试样

另外，通过立体试样还可以看出，分割线的立体造型能力与省道相比应该说能更胜一筹。因为省道在工业样板上是用刀眼标注其位置，用钻孔标注其省尖位置，缝制时将省位和省尖连成直线，因此在平面制图时一般将省道绘制成直线省。而人体的腰臀部位是曲面形态，要想更好地贴合人体，当然是用曲线形来模拟会更好。分割线不同于省道，它是将服装分割成单独的裁片后进行放缝处理，缝制时留出缝份后缝合，因而可以容易地实现曲线的形态。因此，在平面制图时也要将该部位的结构线绘制成符合人体曲面的弧线形。

在理解了纵向分割线的综合造型功能的基础上，用平面制图的方式来直接绘制其结构图。

一、规格设计（表 4-1-1）

表 4-1-1 六片 A 型裙的规格设计 单位：cm

号型	部位尺寸	腰围	臀围	腰长	裙长（不含腰）	腰头宽
160/68A	净体尺寸	68	90	18	—	—
	加放尺寸	1	6	10	—	—
	成衣尺寸	69	96	18	60	3

二、结构制图

如图 4-1-3 所示。

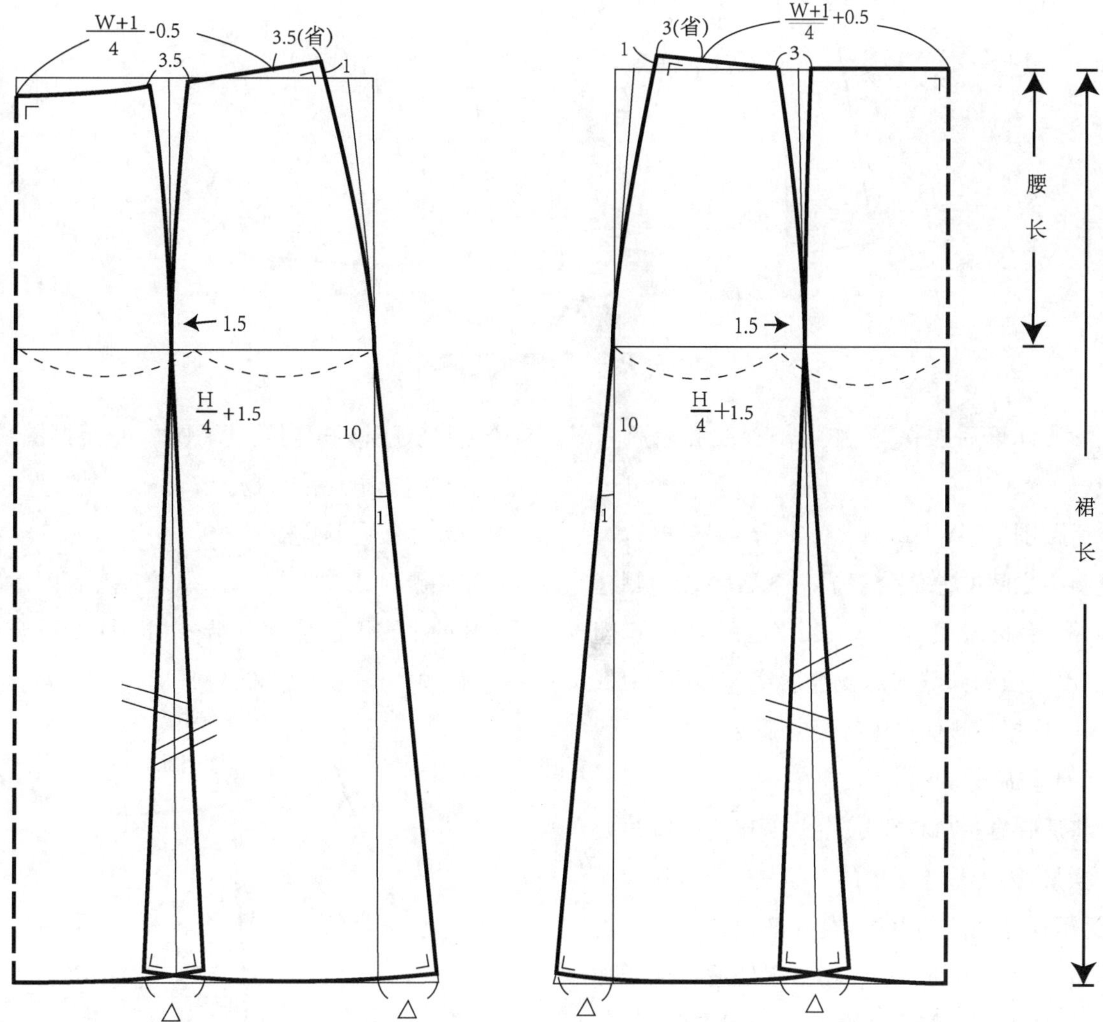

图 4-1-3　六片 A 型裙的平面结构制图

(1) 取前后臀围各 H/4＋1.5 cm

作出腰口辅助线、臀围线和摆围线等基础线。

(2) 确定前后裙片的分割线位置

这个位置对裙子的造型来说非常重要，直接关系到各块面的比例和视觉效果。如分割线靠近后中则中片较窄，视觉上会显得裙子比较细长；分割线相互远离则中片较宽，显得臀部扩张丰满。要仔细对照款式图斟酌判断中片与侧片的比例关系（图 4-1-4）。由于制图时只制半身，可能会影响视觉判断，因此可以在平面图上画出中心线以帮助判断。本例中在臀围上取中点后向中心线方向偏移了 1.5 cm。

(3) 作前后侧缝斜线

从臀侧点向下取 10∶1 的斜率作出前后侧缝斜线。前文在小 A 型裙中取了 10∶1.5 的斜率，六片裙中因为分割线中也会加摆，所以侧缝的斜率相应地减少，一般取 10∶1 左右。

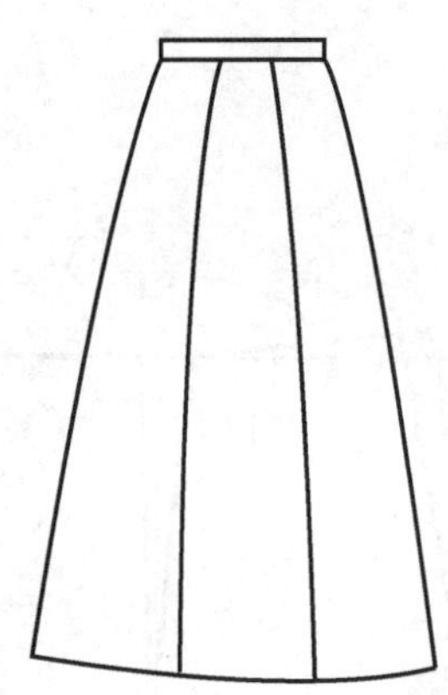
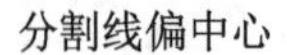

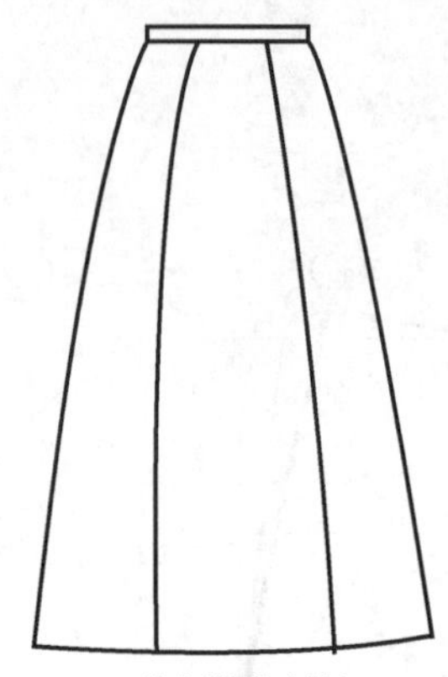

图 4-1-4 分割线的位置

(4) 计算后腰臀差,作后侧缝线和后腰口弧线

后腰围取(W+1)/4-0.5 cm(前后差),与侧缝斜线之间的差值分解成一个后腰省和侧缝撇掉量,后腰省量为 3.5 cm。后腰侧点起翘 1 cm,以微凸的弧线与后侧缝斜线连接,后中低落 1 cm 连接后腰侧点作后腰口弧线。

(5) 作后分割线

将后腰省量放置到分割线中,确定分割线处的加摆量,因为整体裙子的廓型是 A 型,如前所述,为了视觉的均衡美感,在分割线处一般也需要构造下摆扩张的形态。在裙摆处适当地增加摆量,一般取等于侧缝处的摆量。用顺畅的线条将分割线从腰口线连接至臀围线,直至摆围线。整条分割线上下连接顺畅,臀围线以上为贴合人体曲面的微凸弧线,臀围线以下是设计区,在此例中为直线。图中用交叉等长符号表示这部分被重叠了,分片复制时需注意。

(6) 前裙片制图

与后裙片类似,计算前腰臀差,前腰围取(W+1)/4+0.5 cm(前后差),与侧缝斜线之间的差值分解成一个前腰省量和侧缝撇掉量,前腰省量为 3 cm。作出前侧缝线,前腰中点无需下降作出前腰口弧线。将前腰省量放置到分割线中,分割线处的加摆量同侧缝处。用顺畅的线条将分割线从腰口线连接至臀围线,直至摆围线。整条分割线上下连接顺畅。

(7) 拼合修正检查

修顺腰口线。将前中片、前侧片、后侧片和后中片的中臀围以上部分沿分割线两两拼合在一起,修顺整条腰口线(图 4-1-5)。

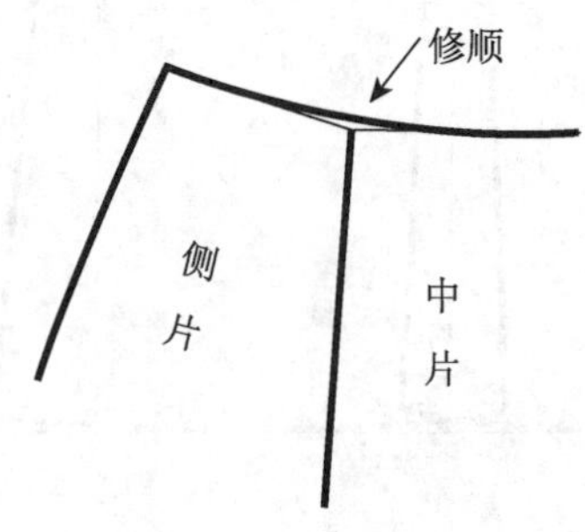

图 4-1-5 拼合修顺

修顺裙摆线。由于分割线处的加摆,分割线与底摆相交成了锐角,所以要将前中片、前侧片、后侧片和后中片的下摆线沿分割线两两拼合在一起,修顺整条底摆线,也就是每条分割线都起翘与底摆呈直角。

(8) 丝缕线

整条裙身由一片前中片、两片前侧片、一片后中片和两片后侧片组成,所有裁片均取垂直于臀围线的直向作为丝缕方向(图 4-1-6)。

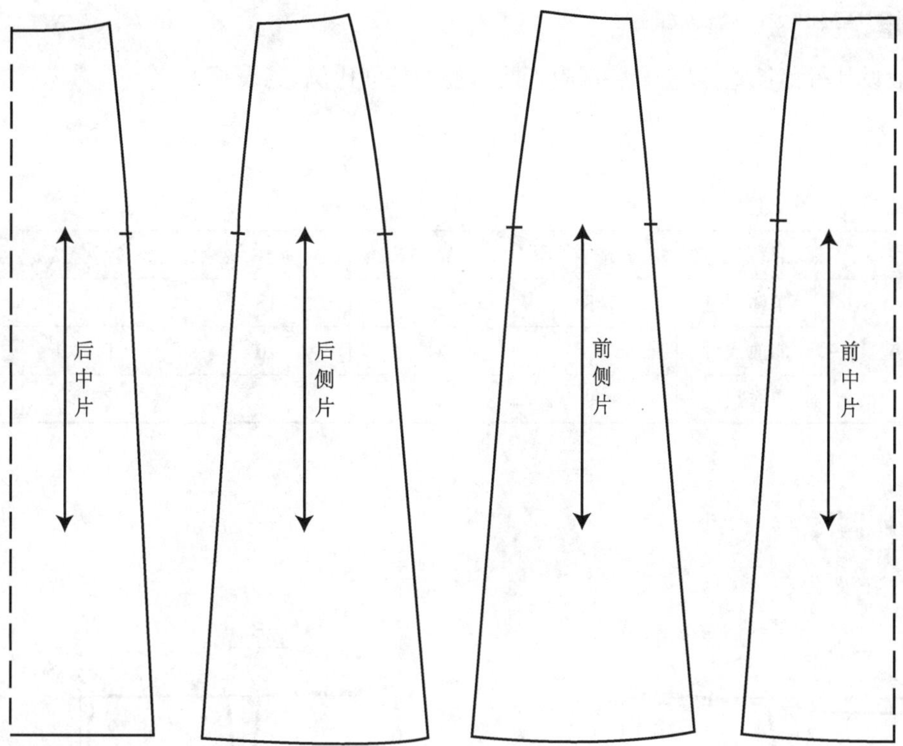

图 4-1-6 六片 A 型裙各裁片净样

第二节 八片鱼尾裙

如果在六片裙的基础上增加前中和后中的分割线，则成为八片裙。如前所述，臀围线以下是自由设计区，所以该区域的分割线可以按照裙子的整体风格自由设计，除了前例中 A 型裙的直线加摆外，还可以设计成鱼尾造型。

如图 4-2-1 所示，款式前后各两片中片、两片侧片，共八片，侧缝或后中装拉链。鱼尾裙以其下摆造型颇似鱼尾而得名，一般臀部比较合体，膝关节附近稍收小以凸显裙摆的扩张感。从整体上看，上部体现静态的贴合腰臀部形态，下部在行走时体现动态的飘逸感，显得穿着者修长而优雅。由于膝围处收小不便于活动，因此一般较常见于礼服裙中，或者选用稍带有弹性的面料来制作。

图 4-2-1 八片鱼尾裙

一、规格设计

裙长一般设计得稍长些，以符合膝部附近收小处的长度比例，见表 4-2-1。

表 4-2-1 八片鱼尾裙的规格设计

单位：cm

号型	部位尺寸	腰围	臀围	腰长	裙长(不含腰)	腰头宽
160/68A	净体尺寸	68	90	18	—	—
	加放尺寸	1	4	10	—	—
	成衣尺寸	69	94	18	75	3

二、结构制图

如图 4-2-2 所示。

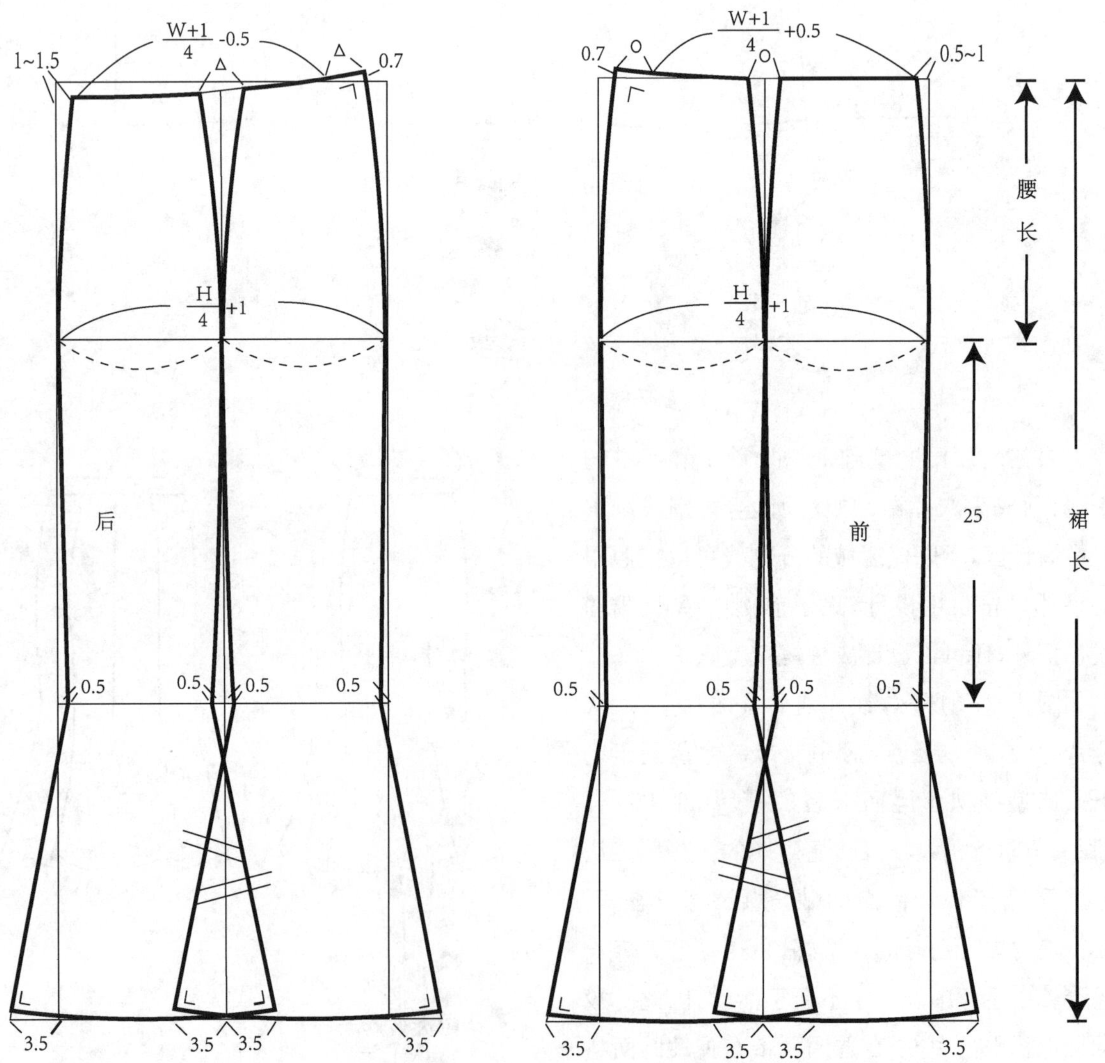

图 4-2-2 八片鱼尾裙的平面结构制图

(1) 绘制裙长和半身臀围的长方形

作出臀围线和侧缝线。

(2) 确定分割线位置

在臀围线上定出纵向分割线的位置，一般来说，八片裙常取各片宽窄一样，但也可以根据造型需要有宽窄差异。此例中取成宽度一样。

(3) 计算腰臀差并分配

由于腰臀差比较大，应合理地分配到各条分割线中去。所谓的合理，就是指不能将腰臀差集中在某一条分割线中，否则会产生不符合人体曲面形态的过凸凸点，要尽可能地多处分解。即除了公主线部位的分割线和侧缝线以外，前中、后中处的分割线也要承担立体造型的作用，即也要包含腰省量以分散处理腰臀差，只是相对来说，其省道量少于公主线处和侧缝处，因为这两处的部位更具有立体形态。此例中，前中分割线处取0.5～1 cm，前公主线处的分割线取2.5～3 cm；后中分割线处取 1～1.5 cm，后公主线处的分割线取 3～3.5 cm，其余的腰臀差放在侧缝线处撇去。当然侧缝线处的撇去量不能太大，一般最大不超过 2 cm。因为两条侧缝拼合后，侧缝线撇去了前侧缝量加上后侧缝量的总和。所以重点在于合理分配，承担腰臀差量的多少依次是前后侧缝之和、前后公主线和前后中心线。

(4) 确定膝部位置和收小量

根据款式图中的长度比例，确定膝部收小处部位的位置。确定其收小量，要考虑基本行走的需要，收小量不宜太大。此例中取 0.5 cm。

(5) 确定鱼尾的加摆量

完全取决于设计，可大可小，此例中取 3.5 cm。

(6) 绘制分割线

将每条纵向分割线从腰部的收省量以符合人体曲面的线条连至臀围线处，再连接至膝盖收小处，最后连接至加摆处。图中用交叉等长符号表示加摆部分被重叠了，分片复制时需注意。

(7) 拼合修正检查

修顺腰口线。将所要拼合的裁片在腰口处拼合在一起。不仅中片和侧片、前侧片与后侧片需要拼接修顺，由于前、后中心线处也分别隐藏了部分省量，所以也需要拼接，将前后中片分别对称拷贝后拼接，修顺前后中心线处的腰口线(图 4-2-3)。

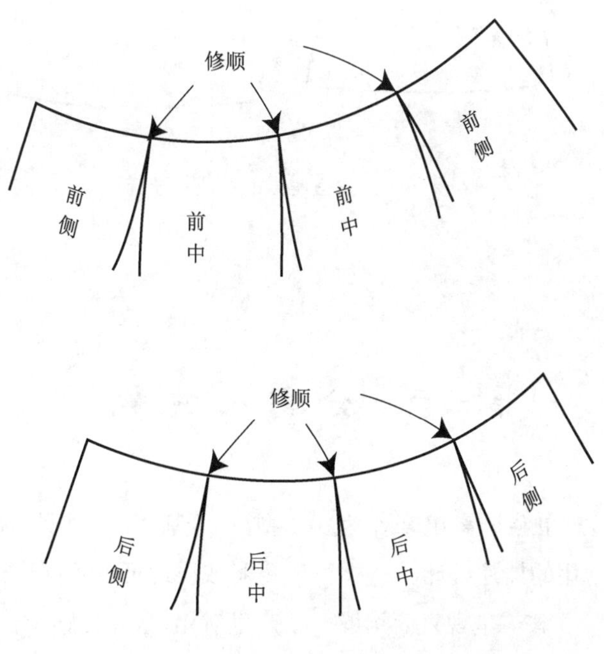

图 4-2-3　修顺腰口线

修顺裙摆线。每片裁片的底摆处也应起翘成直角，使其拼合后顺畅。

注：此后例子中此类的拼合修正检查都按此方式处理，不再另行赘述。

（8）丝缕线

整条裙身由两片前中片、两片前侧片、两片后中片和两片后侧片共八片所组成，所有裁片均取垂直于臀围线的直向作为丝缕方向（图4-2-4）。

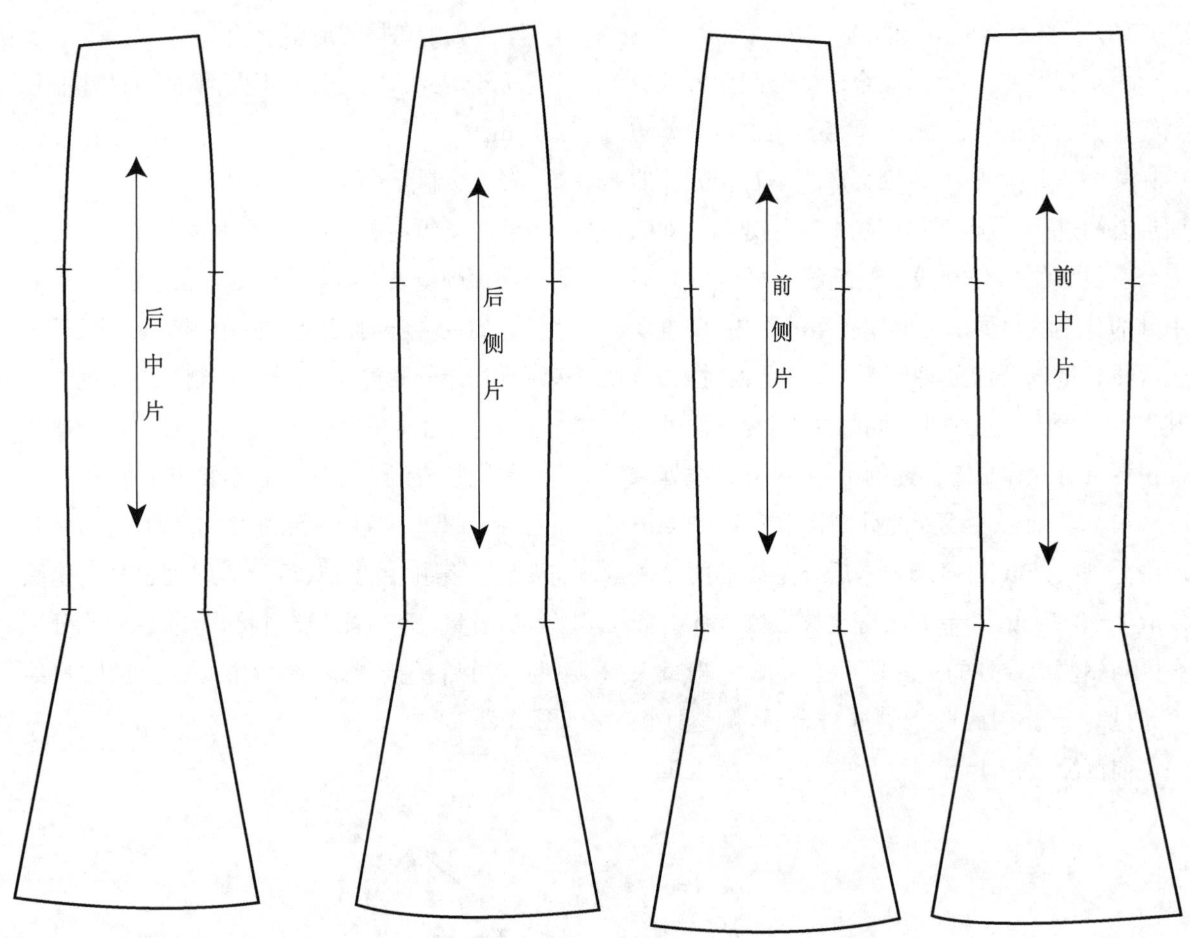

图 4-2-4 八片鱼尾裙的各裁片净样

第三节 分割插片裙

如果将鱼尾的加摆形态单独分离出来作为独立的裁片，就是裙子中常用的插片设计。

如图 4-3-1 所示，该款式整体呈现直筒裙廓型，在分割线的下摆处加入了插片，插片的面料色彩或质地可以不同于裙片，使之在人体活动时产生对比，富有美感。

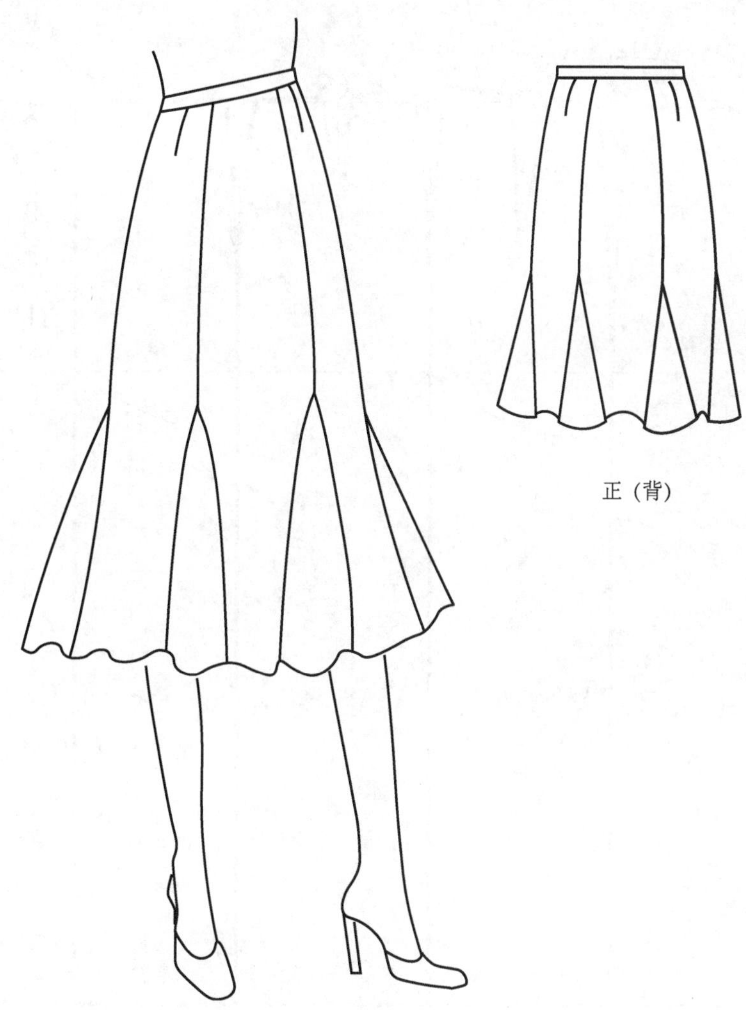

图 4-3-1　分割插片裙

一、规格设计（表 4-3-1）

表 4-3-1　分割插片裙的规格设计

单位：cm

号型	部位尺寸	腰围	臀围	腰长	裙长（不含腰）	腰头宽
160/68A	净体尺寸	68	90	18	—	—
	加放尺寸	1	4	10	—	—
	成衣尺寸	69	94	18	60	3

二、结构制图

如图 4-3-2 所示。

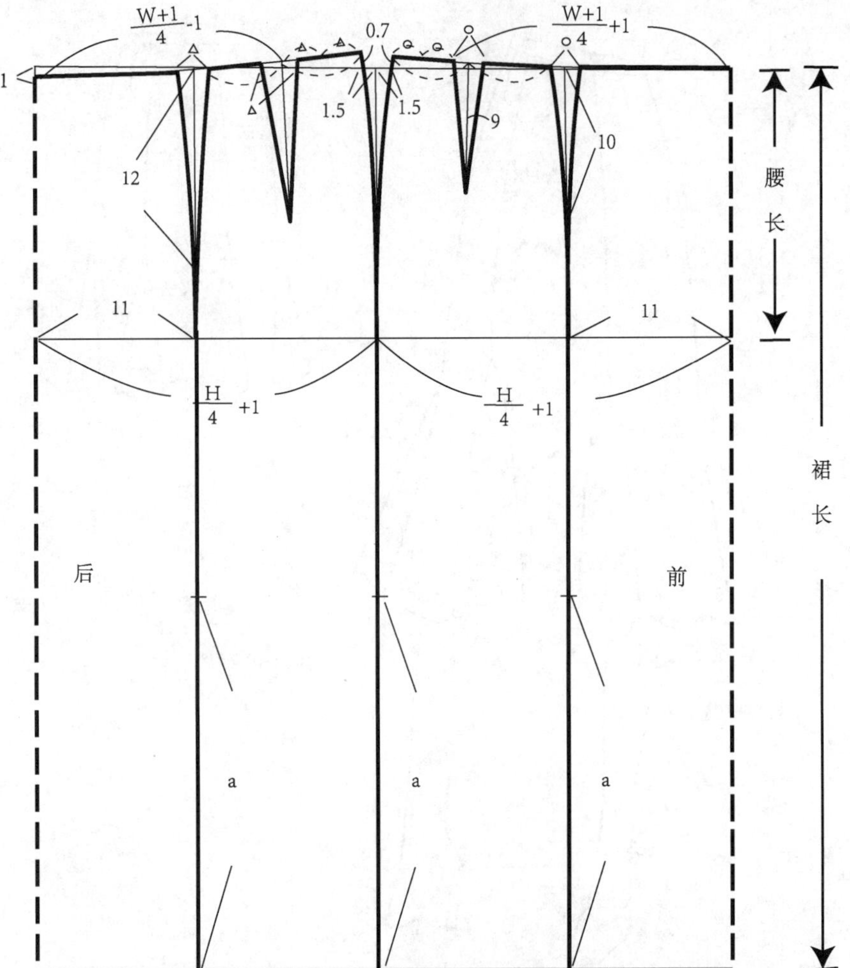

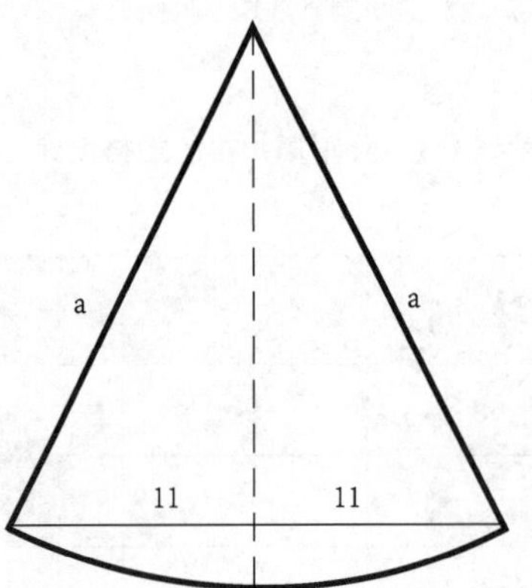

图 4-3-2 分割插片裙的平面结构制图

（1）绘制基础框架

即腰口辅助线、臀围线、摆围线，前后臀围各取 H/4＋1。

（2）定出分割线的位置

此例中前中、后中片都在臀围线上取11 cm。

（3）计算腰臀差并分配

前后侧缝各撇掉 1.5 cm，将前片剩余的腰臀差分成两份，将一份放置到分割线中，另一份仍然保留作为腰省，绘制出顺畅的分割线和侧缝线。后片同理。

（4）按照款式图定出插片拼合点的高低位置，如图 4-3-2 中的 a。

（5）绘制插片纸样

这取决于设计，如图 4-3-2 中插片与裙身呈平摆造型，则插片为以长度 a 为半径的扇形。

（6）丝缕线

整条裙身由一片前中片、两片前侧片、一片后中片、两片后侧片和六片插片组成，所有裁片均取垂直于臀围线的直向作为丝缕方向（图 4-3-3）。

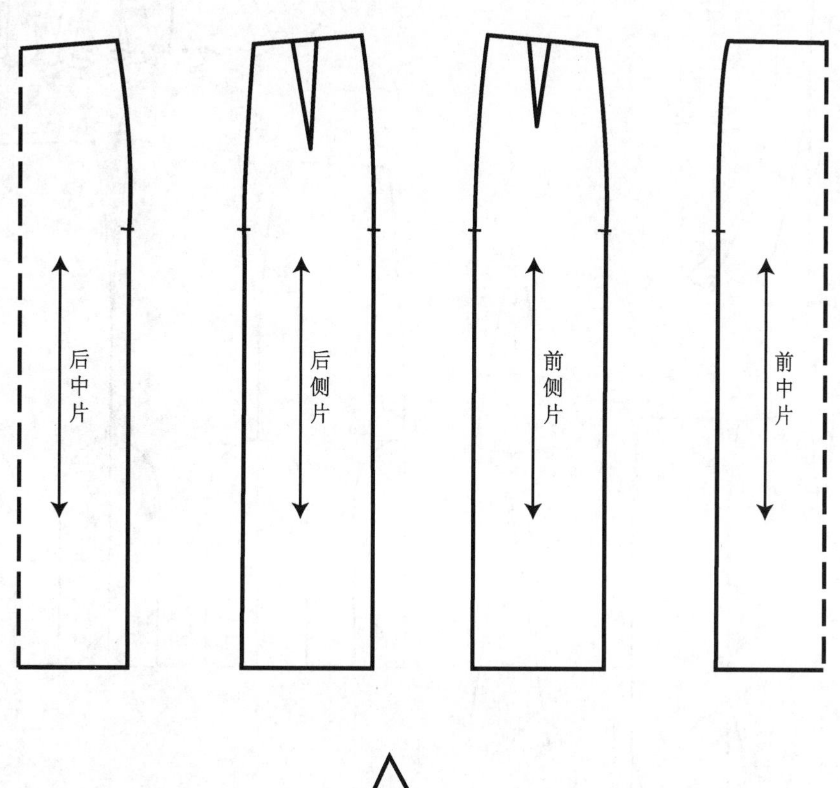

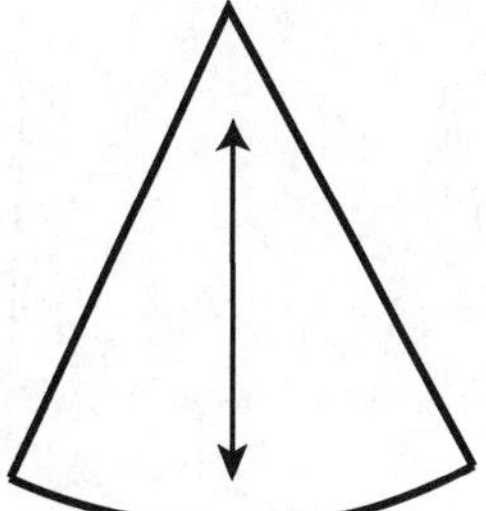

图 4-3-3　分割插片裙的各裁片净样

作为设计造型的插片等附加装饰可自由设计。如图 4-3-4 中各分割线中插片不再是同一高度，而是采用了有规律的错落变化，使造型更活泼生动。图 4-3-5 中分割线处的插片拼缝不同于其他款式直线拼合，而是采用了拱形外观，并通过增加插片的摆量来形成波浪，整体造型古典而不失新意。

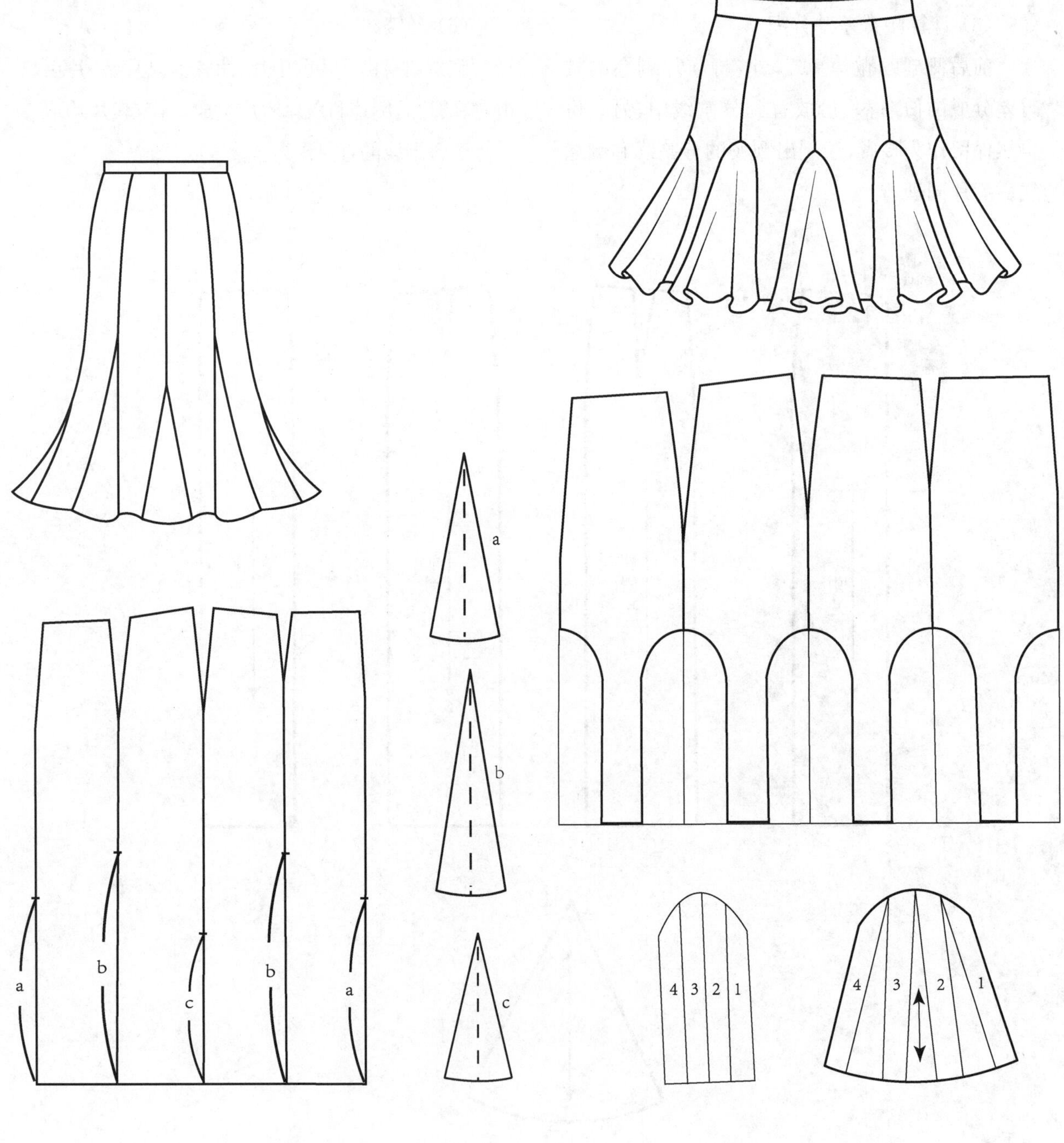

图 4-3-4　插片的变化 1

图 4-3-5　插片的变化 2

第四节 十二片以上裙

当分割的片数大于等于八片时，为了生产的操作简便性，常用简便制图法来处理结构，即把这些裁片造型取成完全相同，当然这只是一种相对粗略的模拟形态的制图方法，只能在十片以上的裙子使用，即当裁片被分割成很多小块面使得每个小块面形状差异度很小，可以忽略不计时，才可以这样来粗略地处理结构(图 4-4-1)。

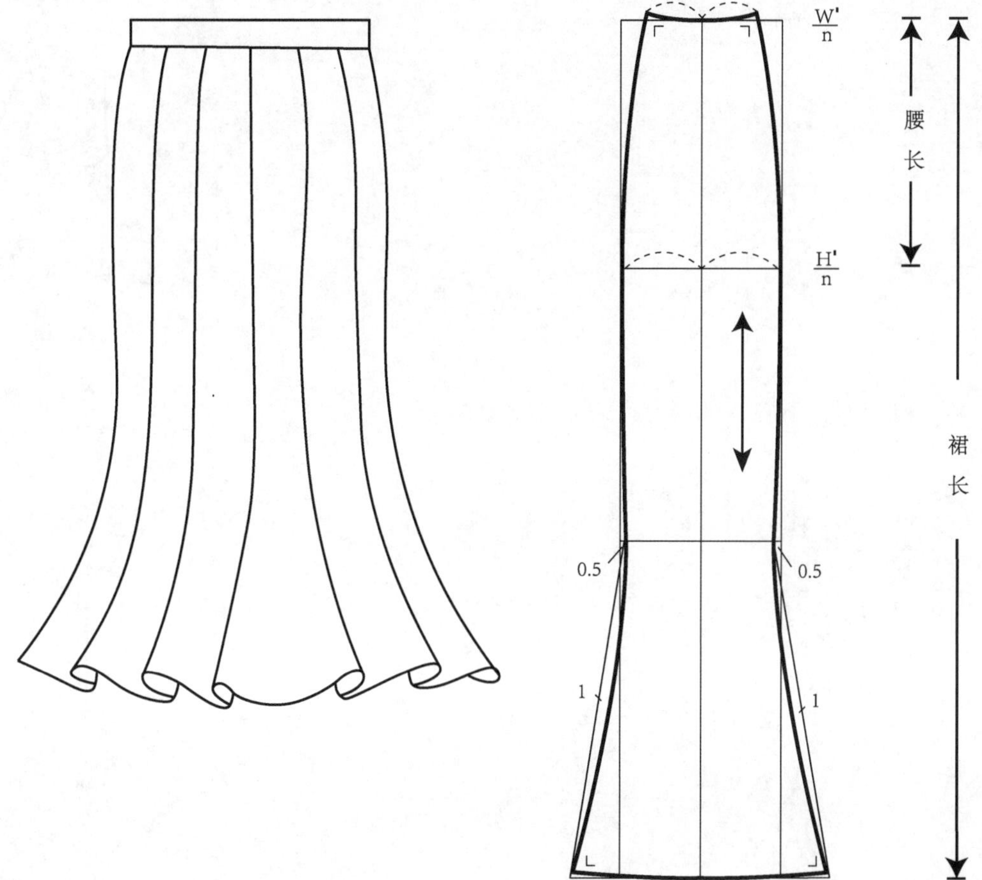

图 4-4-1 十二片裙的平面结构制图

(1) 按照腰长、裙长作出腰口线、臀围线和摆围线。

(2) 将成品的腰围、臀围尺寸除以片数计算出每片裁片的腰围、臀围尺寸。

(3) 连顺分割线，臀围线以上作符合人体曲面的弧线，臀围线以下取决于款式设计。

(4) 修顺腰口弧线

分割线与腰口弧线交界处呈直角。

(5) 修顺底摆线

由于加摆或收摆使得分割线与摆围线不呈直角，需修正成直角。

(6) 丝缕线

整条裙身由 n 片拼合组成，取垂直于臀围线的直向作为丝缕方向。综上所述，纵向分割线经过了人体的腰臀区域，是具有立体造型功能的线条，它在腰臀圆台体的贴合区去除了省道，即分解处理了腰臀差。在臀围以下的自由设计区则可以表现裙子的装饰特征，如直线状加摆（A 型裙）、曲线状加摆（鱼尾裙），还可以在分割线中加入各种高低不同、形状各异的插片等以丰富款式变化。

第五章 裙子横向分割的构成技术

原型裙中的腰省除了用纵向分割线的方式藏省于缝以外，还有什么分割线也能起到同样的立体造型作用呢？

前文提到，人体的下半身躯干从臀围线以上约 5 cm 处到腰围线是一个上小下大的圆台体，以下区域则是圆柱型。圆台体的展开面是扇形，圆柱体的展开面是长方形，当扇形和长方形之间有这么一条断缝线时，就可以将扇形与长方形拼合，构造出人体的立体形，这样的断缝线和前文中的纵向分割线的功能一样，起到了立体造型的作用（图 5-0-1）。它从前中贯穿到侧缝，将裙片分成上、下片，因而称之为横向分割线。也就是说，只有当横向分割线在圆台体的区域内时，才具有立体造型作用。通常把经过腰臀区域的横向分割称为育克（yoke 音译）。育克线的形状不仅仅是水平线，完全取决于设计，也可以是弧线、折线、弧线和直线的结合等。

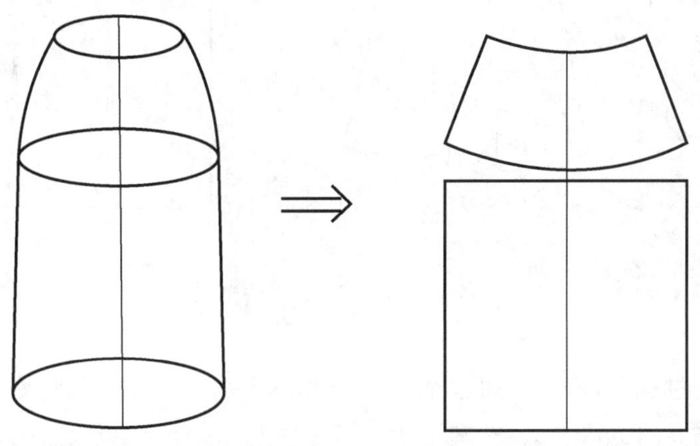

图 5-0-1 横向分割线的功能

第一节 育克波浪裙

款式特征是贴体的育克与宽松的下摆波浪形成视觉上的对比，更凸显了女性婀娜的体态美，如图 5-1-1 所示。

为了更好地理解平面制图中育克片的构成原理，这里通过在人台上立体试样的方式得到育克片的平面结构（图 5-1-2）。首先参照款式图在人台上粘贴好前裙片的育克线。然后将坯布固定前中线后，沿着腰口线和育克线以上下同步抚平、别针、打剪口的方式，直至侧缝线处。作标记后取下连线，得到育克片。

图 5-1-1　育克波浪裙

图 5-1-2　育克片的立体试样

在这个立体试样的过程中，育克片通过贴合人体的腰臀立体区域而获得，就相当于在圆台体的表面区域中截取一部分。把这个思路运用到平面制图中，可以先将原型裙的腰省闭合，实现圆台体，然后在圆台体上绘制所设计的育克线，截取出育克片（图 5-1-3）。将原型裙中的腰省闭合后，将纸样顺着省尖点折叠，以便于摊平绘图，然后根据款式图中育克片的造型绘制出育克分割线。上半部分保持闭合腰省状态拷贝后即为育克片，下半部分仍然有剩余的省道量。因此，这条育克分割线是将原型裙中的部分腰省转移至该线条中后被去除了，从而实现贴合人体腰臀局部的立体形态。

从育克线的位置高低来看，可以将育克线分成两类（图 5-1-4）。一类是经过人体腰臀的凸点位置附近，即前片的腹凸凸点区域和后片的臀凸凸点区域（如前裙片上距离人体腰围线约 8～10 cm，后裙片上距离人体腰围线约 12～14 cm）。这类的育克线可以将全部的腰省量转移至分割线中，育克线以下完全是自由造型区。

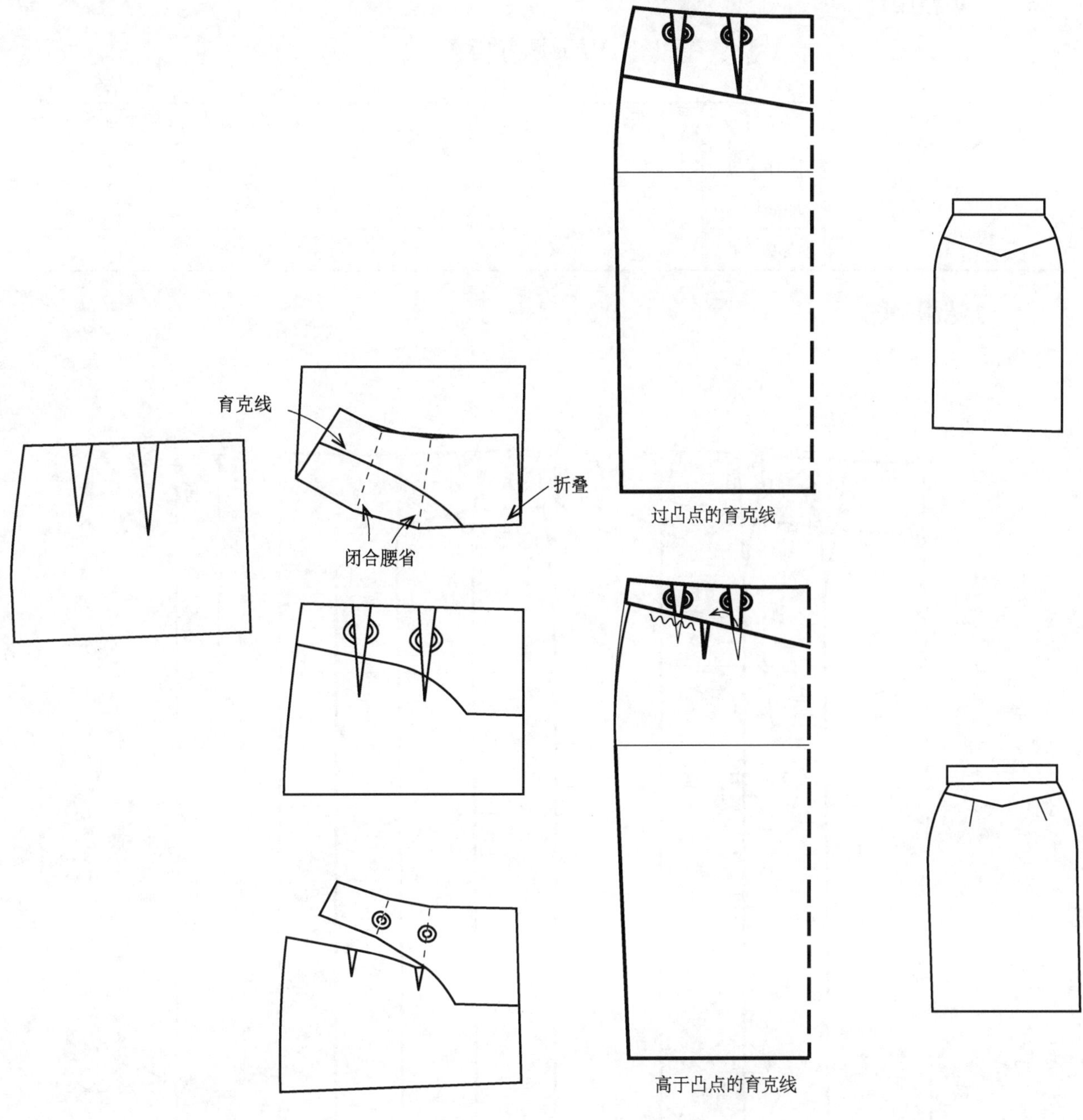

图 5-1-3　育克线的平面制图

图 5-1-4　育克线的位置

另一类育克线则位置较高，明显高于人体腰臀的凸点位置，也就是在原型裙的省尖位置上方（如距离人体腰口线 4 cm 左右），这时的育克线只能转移出部分的腰省量，育克线下方还有人体的立体形态和凸点区域，因此还必须有省道或其他省道形式来实现其立体形。

在款式设计上，由于横向分割形成的育克贴合了人体的腰臀部位，突出体现了女性人体最具美感的腰臀曲面形态。育克线以下常设计成波浪、褶裥等宽松的形态与贴体的育克形成视觉上的对比，也可以搭配贴体的直筒或略收的下摆形，还可以利用育克线设计口袋或装饰。

一、规格设计(表 5-1-1)

表 5-1-1　育克波浪裙的规格设计

单位：cm

号型	部位尺寸	腰围	臀围	腰长	裙长(不含腰)	腰头宽
160/68A	净体尺寸	68	90	18	—	—
	加放尺寸	1	—	10	—	—
	成衣尺寸	69	不用考虑	18	60	3

二、结构制图

如图 5-1-5 所示。

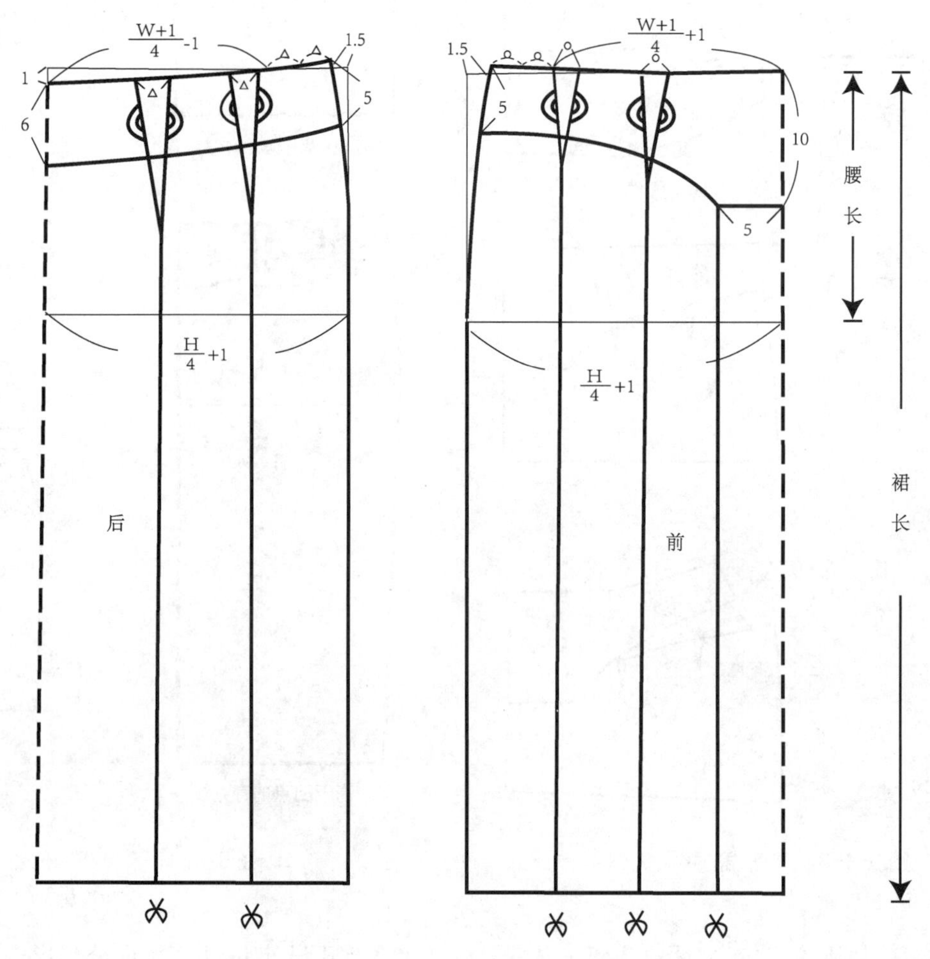

图 5-1-5　育克波浪裙的平面结构制图

此育克比较窄，育克线靠近腰线，即不是原型裙的腰省省尖附近。如前所述，不能随意地将省尖改短很多，因为人体的立体形态是客观的，凸点就是在人体的中臀围附近，省尖必须在此区域。所以在此款裙子中只能转移部分腰省量到此育克线中，而育克线以下剩余的腰省量采用波浪裙同样的处理方法，转移至下摆并增加装饰摆量。

(1) 按照原型裙的制图方法，作好腰省

(2) 绘制育克线

由于前育克线的曲线形弧度大，为保持曲线的圆顺，将原型裙的腰省折叠闭合，并过省尖将纸样折叠使之能摊平，在这部分扇形平面上作出育克款式线，拷贝后即可得到横向分割的前育克片（图 5-1-4）。

后育克线比较平缓、曲度较小，一般也可以直接在原型裙图上绘制分割线，折叠省道后修顺腰口弧线和育克线。

（3）切展得到波浪

育克线以下的剩余腰省量都转移成下摆摆量，然后进一步拉开下摆以增加装饰量，侧缝线修正为直线。为使侧缝顺直自然，前后裙片的侧缝线斜率应一致，以前裙片裙摆拉开完成后的侧缝线斜率为准，作后裙片的侧缝斜率，然后后裙片均匀拉开，将裙片上的分割线修正圆顺。

（4）核对上下片育克线修正后的长度，使之相等

整条裙身由一片前育克片、一片前裙片、一片后育克片、一片后裙片共四片组成，所有裁片均取前中心线或后中心线作为丝缕方向（图 5-1-6）。

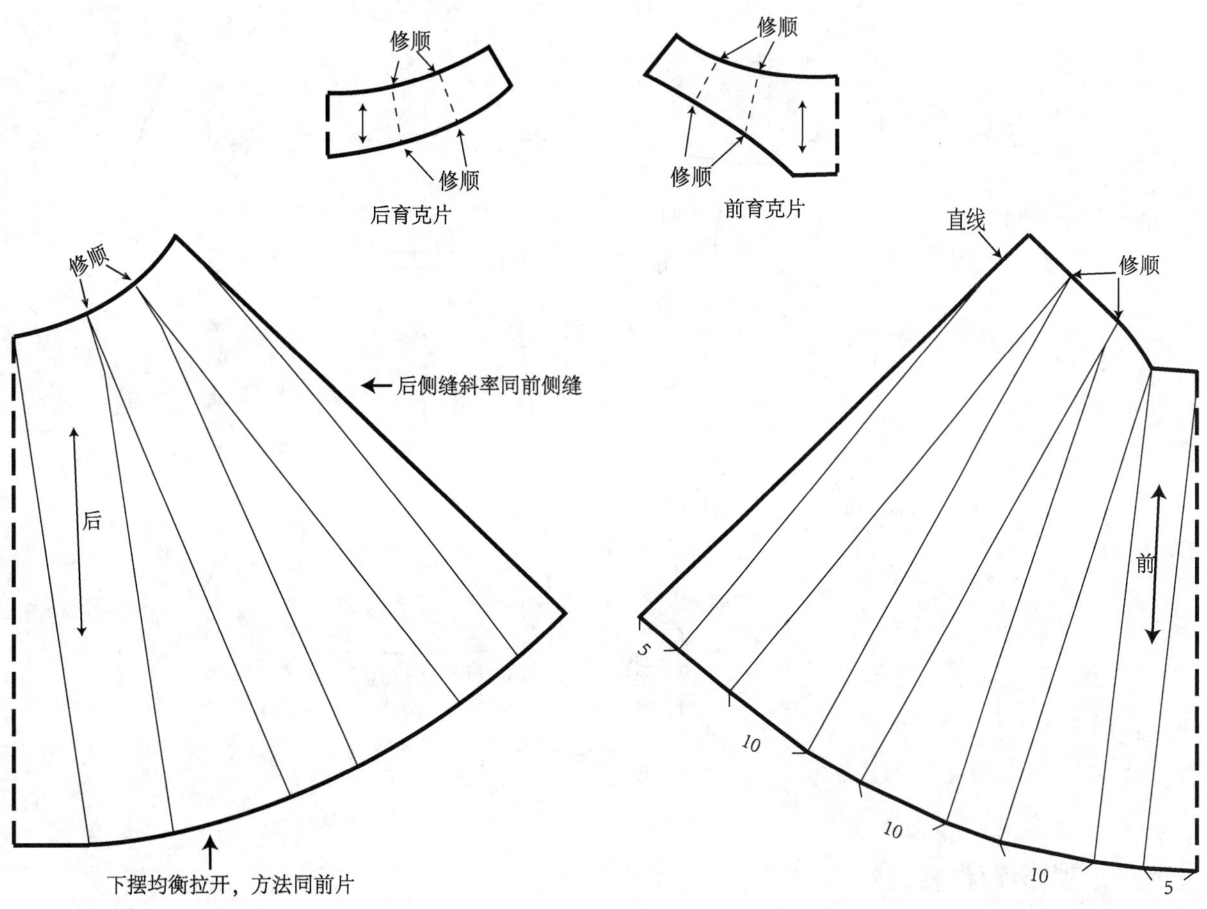

图 5-1-6　育克波浪裙的各裁片净样

第二节 育克 A 型裙

半裙呈现 A 型轮廓，前片的育克线在前中心处相交成 V 字型；后片的育克线平行于腰口线，简洁大方，如图 5-2-1 所示。

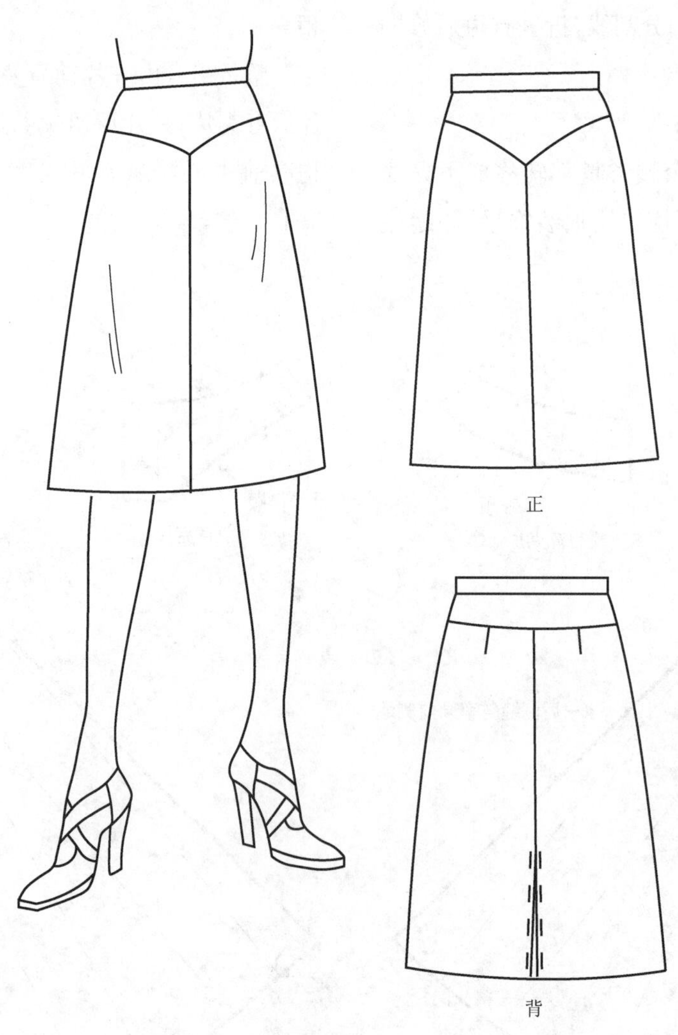

图 5-2-1 育克 A 型裙

一、规格设计(表 5-2-1)

表 5-2-1 育克 A 型裙的规格设计 单位：cm

号型	部位尺寸	腰围	臀围	腰长	裙长(不含腰)	腰头宽
160/68A	净体尺寸	68	90	18	—	—
	加放尺寸	1	6	10	—	—
	成衣尺寸	69	96	18	60	3

二、结构制图

如图 5-2-2 所示。

前裙片的育克线经过了腹部的凸点区域，因此可以将腰省量全部转移到此育克线中；而后裙片的育克线则在臀部凸点的上方，因此只能转移部分腰省量，育克线下方的小省道才实现了臀部的立体形态。

① 前、后裙片臀围取 H/4＋1.5，作出 A 型裙。

② 计算腰围尺寸，前、后侧缝撇掉量取 1.5 cm，其余的腰臀差作为腰省量。作出侧缝弧线、腰口弧线。

③ 在前裙片上按照款式图所示的育克线造型作出前育克线，此款前中线上取了 14 cm，前侧缝上取 6.5 cm。将前腰省的省尖放置到此育克线上，闭合前腰省，修顺前腰口弧线和前育克线，即为前育克片。

④ 后裙片折叠后腰省后按照款式图所示的育克线造型作出后育克线，注意侧缝处前后裙片育克线的位置一致。修顺后腰口弧线和后育克线。

⑤ 折叠修正后育克线以下的后腰省。

⑥ 丝缕线。整条裙身由一片前育克片、两片前裙片、一片后育克片和两片后裙片组成，均取垂直于臀围线的直向作为丝缕方向（图 5-2-3）。面料为条格纹时，前后育克片也可取斜向或横向丝缕，缝合后形成条纹格纹的变化。

综上所述，当横向分割线经过人体腰臀立体区域时，可以将腰省部分或全部转移其中，起到藏省于缝的作用，塑造出立体形态，是具有功能性的线条。

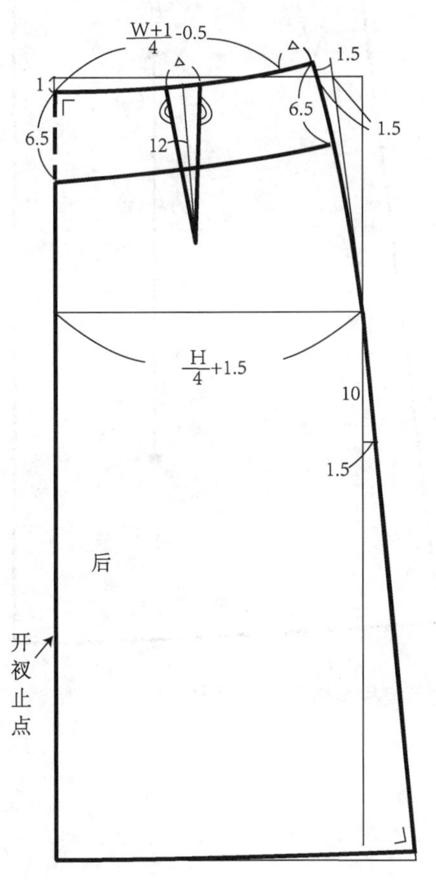

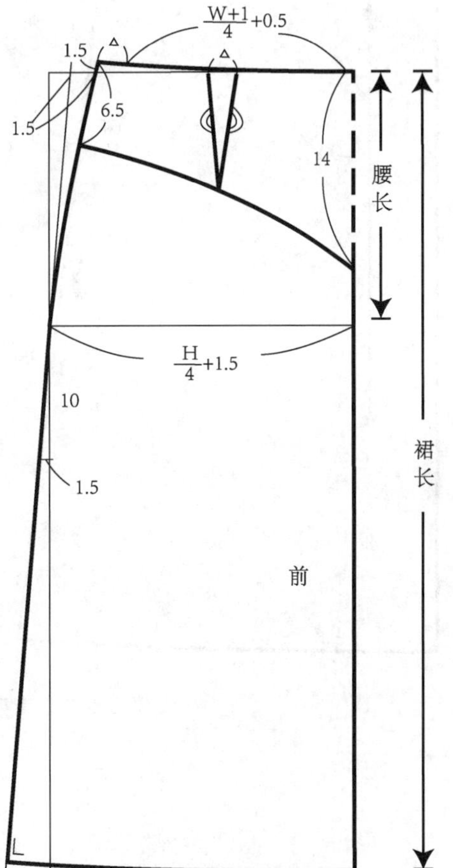

图 5-2-2 育克 A 型裙的平面结构制图

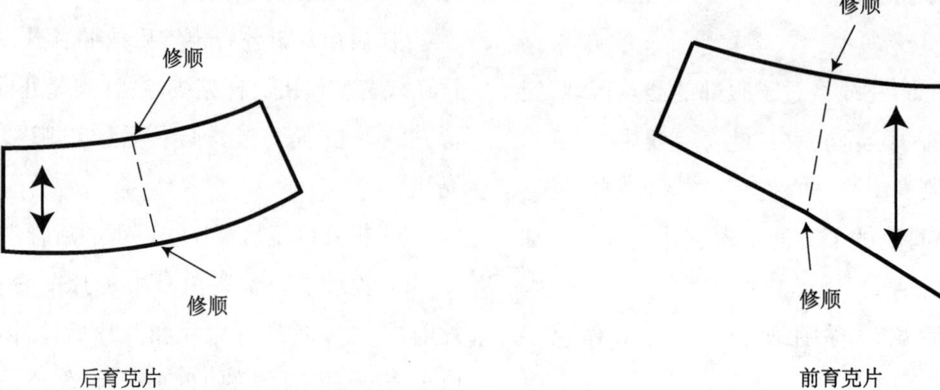

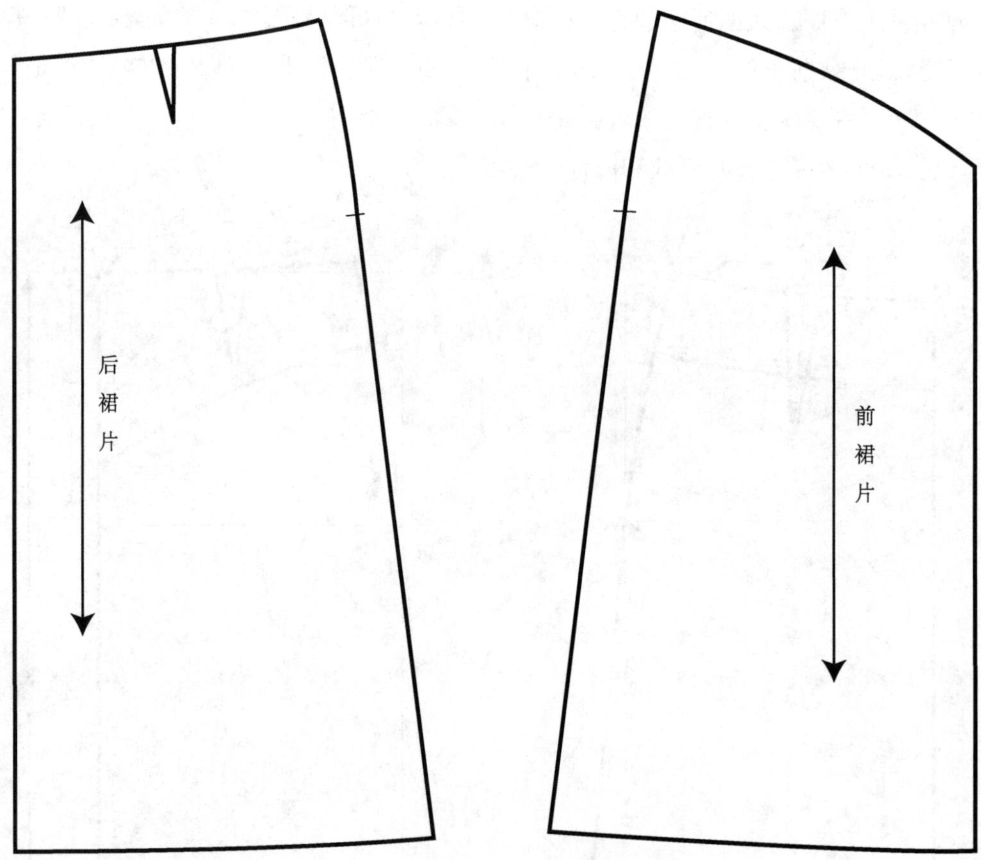

图 5-2-3　育克 A 型裙的各裁片净样

第六章 裙子抽褶造型的构成技术

省道是二维平面面料塑造出三维服装造型的关键，在服装构成中对省道有“可移可转不可消”的理念，即省道可以围绕凸点移动或转移至其他结构线上，但不可以凭空消失。因为人体的立体型是客观存在的，对裙子而言，凸点就是指前片的腹凸和后片的臀凸，围绕腹凸和臀凸可以将腰省转移至侧缝、下摆等结构线上，其中转移至下摆线成为摆量就产生前文中的裙子廓型变化。也可以借助经过腹凸或臀凸的纵向或横向分割线，将腰省隐藏去除。那么，除了用腰省、纵横向分割线来处理以外，还可以用其他形式实现腰臀立体造型吗？如图 6-0-1 所示，当用长方形的布料围裹人体腰臀部位时，处理腰部余量的最简单方式就是将布料缝线后进行抽缩来快捷地达到腰部的尺寸要求。通过抽缩会形成许多细小的褶裥，也被称为抽褶。这样的抽褶量包含了原型裙中的腰省量和侧缝撇去量，所以它是腰省的另一种表现形式。但仅仅将所有原型裙中的腰臀差量作为抽褶量，从视觉上看这样的腰部抽褶表现力不够，如果用更宽的长方形布料来围裹就可以使腰部的抽褶量加大，使抽褶效果更具美感，当然臀围处的松量也随之增加了。因此，这时的抽褶量是由两部分组成的，即腰臀差量和增加的装饰褶量，两者合并在一起表现出来。

从服装的造型风格看，在贴合区的省道和分割线都是比较严谨地塑造出贴合人体腰臀曲面的立体形态，对穿着者本身的体型要求比较高，常用于偏职业或偏淑女装的服装中。而抽褶是以面料抽缩的方式达到尺寸要求，是相对比较模糊的造型手段，显得宽松、活泼、自由，常用于偏休闲或偏少女装的服装中。而对于臀围线以下的自由设计区而言，抽褶更是以其特有的装饰效果成为裙子款式设计中的常用装饰细节，即单纯地把长缝料进行抽缩，得到碎褶效果。如图6-0-2中半裙下摆处拼接抽褶装饰边等。

正是因为抽褶是通过面料的抽缩而得到造型效果的，不同种类的面料抽褶后风格各异，因此在设计抽褶量时还必须考虑面料因素，因为面料的风格和厚度对抽褶效果影响比较大。从面料风格上看，棉麻织物体现休闲随意感；真丝或仿丝类化纤织物适合用密集的褶纹体现其华丽感；卡其布等较厚实的面料适合表现褶的立体感。从厚度上看，一般薄料比厚料能容纳更多的抽褶量。如图 6-0-3 所示，大致根据面料的厚度分成四类：乔其、雪纺等轻薄料可容纳的抽褶量一般为原长的两倍左右，薄型棉布和双绉等丝绸面料可容纳的抽褶量一般为原长的 1.5 倍左右，中平布厚度的棉布和薄羊毛面料可容纳的抽褶量一般为原长的 1 倍左右，粗斜纹等厚型棉布和粗纺的中厚型羊毛面料可容纳的抽褶量一般为原长的 2/3 左右。当然这只是大致的参考，面料的品种极其丰富，一般最好是用实际使用的面料试验下抽褶效果，确定合适服装造型的抽褶用量。在增加抽褶的装饰量时，有时还要考虑服装的成本。

图 6-0-1　裙子腰部的抽褶原理

图 6-0-2　抽褶装饰下摆

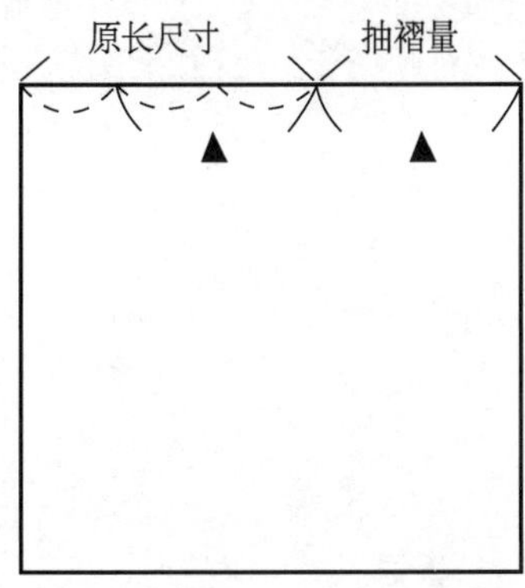

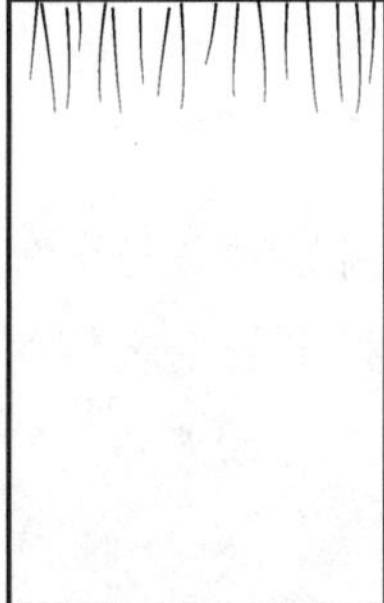

A. 抽褶量为原长的2/3
中厚羊毛面料（苏格兰呢等粗纺面料）
厚棉面料（粗斜纹面料）

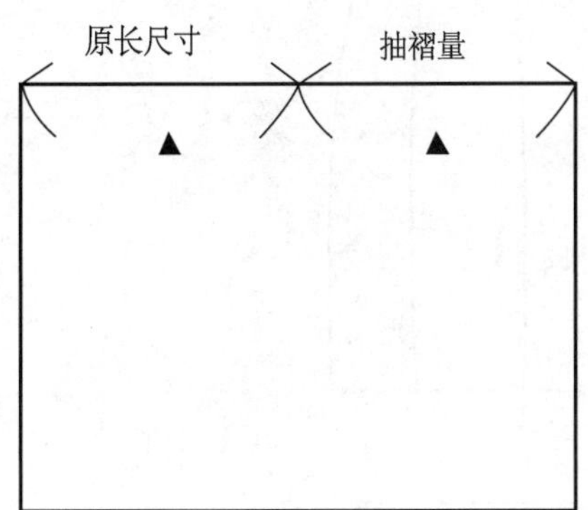

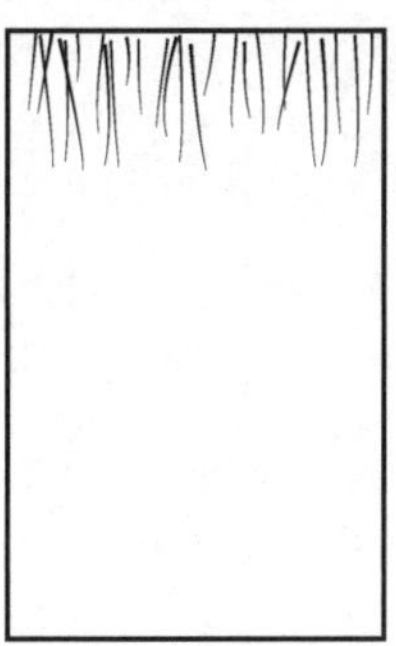

B. 抽褶量为原来的1倍
薄羊毛面料（哔叽等精纺面料）
棉（中平布）

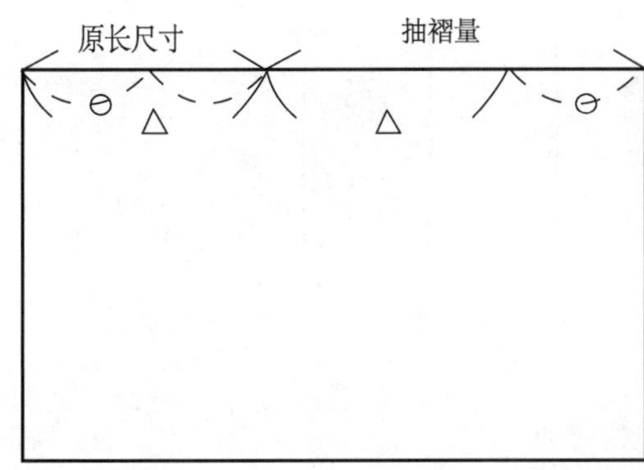

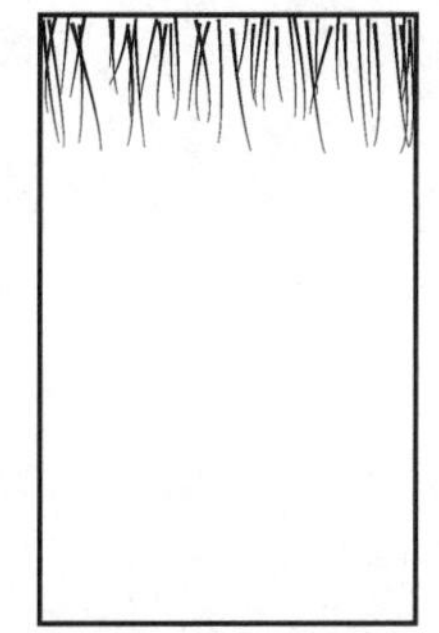

C. 抽褶量为原长的1.5倍
薄棉布（平布、细纺）
丝绸（双绉）

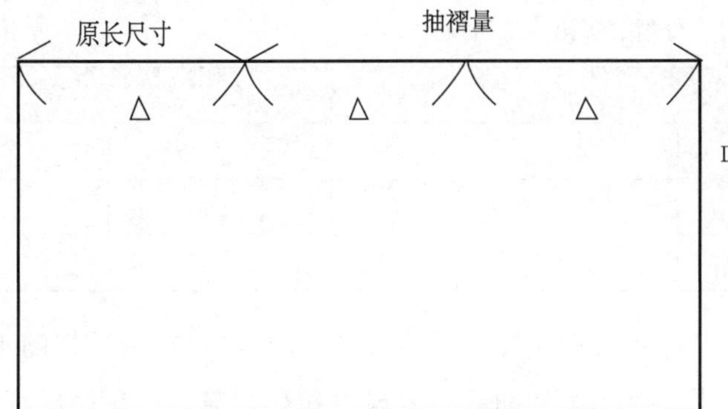

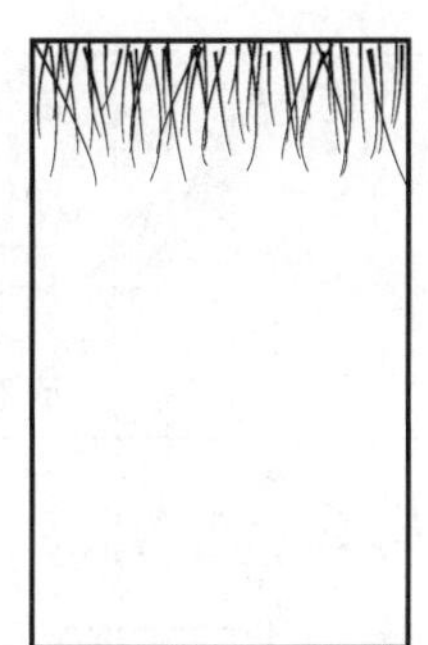

D. 抽褶量为原长的2倍
薄料（乔其、雪纺）

图 6-0-3　抽褶量与面料

第一节　分割抽褶裙

直筒裙的纵向分割线中结合了抽褶，侧面的细褶衬托出前中腹部的贴合曲面型，富有变化，如图 6-1-1 所示。

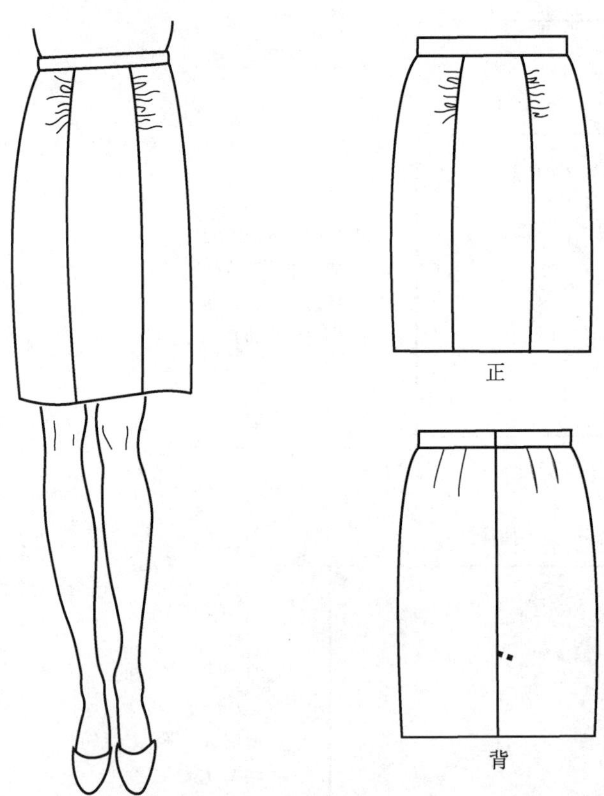

图 6-1-1　分割抽褶裙

一、规格设计（表 6-1-1）

表 6-1-1　分割抽褶裙的规格设计　　单位：cm

号型	部位尺寸	腰围	臀围	腰长	裙长（不含腰）	腰头宽
160/68A	净体尺寸	68	90	18	—	—
	加放尺寸	1	4	10	—	—
	成衣尺寸	69	94	18	50	3

二、结构制图

如图 6-1-2 所示。

具有替代腰省作用的抽褶必须指向人体的凸点区域，即图中人体的腹凸区域。它往往也会和装饰褶量结合在一起，以弥补抽褶量的不足，增加抽褶的表现力和视觉美感。在处理其结构时，必须首先处理腰省的转移，然后再增加装饰量。

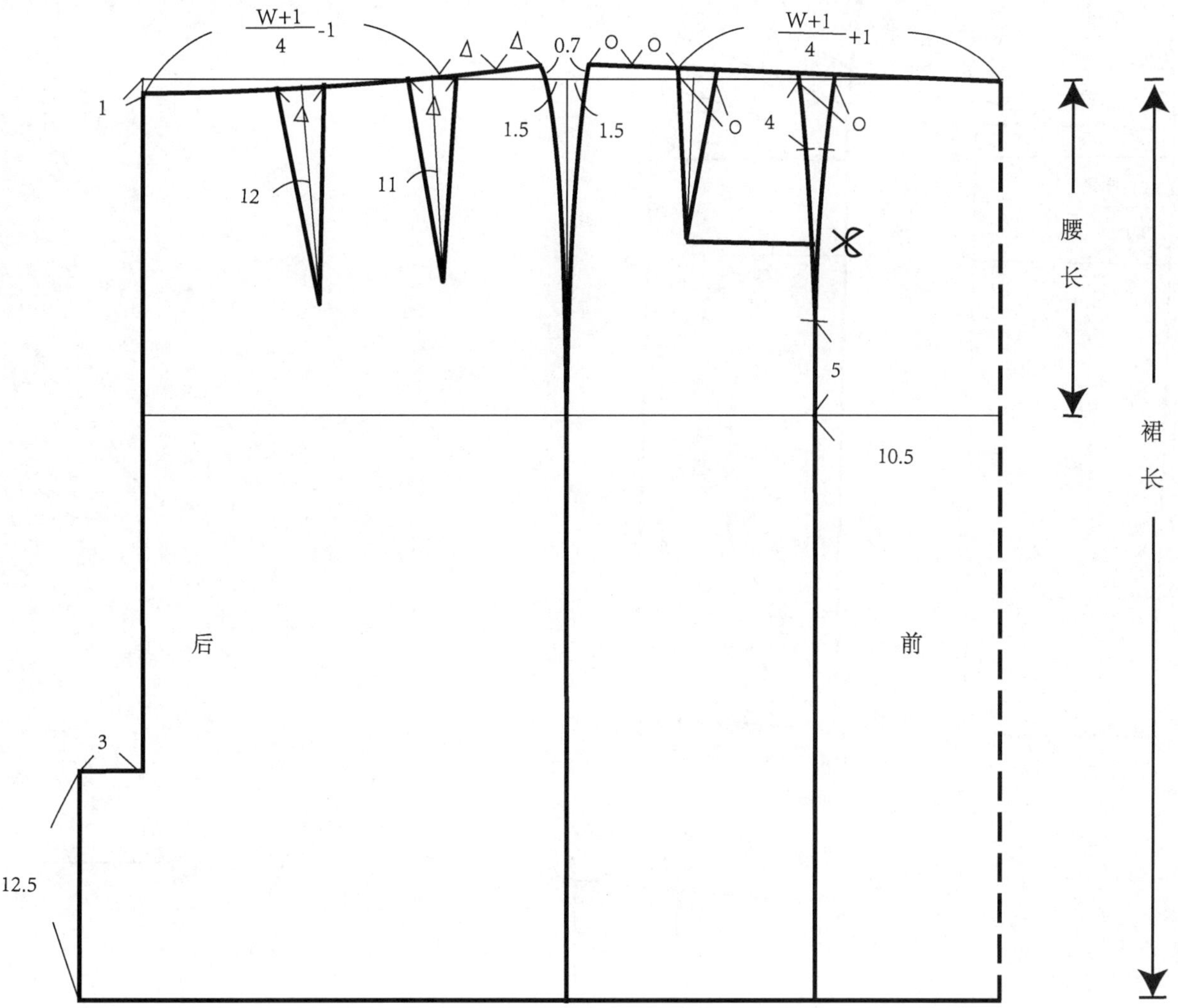

图 6-1-2 分割抽褶裙的平面结构制图

① 按照原型裙的制图方法，作好廓型。根据款式图中的比例关系确定前分割线的位置。

② 将一个前腰省放入分割线中，绘制成圆顺的分割线。

③ 由于是局部位置抽褶，在该部位作对位记号。

④ 将另一个前腰省闭合转移成褶量，但这样的褶量不够，需要增加装饰性的褶量，朝向侧缝剪切后用扇形方式展开，即侧缝线处靠合，只展开分割线处，保留原对位记号（图 6-1-3）。

⑤ 修顺前侧缝线。

⑥ 修顺抽褶的分割线。

修顺时适当放入少量蓬松量。整条裙身由一片前中片、两片前侧片和两片后裙片组成，均取垂直于臀围线的直向作为丝缕方向（图 6-1-4）。

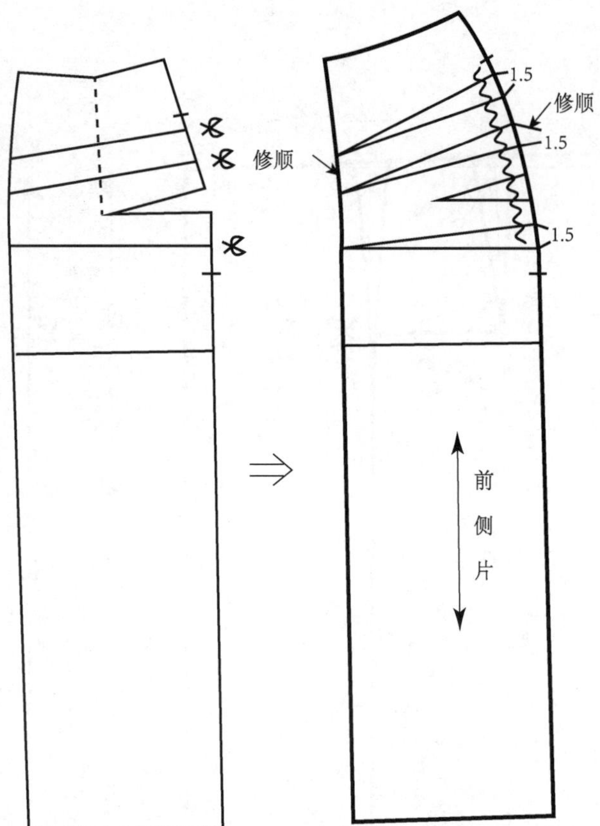

图 6-1-3　加入装饰性褶量

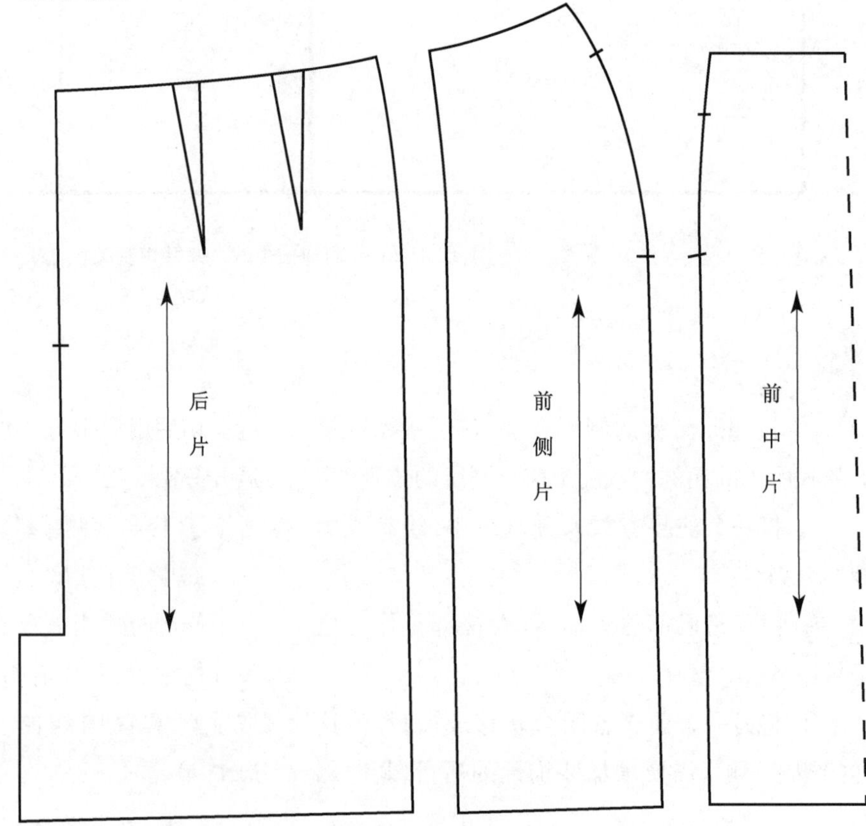

图 6-1-4　分割抽褶裙的各裁片净样

第二节　装饰性造型的切展原理

前面两个例子的抽褶造型中都增加了装饰性褶量，但它们的切展方式有所不同。图 6-0-1 的腰部装饰性抽褶可以看成是平行展开，即在腰部褶量增加的同时，摆量也随之增大了，面料仍然保持长方形的形状；而图 6-1-1 中分割抽褶裙中的装饰性抽褶量则来自于扇形展开，即侧缝线长度不变，仅展开了分割线处。那么，还有其他展开方式吗？不同的展开方式又有何差异呢？

下面以长方形基形为例，说明有哪些不同的展开方式及其对应得到的平面纸样和立体形态（图 6-2-1）。

图 6-2-1　装饰性造型的切展原理

1. 平行展开

平行展开是指切开后上下同步展开相同的量。如单纯地把长缝料进行抽缩成为装饰边，其装饰性褶量从结构上就可以理解成平行展开，平行的展开使上口线增加了长度用作褶量，下口线增加了长度自然成了摆量，立体形态仍然是圆柱形。裁片整体保持长方形，面料利用率高，也是最常用的展开方式。正是因为其仍然是长方形，所以制图时常常省略其切展过程，直接制图取得展开后的长方形结果。

2. 扇形展开

扇形展开是指上口线靠合，下口线展开，这样裁片的形状就从长方形变化成了扇形，上口线长度不变，下口线长度变长，上下口线之间存在长度差，立体形态变成了圆台形。前文中的波浪裙就是典型的扇形展开的方式，下口线增加的长度垂挂下来后成为了一个个的波浪。当然这些下口线增加的长度也可以被用作抽褶量。

3. 倒扇形展开

倒扇形展开是指下口线靠合，上口线展开，裁片的形状从长方形变化成了倒扇形，下口线长度不变，上口线长度变长，上下口线之间存在长度差，立体形态成了倒台体。上口线增加的长度可以通过抽褶或褶裥方式形成装饰。

4. 梯形展开

梯形展开是指上口和下口都有展开量，但展开量上口小、下口大，形成环形的形状，上下口之间存在长度差，立体形态呈台体。上下口增加的长度都可以分别作为抽褶量或褶裥量，或者下口线直接作为摆量。

5. 倒梯形展开

倒梯形展开与梯形展开相反，下口的展开量小于上口的展开量，整体立体形态呈倒台体。上下口增加的长度都可以分别作为抽褶量或褶裥量，或者下口线直接作为摆量。

通过以上这些切展方法可以获得上口线或下口线长度的增加，以用于装饰性的造型中，如抽褶、褶裥或波浪（仅下口线）等，这些将在后文的例子中进一步运用。

第三节　拼接式抽褶裙

拼接式抽褶裙又称塔裙（图 6-3-1），分三节抽褶，富有节奏感，显得活泼自然。分节的位置可以进行各种变化，可以是每节长度一样，也可以是从上而下呈等差变化。若在各节采用不同面料进行组合变化，或在分节处用滚边等增加装饰色彩，都可以产生变化的效果。

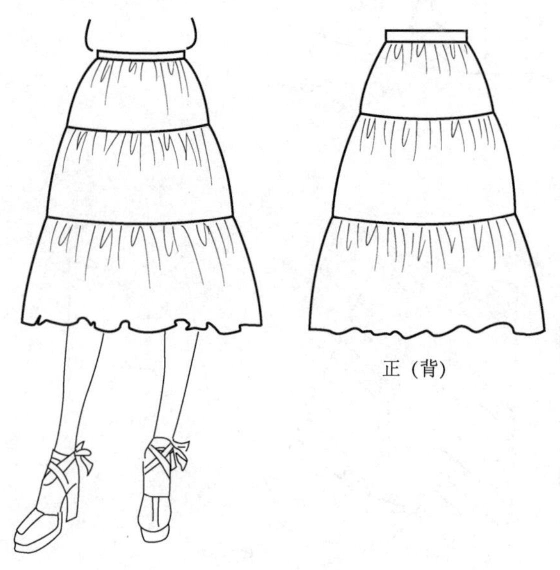

图 6-3-1　拼接式抽褶裙

一、规格设计(表 6-3-1)

表 6-3-1　拼接式抽褶裙的规格设计　　单位：cm

号型	部位尺寸	腰围	臀围	腰长	裙长(不含腰)	腰头宽
160/68A	净体尺寸	68	90	18	—	—
	加放尺寸	1	6	10	—	—
	成衣尺寸	69	96	18	72.5	3

二、结构制图

如图 6-3-2 所示。

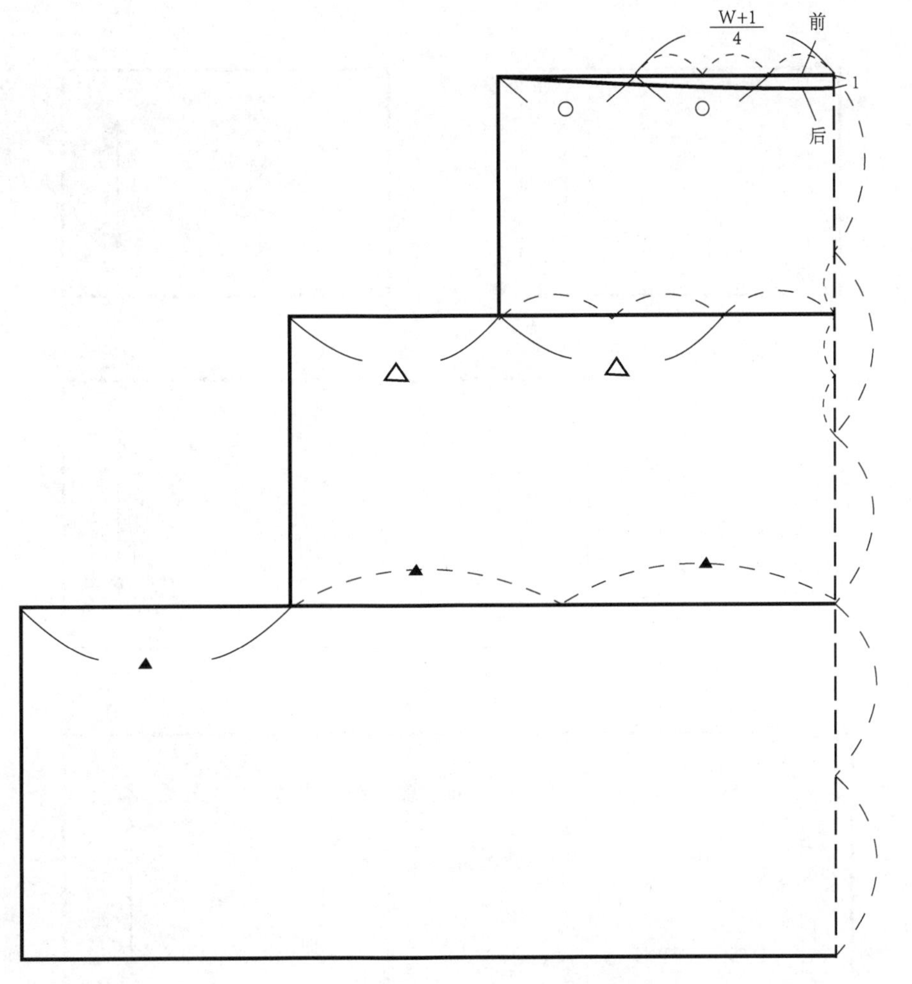

图 6-3-2　拼接式抽褶裙的平面结构制图

在腰口处抽褶的基础上，增加了下面两节抽褶。如前所述，腰部的抽褶包含了腰省量和装饰褶量，而下面两节已在臀围线以下的设计区，这两节的横向分割和褶量是纯装饰性的。

① 根据款式图中的比例关系确定每一节的长度，如图 6-3-2 中三节的长度比例呈逐级递增的关系。

② 确定装饰性褶量的切展方式，采用平行

切展的方式，直接用长方形制图。

③ 确定每一节的抽褶量，因为上下节之间是拼接式的，所以下面的一节是在上面一节的基础上增加抽褶量。图中第一节的抽褶量是腰围的三分之二，第二节的抽褶量是第一节的三分之二，第三节的抽褶量是第二节的二分之一。

④ 后中低落 1 cm，作出后腰口弧线。

⑤ 最下面的一节由于褶量的增加，可能会出现超过面料门幅的情况，所以需要合适的接缝位置。如果面料丝缕差异不明显的话，可以考虑使用横丝，或者三节都使用横丝料。

整条裙身由三片前裙片（一片前上片、一片前中片和一片前下片）和三片后裙片（一片后上片、一片后中片和一片后下片）组成，均取垂直于臀围线的直向作为丝缕方向(图 6-3-3)。

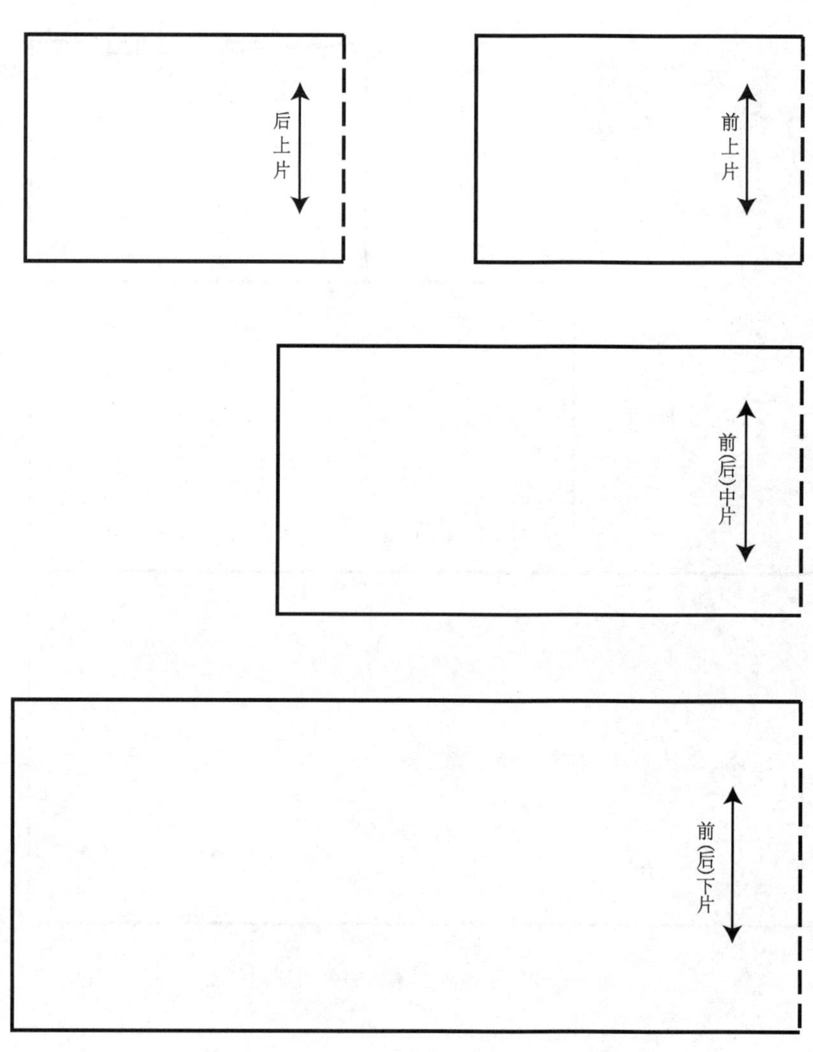

图 6-3-3　拼接式抽褶裙的各裁片净样

第四节 育克抽褶裙

育克分割线下接两段抽褶，抽褶边密拷后压在表面，富有装饰感。既凸显腰腹部的立体感，又显得活泼可爱，适合青年女性穿着，如图6-4-1所示。

图6-4-1 育克抽褶裙

一、规格设计(表6-4-1)

表6-4-1 育克抽褶裙的规格设计 单位：cm

号型	部位尺寸	腰围	臀围	腰长	裙长(不含腰)	腰头宽
160/68A	净体尺寸	68	90	18	—	—
	加放尺寸	1	6	10	—	—
	成衣尺寸	69	96	18	60	3

二、结构制图

如图6-4-2所示。

① 作好原型裙的结构。

② 确定育克线的位置和前后裙片下摆处抽褶的横向分割位置。

③ 将前、后裙片的腰省转移至育克线中。后裙片剩余的腰省作为抽褶量处理。

④ 裙片增加长度重叠量1.5 cm，加入的装饰性褶量是育克线长的二分之一。后裙片低落1 cm。

⑤ 下摆抽褶片也增加长度重叠量1.5 cm，加入的装饰性褶量是裙片长的二分之一。

整条裙身由一片前育克、一片后育克、一片前裙片、一片后裙片、一片前下摆片和一片后下摆片组成，均取垂直于臀围线的直向作为丝缕方向(图6-4-3)。

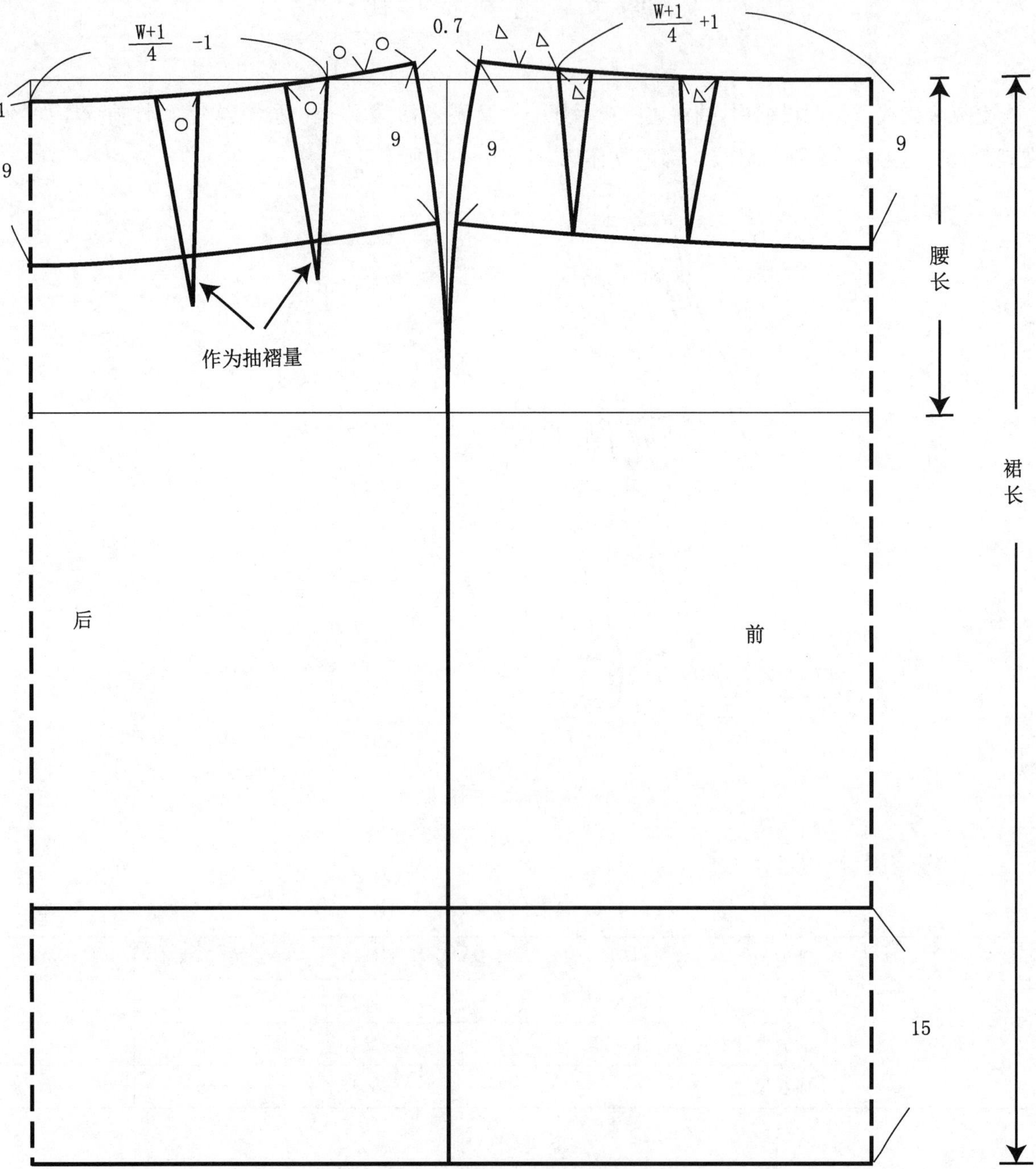

图6-4-2 育克抽褶裙的平面结构制图

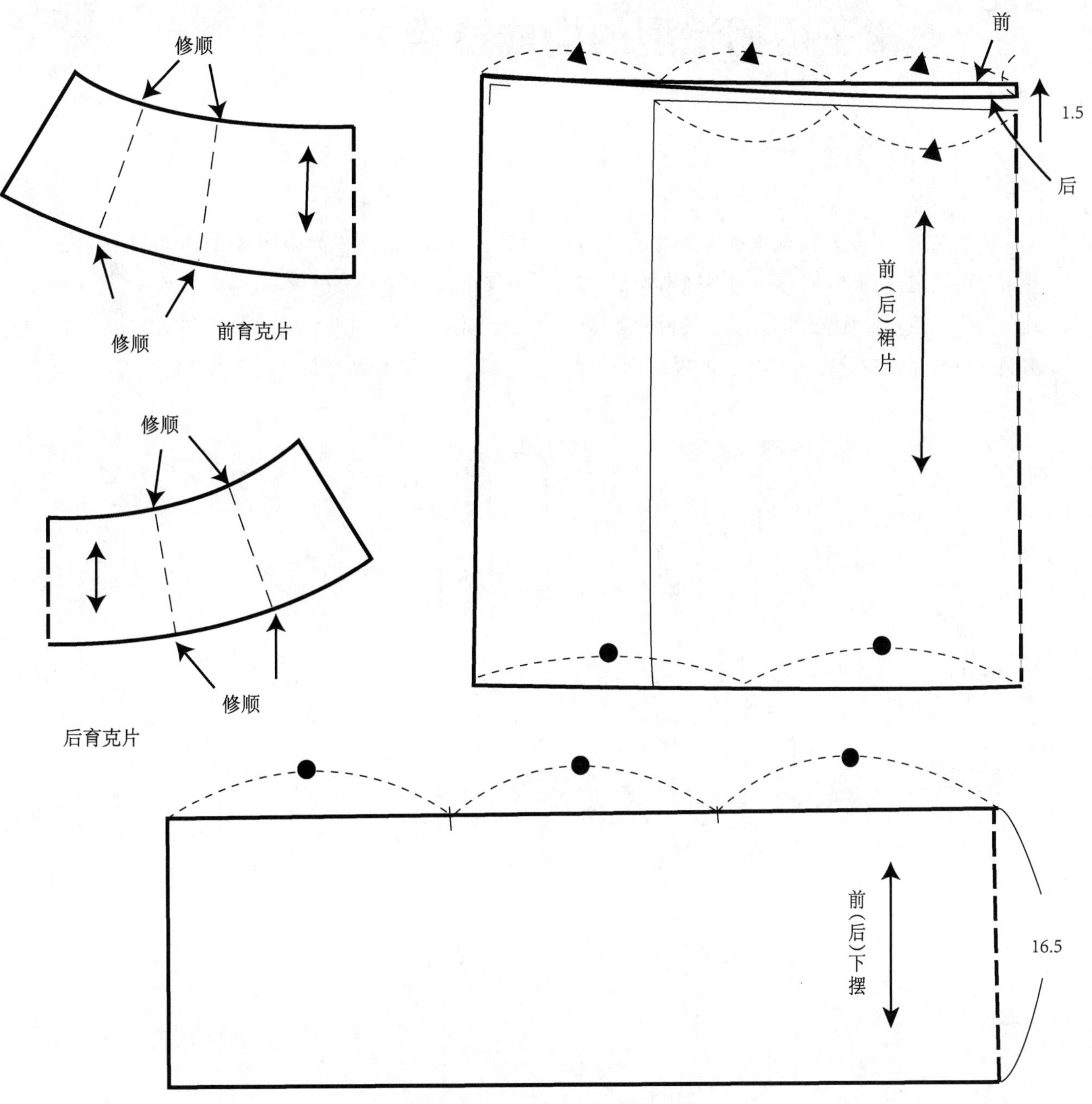

图 6-4-3　育克抽褶裙的各裁片净样

第七章 裙子褶裥造型的构成技术

褶裥是指将面料的一端进行有规律的折叠，并用缝迹固定，在面料的另一端用缝迹固定、熨烫定型或不固定自然散开的方式而形成的造型。褶裥的造型能使裙子在人体静止时保持修长合体，在活动时能提供充裕的松量，并富有节奏感和韵律感。

褶裥按形成的形态来分，有顺褶和箱型褶（图 7-0-1）。顺褶是指向同一方向折叠的褶裥，

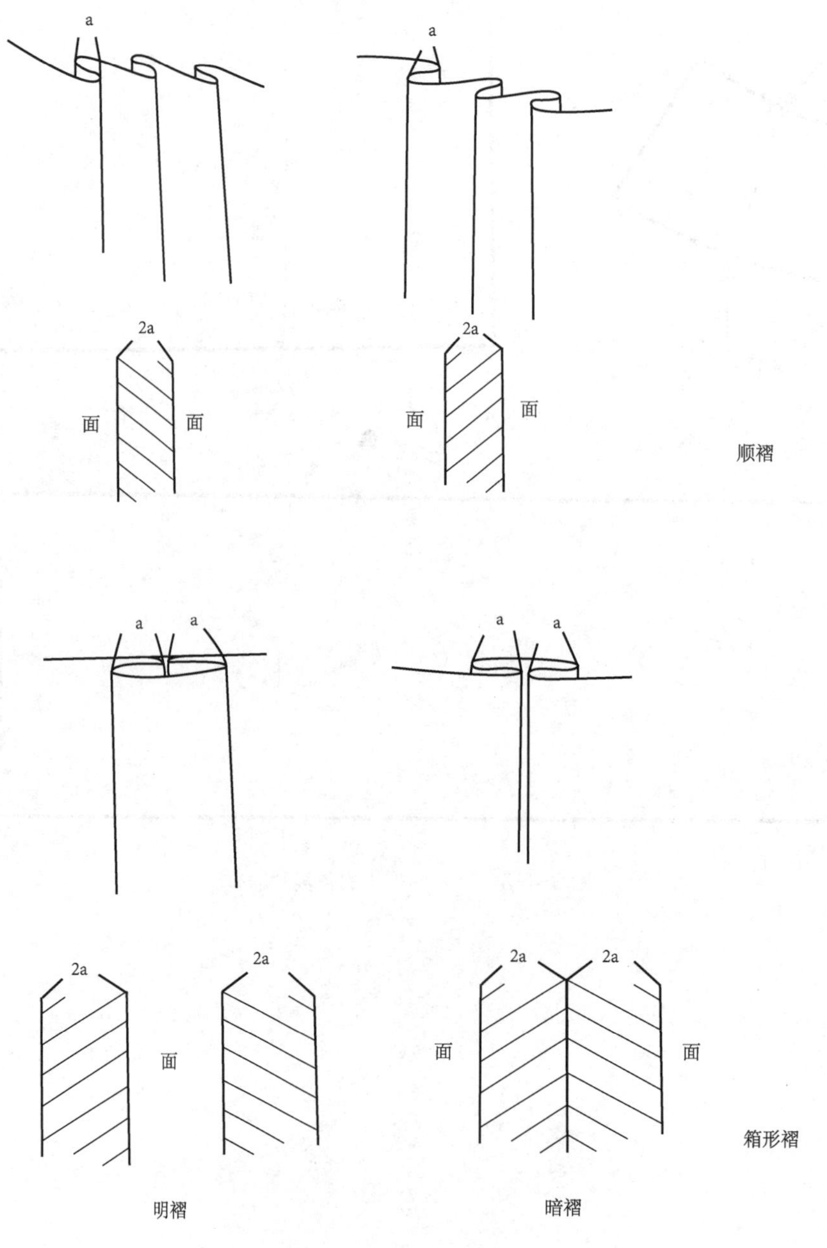

图 7-0-1　折裥的形态

又称顺风褶。箱型褶是指由向两个方向折叠的褶裥组合而成的，又可分为明褶和暗褶，凸在表面的称为明褶，凹在背面的称为暗褶。在服装制图时分别对应于不同的制图符号，用斜线块面来表示需要折叠的面料，斜线的高低则表示了褶裥的倒向，由高到低方向折叠。左高右低的斜线表示左边的布料折叠压在右边的布料上；反之，左低右高的斜线表示右边的布料折叠压在左边的布料上。

褶裥的深度也是其形态因素之一。褶裥可深可浅，如图 7-0-1 所示，褶裥的深度若为 a，则顺褶需要折叠的布料为 2a，组合后的箱型褶需要折叠的布料共为 4a。这个深度虽然是个设计值，但如果为了节约面料而采用很浅（2 cm 以下）的褶裥，可能会难以保持形状；同时还需考虑与面层的关系，浅的褶裥可以排列紧密，深的褶裥则相对排列疏松。较多褶裥的时候由于被折叠的布料用料多，还应考虑面料的幅宽等因素。

褶裥通过折叠形成了上下层关系的三层面料，两条褶边分别倍称为明褶边和暗褶边（图 7-0-2）如果有需要拼接等问题，应将拼接处放在暗褶边以利于隐藏，不影响外观。另外，在设置裙子的成品臀围时，要考虑到褶裥是多层面料的折叠，会产生一定的厚度，尤其是面料厚、褶裥个数多时要适当地放入多些的松量。

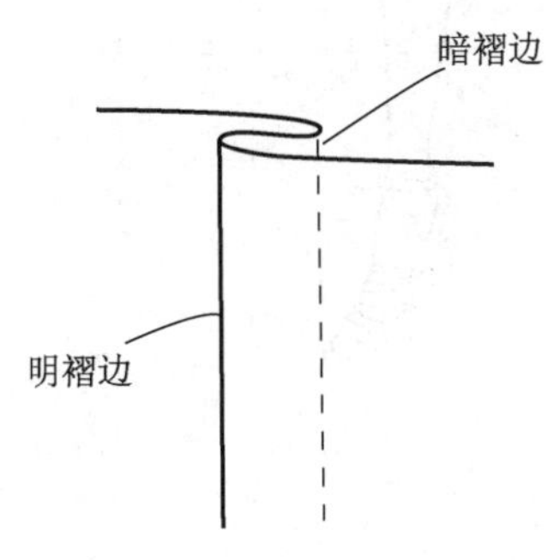

图 7-0-2　明、暗褶边

褶裥按形成的线条类型来分，有直线褶、曲线褶和斜线褶三种（图 7-0-3）。直线褶是指褶裥两端的折叠量一样，外观上形成了互相平行的直线，是平面状态的褶裥。曲线褶是指在一个褶裥中，所折叠的量有所变化，外观上形成弧线，是一种立体状态的褶裥（详见 A 型侧褶裙）。斜线褶是指褶裥两端的折叠量不同，但变化均匀，外观上形成互不平行的直线，也是一种平面状态的褶裥。

从功能上来分，和抽褶一样，褶裥也可以分成两类，一类是纯装饰性褶裥，另一类是具有替代腰省的立体功能性褶裥。如前所述，人体下半身躯干可分为贴合区和设计区两个区域，在设计区内的褶裥自然是属于纯装饰性的，就相当于平面状态的折纸，如折叠成顺褶，折叠后是完全可以摊平的平面形（图 7-0-4）。那么在人体的腹凸和臀凸区域内的褶裥有何不一样呢？为了更好地理解，这里先通过在人台上立体试样的方式来得到其平面结构的结果。

如图 7-0-5 所示，将已折叠成单向顺褶的坯布放上人台，对齐中心线和臀围线固定，为了吻合人体腰臀部位的尺寸差异和曲面特征，需将腰围的余布逐个逐个地塞进褶裥中去，也就是说这样的褶裥折叠量从原来的上下一样大变成了上大下小，形成了弧线形的明褶边，也就是曲线褶。这样的褶裥起到了替代省道的作用，它利用了褶裥的折叠将腰省分解隐藏于其中，折叠后是立体地体现腰臀曲面的形态。当然需要车缝才能固定住弧线形的明褶边。这类褶裥不是平面形态的褶裥，而是具有立体造型功能的褶裥。

还有一类简易活褶裙，如将折叠成单向顺褶的坯布仅固定在腰围线处，下面的褶裥不固定，由于臀围大，褶裥在臀围处呈自然略微张开的形态，相当于一部分的折叠量被显现出来，用于弥补臀围的不足。这样的褶裥在结构上本身不具备立体型，只有当裙子穿到人体上时才依靠臀围支撑出形态来（图 7-0-6）。

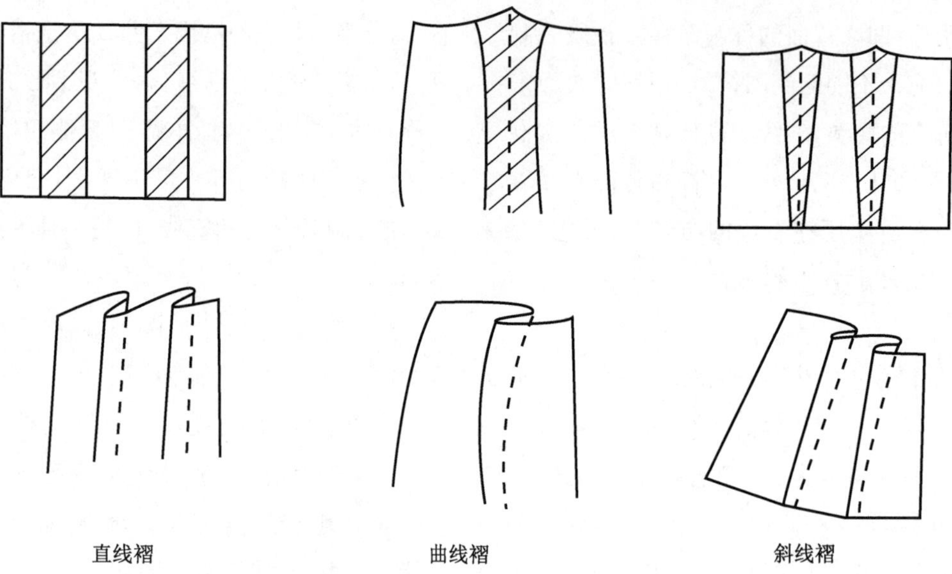

图 7-0-3　按线条类型分类的褶裥

图 7-0-4　褶裥裙摆装饰

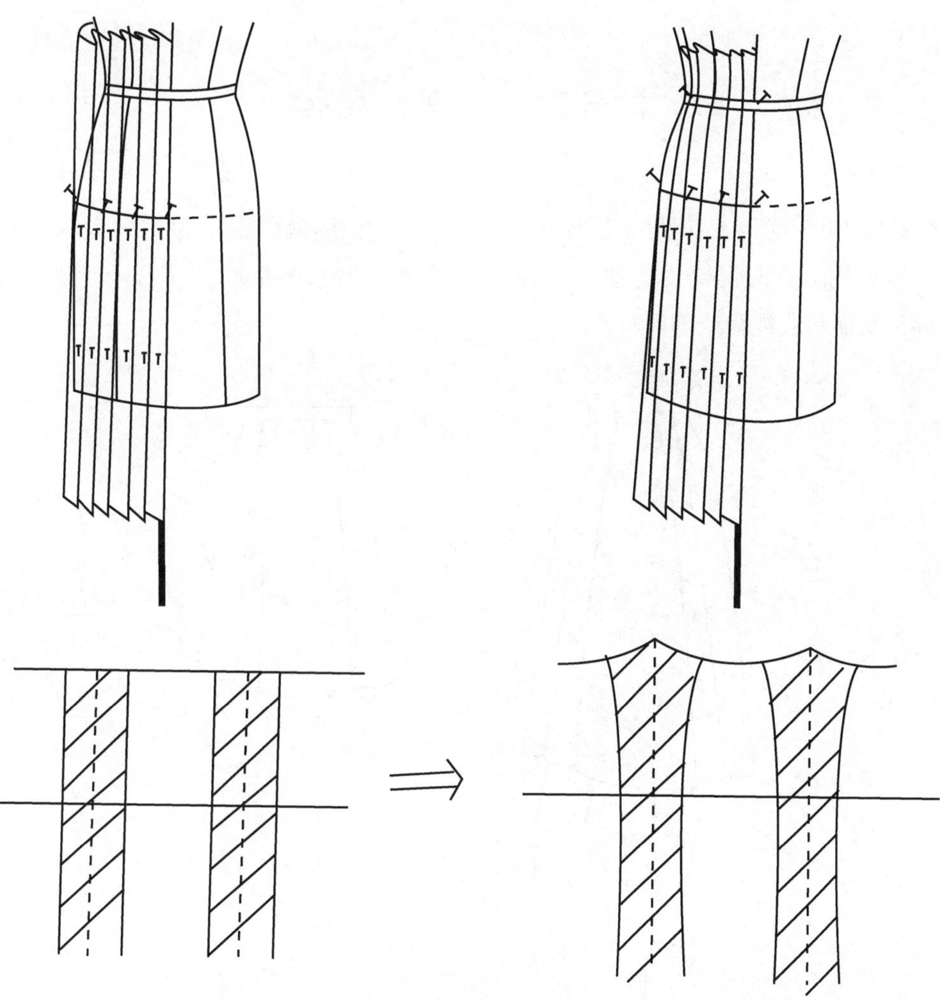

图 7-0-5 腰臀部位褶裥的立体试样

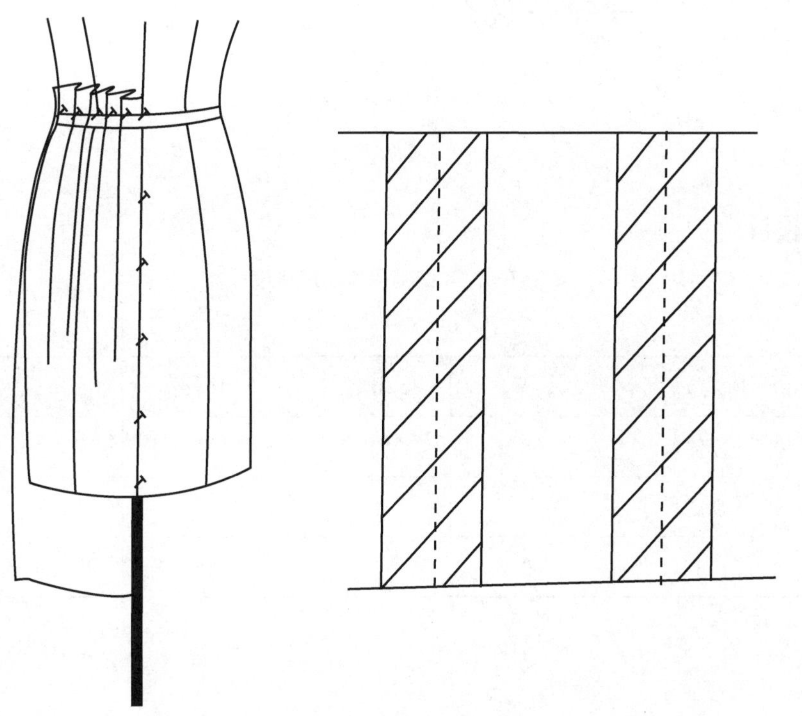

图 7-0-6 活褶裙

第一节　A 型侧褶裙

在褶裥款式的裙子选料上，如果是需要定型的褶裥，则一般选用适合高温熨烫定型的面料，如毛涤、涤棉混纺面料或纯涤纶等面料。

A 型侧褶裙款式为 A 字廓型，前后裙片在两侧各有两个褶裥，表面压有明线至臀部，如图 7-1-1 所示。

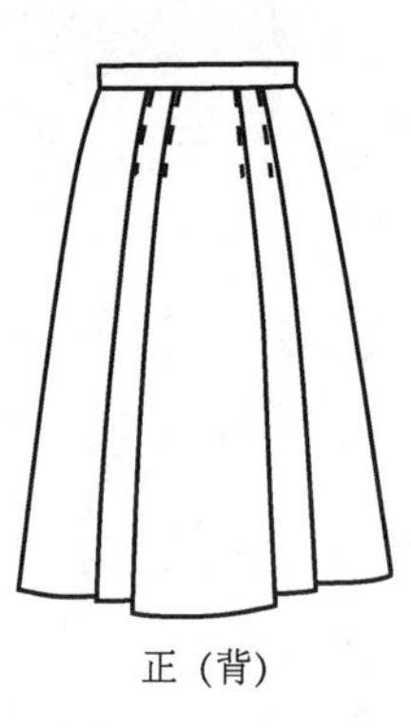

正（背）

图 7-1-1　A 型侧褶裙

一、规格设计（表 7-1-1）

表 7-1-1　A 型侧褶裙的规格设计

单位：cm

号型	部位尺寸	腰围	臀围	腰长	裙长（不含腰）	腰头宽
160/68A	净体尺寸	68	90	18	—	—
	加放尺寸	1	8	10	—	—
	成衣尺寸	69	98	18	65	3

二、结构制图

如图 7-1-2 所示。

① 作好基础线后，取侧缝斜率 10 ∶ 1，作出侧缝斜线。

② 按照款式图中所体现的比例来确定臀围线上褶裥所在的位置，这个位置和分割线的道理一样，对裙子的整体效果有着直接的关系，需仔细对照比例关系后决定。

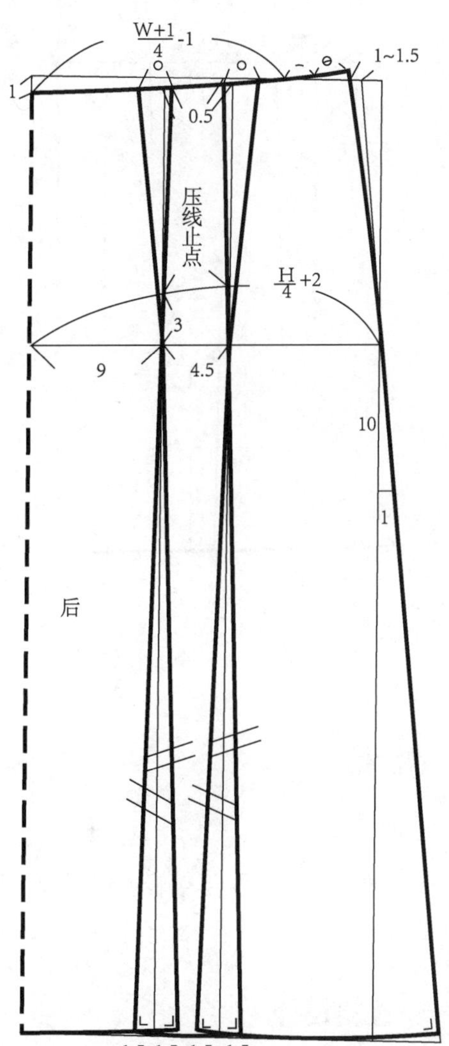

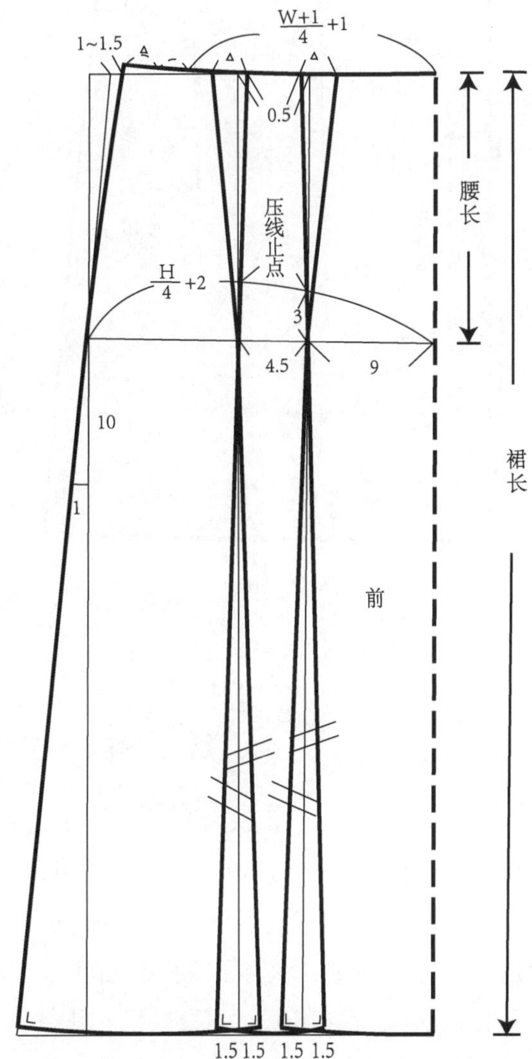

图 7-1-2　A 型侧褶裙的平面结构制图

③ 计算腰臀差，将侧缝撇去 1～1.5 cm 后剩余的腰臀差分布到两个褶裥中，因两个褶位比较靠近，放置省量时稍作调整，目的是使两个褶裥之间块面的腰臀比例保持美观。

④ 在裙摆处作少量交叉，会使褶型更稳定，视觉更自然。

⑤ 将纸样切开后加入设计的褶量，如图 7-1-9 中臀围处为 8 cm，摆围处 5 cm。

⑥ 将褶裥按照缝制状态折叠起来，修正腰口弧线。

⑦ 褶裥的压线止点位于臀围线以上3 cm 处。

整条裙身由一片前裙片和一片后裙片组成，均取垂直于臀围线的直向作为丝缕方向（图 7-1-3）。

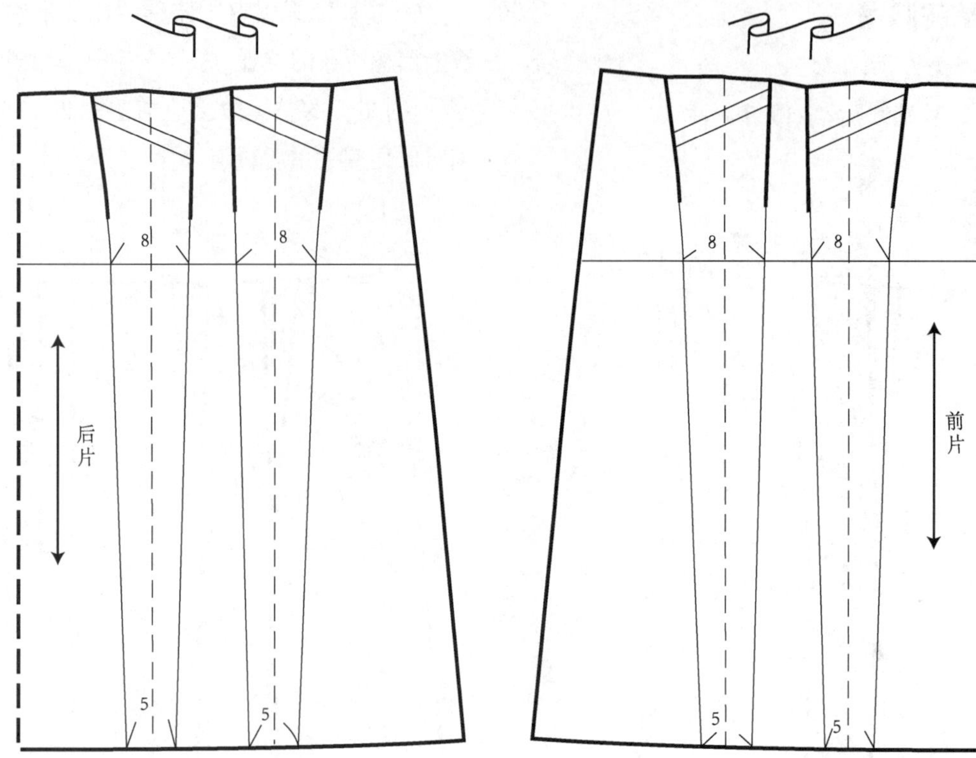

图 7-1-3　A 型侧褶裙各裁片净样

第二节　育克顺褶裙

要得到褶裥就必须增加出用于折叠的布料，前文所述的装饰形切展方式(平行展开、扇形展开、倒扇形展开、梯形展开和倒梯形展开)都可以获得不同的增加量，得到不同的折叠效果。其中折叠最方便、面料利用率最高的自然是平行展开，也是最常用的褶裥折叠方式。

半裙采用平行于腰口线的育克分割线，下方多个顺褶，裙长较短，适合年轻女性穿着，如图 7-2-1 所示。

一、规格设计

此款的臀围处虽有多个褶裥，但这些褶裥仅熨烫，并不沿着褶边压线，因此会自然张开，所以臀围尺寸不用加太多松量(表 7-2-1)。

表 7-2-1　育克顺褶裙的规格设计

单位：cm

号型	部位尺寸	腰围	臀围	腰长	裙长(不含腰)	腰头宽
160/68A	净体尺寸	68	90	18	—	—
	加放尺寸	1	8	10	—	—
	成衣尺寸	69	98	18	50	3

正（背）

图 7-2-1　育克顺褶裙

二、结构制图

如图 7-2-2 所示。

① 按照原型裙的臀围以上制图，取横向育克线平行于腰口线 8 cm。

② 将前裙片的腰省省尖修正到育克线上，闭合腰省，使之转移到育克线中，修正腰口弧线和育克线，即得前育克片。

③ 将后裙片的腰省在育克线以上的部分闭合，使之转移到育克线中，修正腰口弧线和育克线，即得后育克片。

④ 取前后育克线的长度之和，除以半身的顺褶个数(8 个)，就是每个顺褶的表层宽度。

⑤ 规划好每个顺褶所需的折叠量，折叠量越大，褶裥越深，也越费面料。

⑥ 按照一个表层宽接一个折叠量的顺序作出 8 个顺褶所需的长方形纸样。

⑦ 如果顺褶部分需要拼接，则将接缝放在暗褶边予以隐藏。

⑧ 也可以根据面料的门幅用倒推的方式来计算出褶裥的折叠量：门幅－缝份－表层所需总宽度(前后育克线长度之和)＝可用的折叠量，再除以褶裥个数，就是每个顺褶的折叠量。

⑨ 需要说明的是，由于后裙片在育克线下方还有少量的省道量，因此穿着时后裙片的褶裥自然会稍有张开，以弥补臀围处的尺寸不足。

整条裙身由一片前育克、一片后育克和一片裙片组成，均取垂直于臀围线的直向作为丝缕方向(图 7-2-3)。

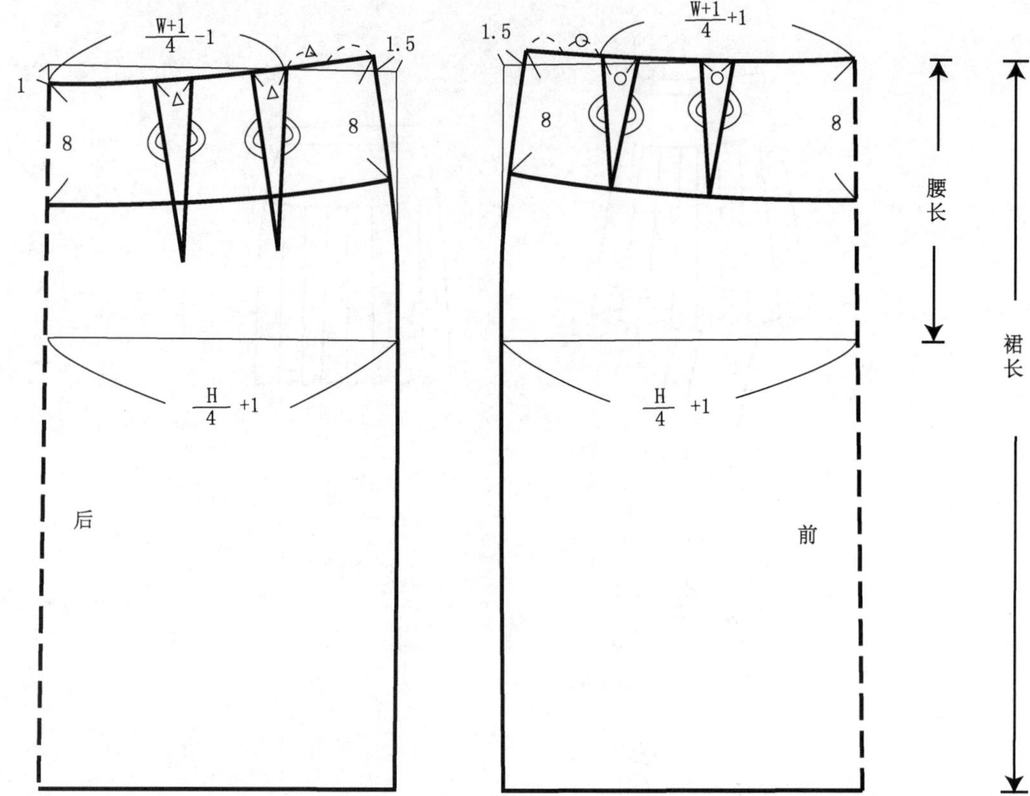

图 7-2-2　育克褶裙的平面制图

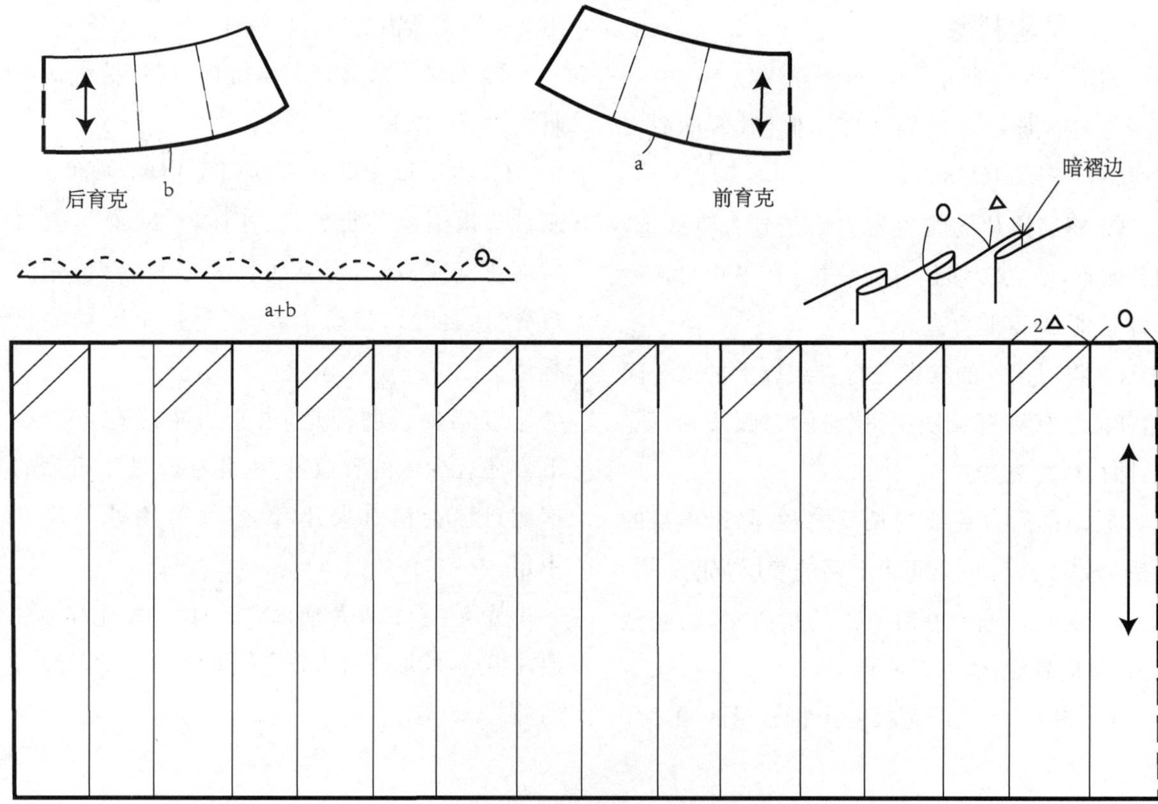

图 7-2-3　育克顺褶裙各裁片净样

第三节　育克活褶裙

该款式为 V 型育克分割，裙身的多个发散状活褶使侧面呈现膨胀感，如图 7-3-1 所示。

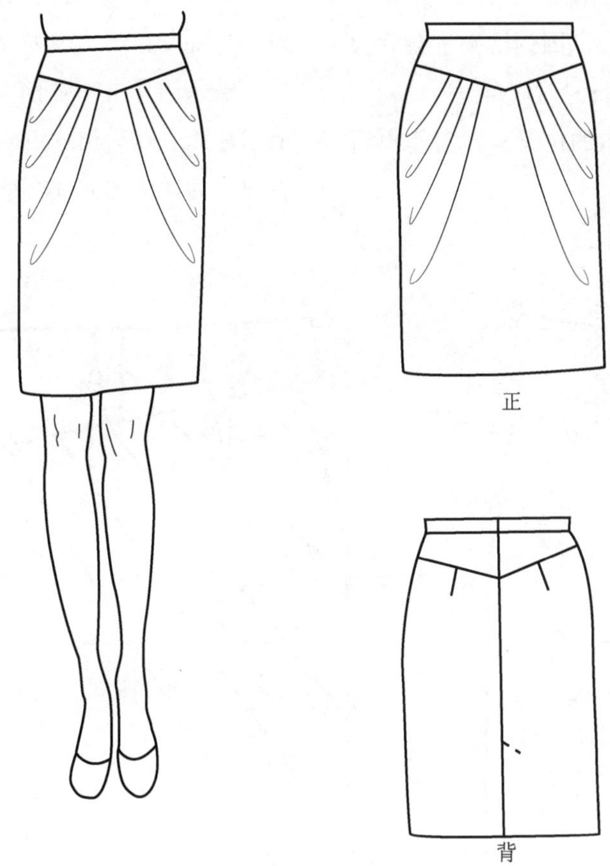

图 7-3-1　育克活褶裙

一、规格设计（表 7-3-1）

表 7-3-1　育克活褶裙的规格设计

单位：cm

号型	部位尺寸	腰围	臀围	腰长	裙长（不含腰）	腰头宽
160/68A	净体尺寸	68	90	18	—	—
	加放尺寸	1	8	10	—	—
	成衣尺寸	69	98	18	50	3

二、结构制图

如图 7-3-2 所示。

① 由于育克比较窄，斜度较大，所以将原型裙上的腰省折叠后绘制育克线，得到育克片。

② 为了不影响作发散状的活褶线，先将育克线以下的省道在侧缝去掉，因为活褶量会远大于这些省道量。

③ 按照款式图上活褶的位置和指向作出射线状剪切线。

④ 按照扇形展开的方式，侧缝处靠合，仅展开育克线处。

⑤ 修顺侧缝线，适当地给出些蓬松量。

⑥ 将活褶按照缝制状态折叠起来，修正育克线处，并与育克片核对长度。

⑦ 后裙片育克线以下的腰省量保留一个，另一个部分在侧缝撇去，部分作为吃势。

整条裙身由一片前育克、一片后育克、一片前裙片和一片后裙片组成，均取垂直于臀围线的直向作为丝缕方向(图 7-3-3)。

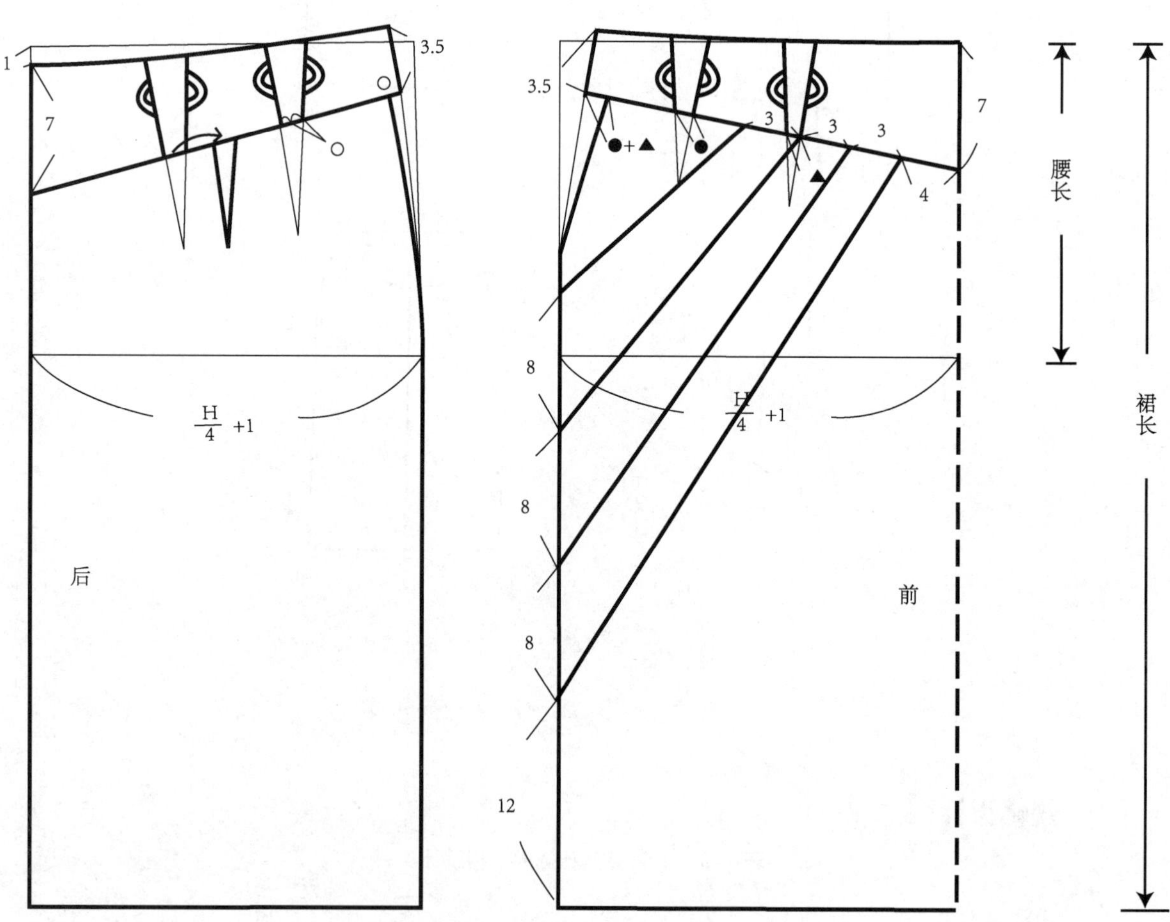

图 7-3-2　育克活褶裙的平面结构制图

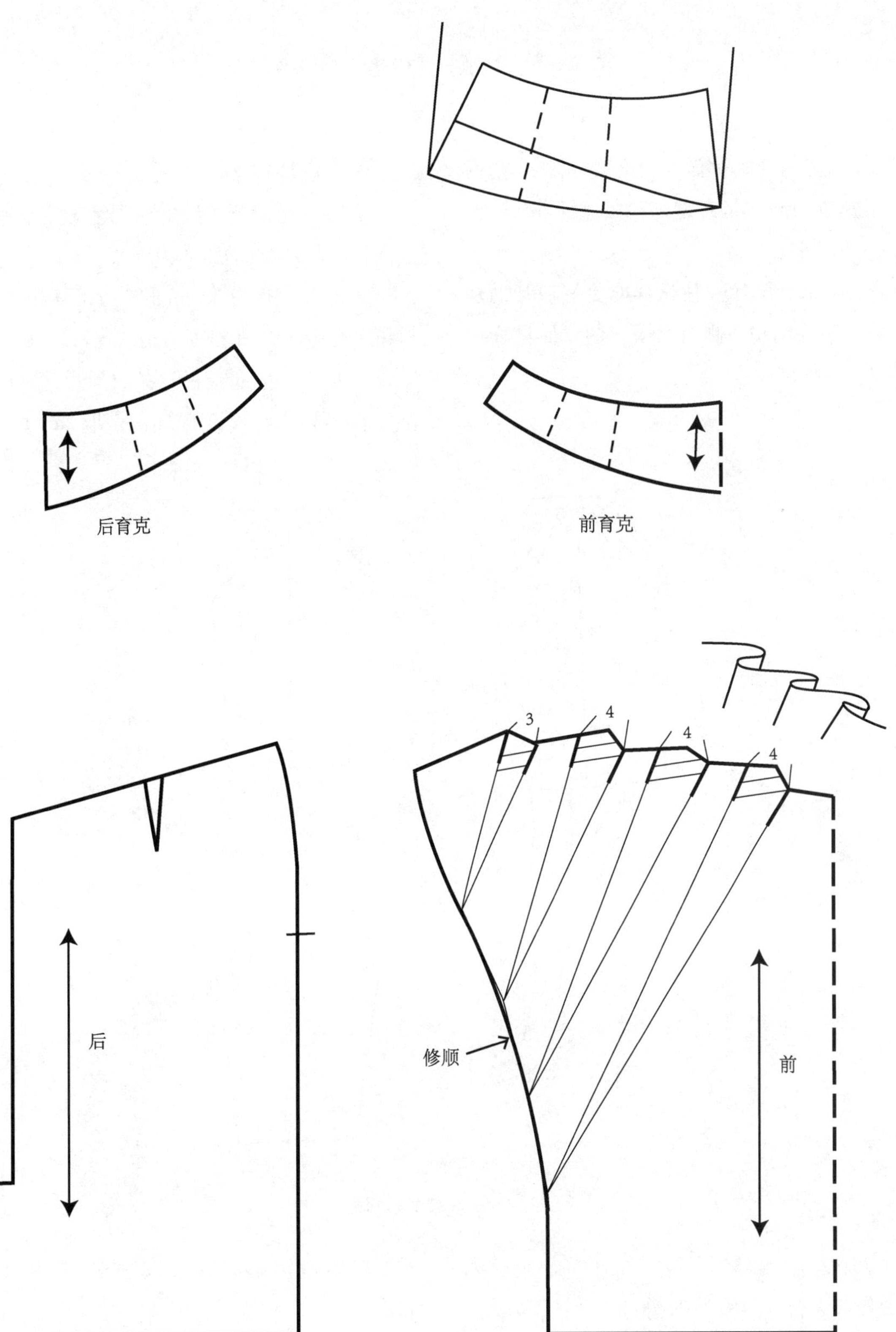

图 7-3-3　育克活褶裙各裁片净样

第四节　侧面垂褶裙

款式特征是前后侧面 3 个垂褶，由腰部褶裥延至侧缝，形成锥形的廓型，后中装隐形拉链，如图 7-4-1 所示。

这样的垂褶裙用立体试样能更好地帮助理解和处理平面结构。侧面垂褶裙的立体试样如图 7-4-2 所示。

一、立体试样

① 在人台的侧缝线上用别针确定褶裥的起始点，其到腰侧点的距离为 a。

② 取长宽均为 70 cm 的正方形坯布，将其沿对角线折叠，该对角线即为正斜丝，轻压后标记好该线。折起一角，折起的这条斜丝边就是以后的部分侧缝线，它必须长于 2a，一般取 2a+10 cm。

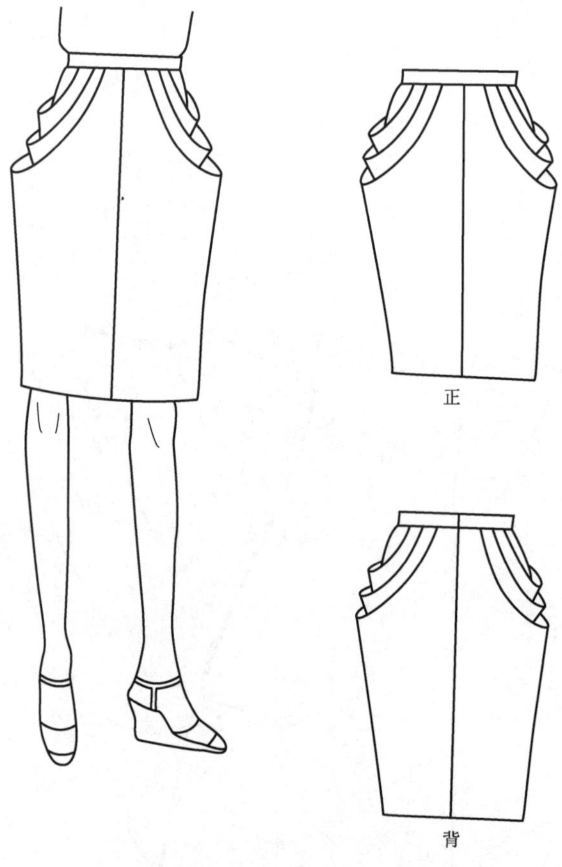

图 7-4-1　侧面垂褶裙

③ 固定前后腰侧点。将坯布的中心斜丝缕线，放置到人台上侧缝的褶裥起始别针下，轻轻在两侧提起，注意不要拉伸布料，当布料在人体侧面自然下垂时就产生了垂褶，固定腰侧点。

④ 作出靠近侧缝的垂褶。将坯布上的中心斜丝缕线保持与人台的侧缝对齐，在前后裙片上同步轻柔地提起布料形成垂褶，在腰围线上固定。

⑤ 作出其余垂褶造型。用同样的方式继续在前后裙片上同步提起布料形成垂褶后固定，始终要让坯布上的中心斜丝缕线对齐人台的侧缝线。

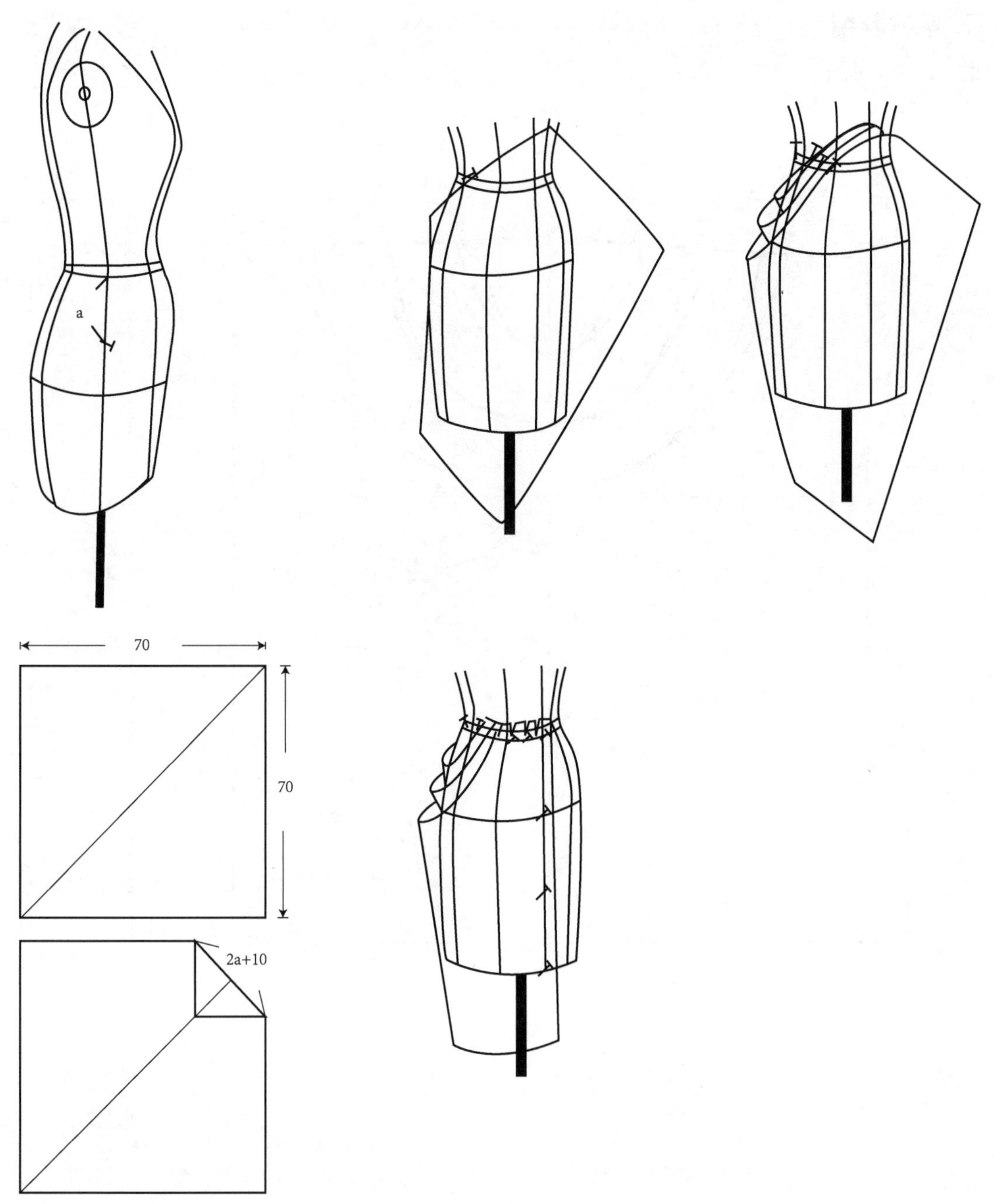

图 7-4-2 侧面垂褶裙的立体试样

二、规格设计(表 7-4-1)

表 7-4-1 侧面垂褶裙的规格设计

单位：cm

号型	部位尺寸	腰围	臀围	腰长	裙长(不含腰)	腰头宽
160/68A	净体尺寸	68	90	18	—	—
	加放尺寸	1	8	10	—	—
	成衣尺寸	69	98	18	55	3

三、结构制图

如图 7-4-3 所示。

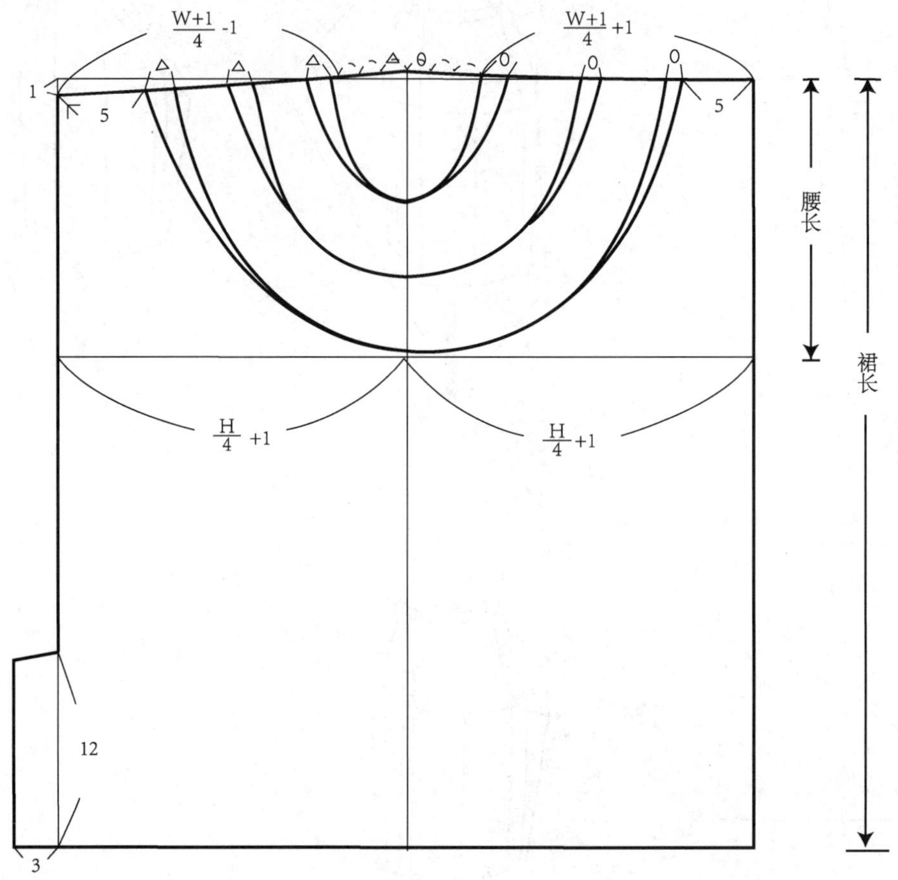

图 7-4-3 侧面垂褶裙的平面结构制图

① 将原型裙前后裙片上的腰臀差各分成三份，使侧缝成直线，将三份省量的省边线连顺弧形分割线至侧缝。

② 切展后在每个分割线中加入褶裥量 5 cm，其中已包含了省道量。使靠近腰侧的两个块面呈水平状，这是形成正斜丝的必然要求。这也是对立体裁剪得到的平面结构的理解。

③ 将拉展后的前后裙片的侧面拼接。

④ 作出丝缕方向，即侧缝为正斜丝。

整条裙身由左右两片裙片组成。前中、后中拼缝(图 7-4-4)。

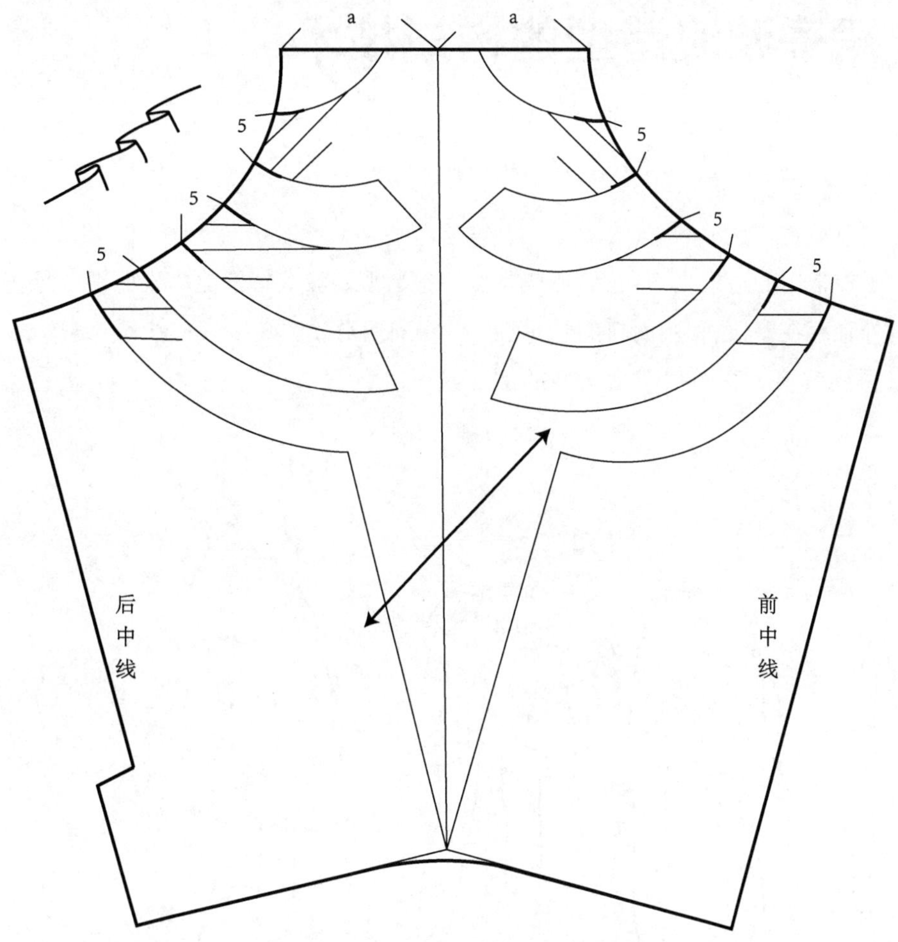

图 7-4-4　侧面垂褶裙裁片净样

第八章 裙子波浪造型的构成技术

波浪是裙子中常用的造型之一，它的形成是由于裁片的内外径存在差值，利用面料的悬垂性使之垂挂下来得到波浪。整圆裙就是典型的波浪造型。波浪特别能体现面料的悬垂和飘逸感，装饰性强（图 8-0-1）。

图 8-0-1　波浪在裙上的运用

图 8-1-1　波浪塔裙

第一节　波 浪 塔 裙

该款式有三层波浪，下面的两层缝制在里层衬裙上，即第一层盖住第二层与里布的拼接处，第二层盖住第三层与里布的拼接处，这种方式可以避免因为多层缝制在同一位置而造成缝份过厚，波浪塔裙具有较强的层次感，如图 8-1-1 所示。

一、规格设计(表 8-1-1)

表 8-1-1 波浪塔裙的规格设计

单位:cm

号型	部位尺寸	腰围	臀围	腰长	裙长(不含腰)	腰头宽
160/68A	净体尺寸	68	90	18	—	—
	加放尺寸	1	8	10	—	—
	成衣尺寸	69	98	18	54	3

二、结构制图

如图 8-1-2 所示。

① 作出裙长为 54 cm 的 A 型裙。

② 规划好三层的长度比例,如图中三层是逐层递增的,分别是 16 cm、18 cm 和 20 cm。

③ 由于下面两层是拼接在里布上的,为使缝份不易显露,每两层之间需要重叠量,如图中取了 4 cm。这样实际上三层的净长就分别为 16 cm、22 cm 和 24 cm。

④ 取 A 型裙的腰口到第二层下摆的长度作为里布的长度,腰省作活褶处理。如果面料薄透的话,里布需延长至比整条裙子裙长短 4 cm。

⑤ 将第一层上的腰省合并,得到前腰口弧长。

⑥ 分别以三层的上口长作为四分之一圆的周长,计算出半径后作出三个扇形,即为三层波浪的纸样。

整条裙身由两片里布(前、后各一片)和六片面布(第一层、第二层、第三层前后各一片)组成(图 8-1-3)。

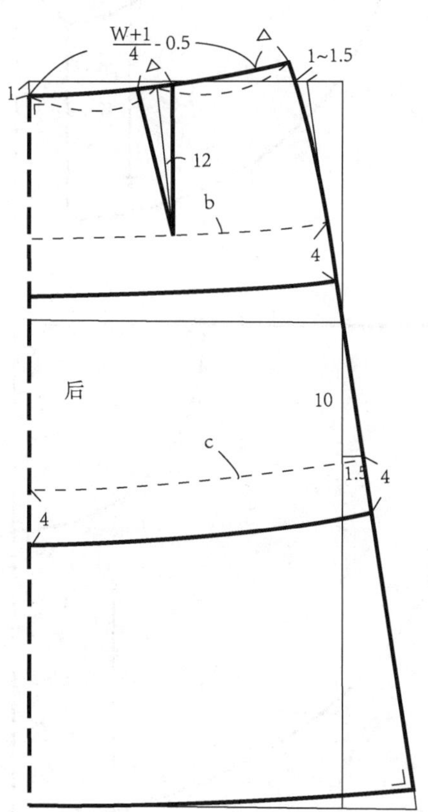

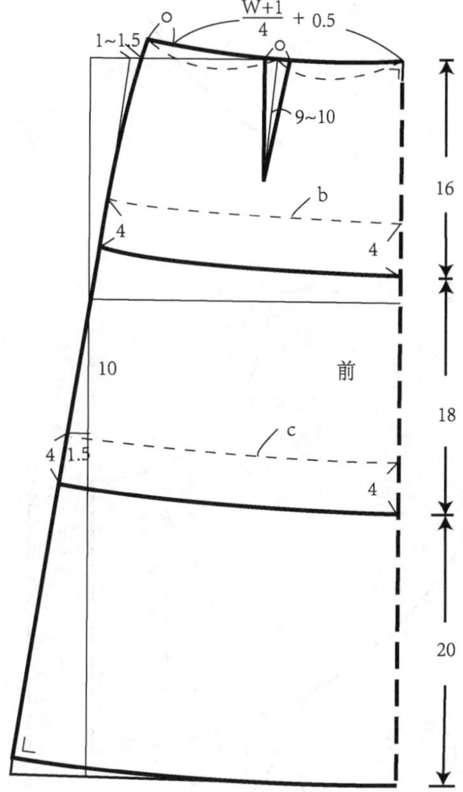

图 8-1-2 波浪塔裙的平面结构制图

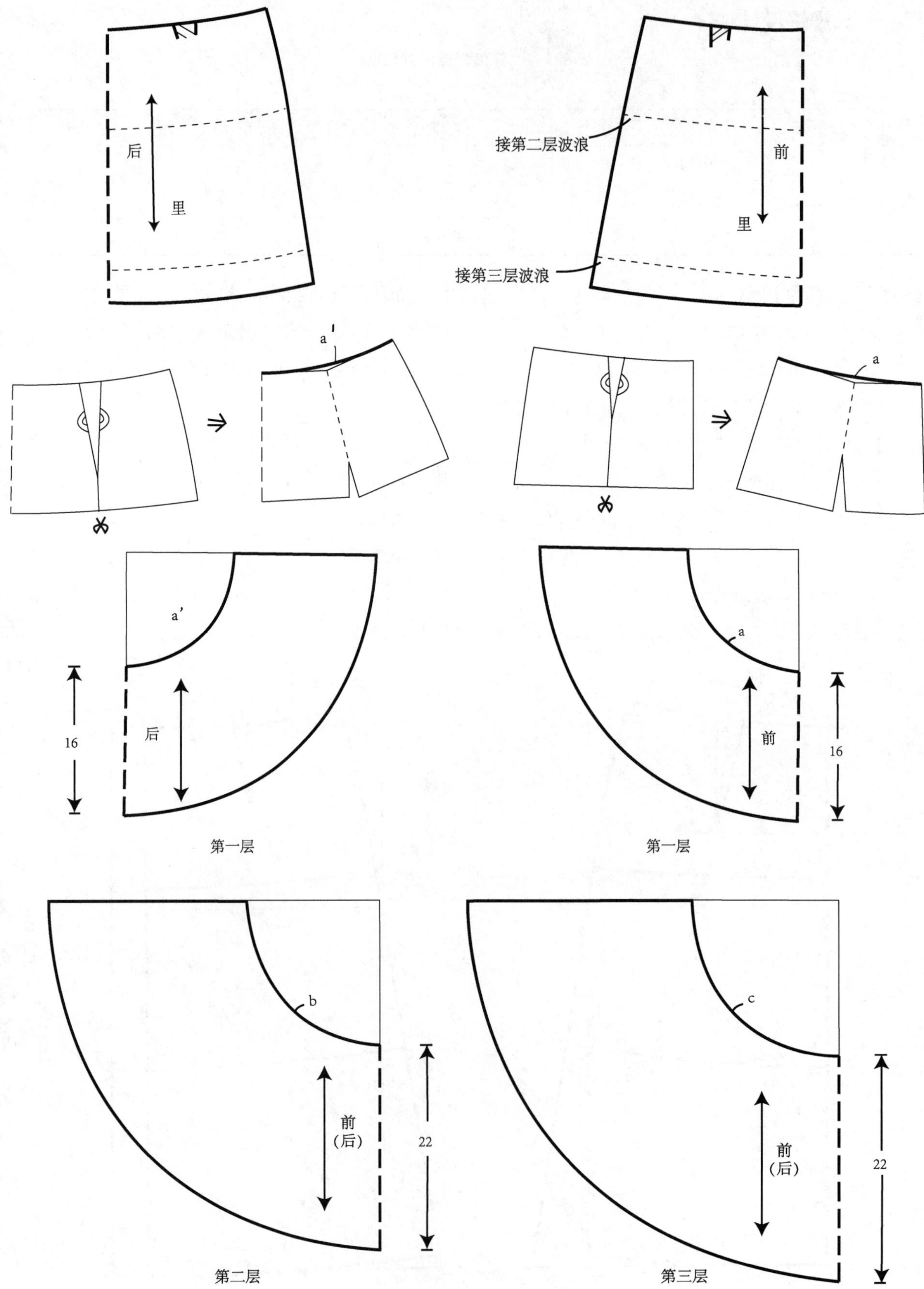

图 8-1-3　波浪塔裙各裁片净样

第二节　不对称波浪下摆裙

本款式主体为六片A型裙，前片下接不对称波浪下摆，前裙片左侧分割线处稍短，如图8-2-1所示。

注：为了避免混淆，本书所指的左、右均以穿着者的左、右为准。

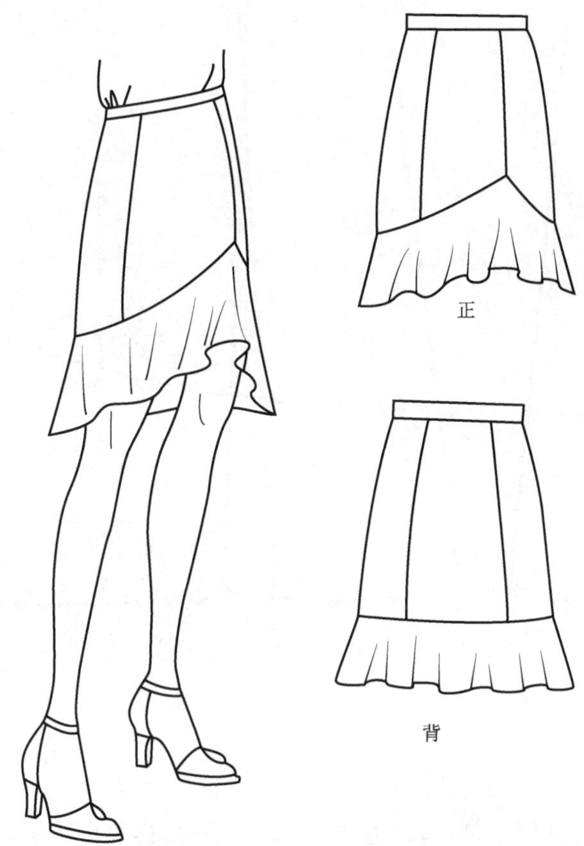

图8-2-1　不对称波浪下摆裙

一、规格设计(表8-2-1)

表8-2-1　不对称波浪下摆裙的规格设计

单位：cm

号型	部位尺寸	腰围	臀围	腰长	裙长(不含腰)	腰头宽
160/68A	净体尺寸	68	90	18	—	—
	加放尺寸	1	6	10	—	—
	成衣尺寸	69	96	18	55	3

二、结构制图

如图 8-2-2 所示。

① 作出六片裙的结构图，因前裙片是不对称款，需作出整个前裙片。

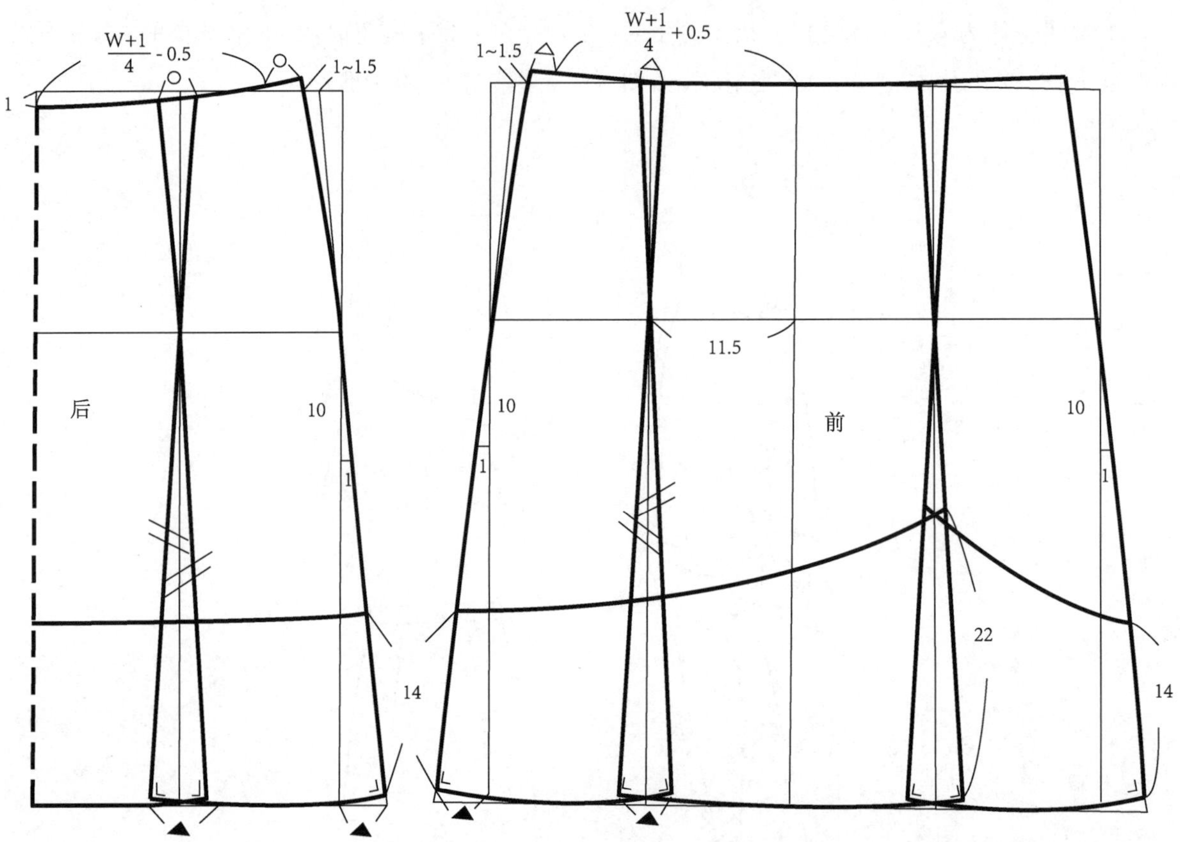

图 8-2-2　不对称波浪下摆裙的平面结构制图

② 确定波浪下摆与裙身的分割线，注意高低差异。

③ 将前裙片的下摆整体拼合，即六片裙的纵向分割线处拼合。

④ 进行均匀地剪切后扇形展开，注意侧缝处需要加入一半的展开量以保持均匀的波浪造型。展开处需修顺并核对长度。

⑤ 后裙片也作相同量的切展后修顺。

整条裙身由三片前裙片（左前侧片、前中片、右前侧片）、三片后裙片（一片后中片、两片后侧片）、一片前下摆和一片后下摆组成。裙片均取垂直于臀围线的直向作为丝缕方向，下摆片取前中心、后中心处为经向丝缕（图 8-2-3）。

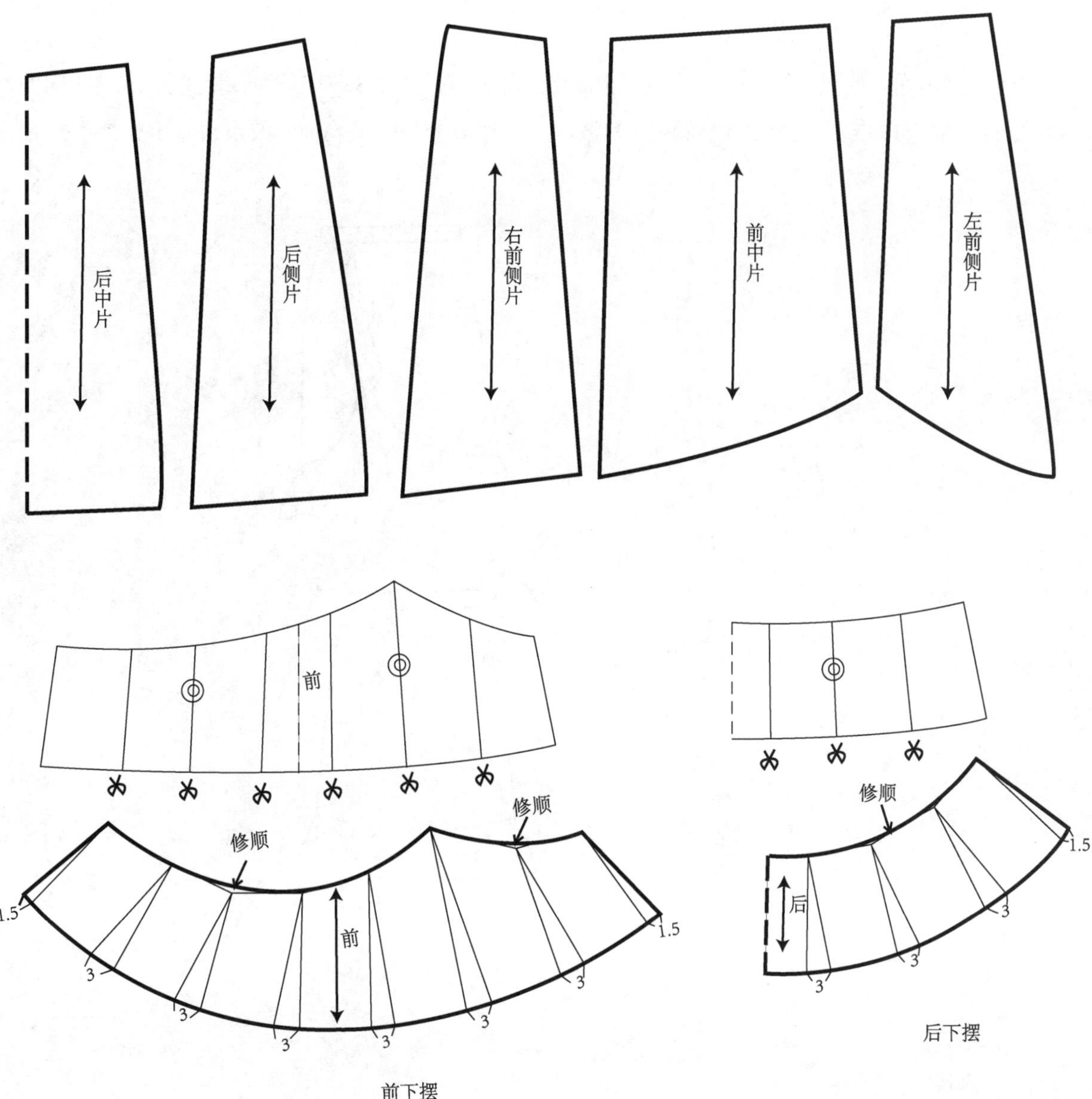

图 8-2-3　不对称波浪下摆裙各裁片净样

第三节 波浪饰边裙

波浪除了用作下摆装饰外，由于其垂挂后的装饰性强，也常被用作装饰边，形成较独特的波浪造型。如图 8-3-1 所示，款式为 A 型裙廓型，左侧的分割线里装饰了波浪边直至整个下摆。

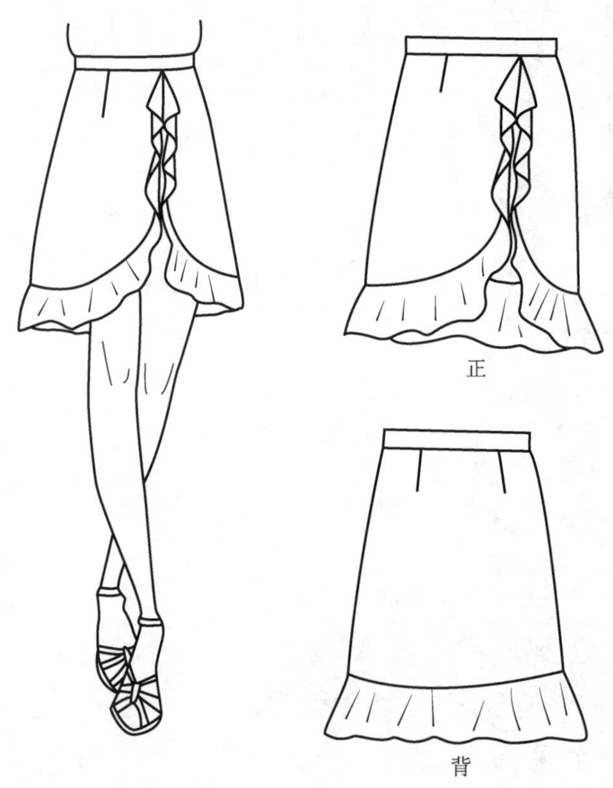

图 8-3-1 波浪饰边裙

一、规格设计（表 8-3-1）

表 8-3-1 波浪饰边裙的规格设计

单位：cm

号型	部位尺寸	腰围	臀围	腰长	裙长（不含腰）	腰头宽
160/68A	净体尺寸	68	90	18	—	—
	加放尺寸	1	6	10	—	—
	成衣尺寸	69	96	18	55	3

二、结构制图

如图 8-3-2 所示。

① 作出 A 型裙的结构图，因前裙片是不对称款，需作出整个前裙片，其中左侧的前腰省作成分割线。

② 确定裙身的弧线下摆。

③ 要想获得连续的长波浪饰边，只能采用螺旋状的裁片形状，越往中心，内径与外径的差值越大，波浪就越明显，应用在腰口处。右侧的波浪饰边稍长。

④ 后片的下摆作剪切后扇形拉开。

整条裙身由一片左前裙片、一片右前裙片、一片后片、一片左前下摆、一片右前下摆和一片后下摆组成。裙片均取垂直于臀围线的直向作为丝缕方向，前下摆片都取内侧起始处为经向丝缕，后下摆片取后中心处为经向丝缕(图 8-3-3)。

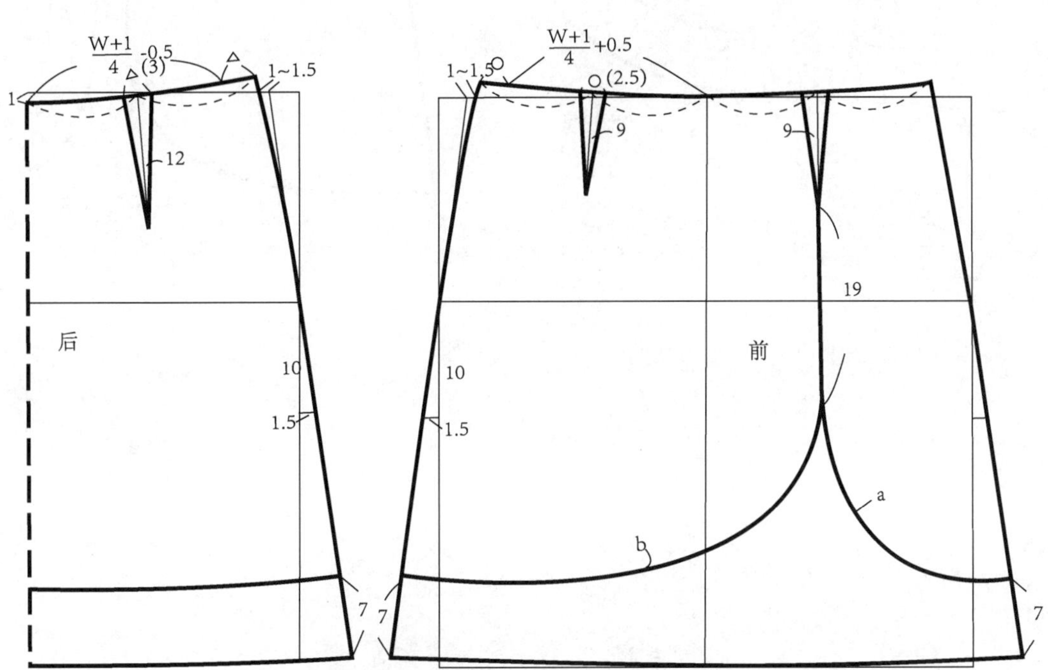

图 8-3-2　波浪饰边裙的平面结构制图

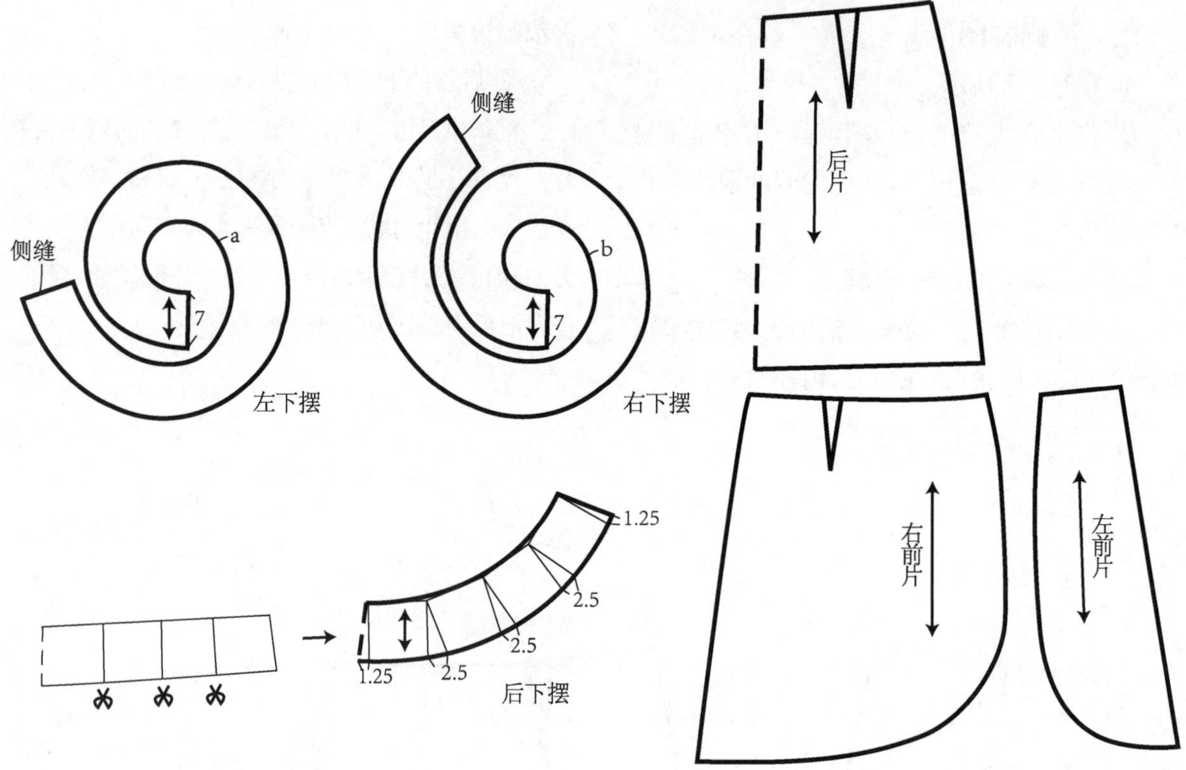

图 8-3-3　波浪饰边裙各裁片净样

第九章 裙子造型的综合变化与应用

第一节 低腰蓬蓬裙

腰部是女性人体躯干最纤细的部位，体现出女性的身材美感，因此腰部的设计会吸引更多的视线。裙子的腰头除了常规的腰线位置（即人体腰部最细处）外，还可以有高低上下等的位置变化和造型的变化。

低腰是指低于人体自然腰节线直至中臀围范围内的腰线位置，用以体现女性平坦的腹部和骨感的胯部，深受年轻女性的喜爱。这时的腰头不再位于人体腰部最细处的这一段圆柱形区域，而是降低到腰臀间的立体区域。要想贴合人体，腰头必须具备符合腰臀处圆台形的立体形，因此它隐含了省道。

在人台上贴出低腰的腰头款式线，用与育克相同的立裁手法，从前中线开始，沿着上、下边缘线抚平、别针、打剪口，直至侧缝线，作标记、连线后得到呈圆弧形的腰头（图 9-1-1）。

因此，低腰的腰头实质上就是育克，只是从裙子的构成部件上看是腰头。所以，低腰腰头的结构设计原理同育克，将腰头内所含的腰省量合并，形成扇形的腰头纸样。

图 9-1-2 为低腰蓬蓬裙，在臀下有横向分割线，上半部分类似牛仔裤的风格特征，前中门襟拉链，侧插袋，后育克，后贴袋。下半部分裙身抽褶膨胀，下摆处克夫收小。适合年轻女性穿着。

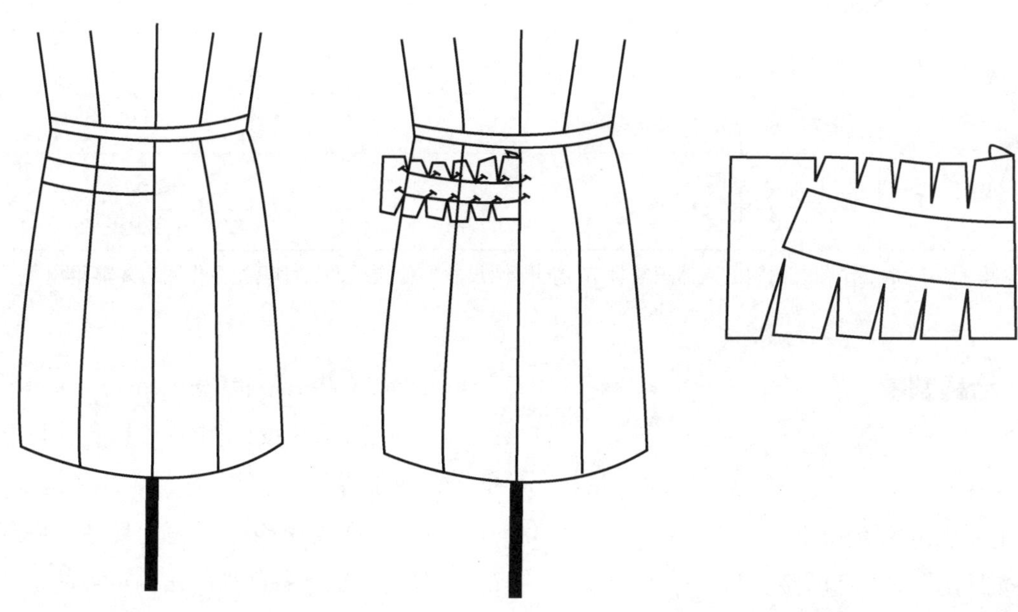

图 9-1-1 低腰腰头的立体试样

图 9-1-2 低腰蓬蓬裙

一、规格设计(表 9-1-1)

表 9-1-1 低腰蓬蓬裙的规格设计

单位：cm

号型	部位尺寸	腰围	臀围	腰长	裙长(不含腰)	腰头宽
160/68A	净体尺寸	68	90	18	—	—
	加放尺寸	1	4	10	—	—
	成衣尺寸	69	94	18	38(低腰 5 cm 后的实际裙长)	3

注：这里的腰围是指作图时用到的人体正常腰节线的腰围尺寸。低腰后的尺寸只能在作图后才能得出

二、结构制图

如图 9-1-3 所示。

① 按照裙子的原长，即 38 cm＋5 cm＝43 cm作出原型裙的结构图。

② 按照款式图上低腰腰头与人体腰节线的距离，确定低腰腰头上口线的位置(图中取 5 cm)，绘制出腰头形状(宽 3 cm)。

③ 前、后裙片按比例作出上半段与下半段的分割线位置、下摆克夫宽。前片作侧插袋，后片作后育克线、后贴袋。注意对照款式图仔细斟酌，保持各部位和各部件的比例尽可能地符合款式图。

④ 蓬蓬裙部分从原图上获得里布结构，面布需要增加抽褶量，取原长的三分之二。为使下摆的膨胀效果夸张，采用梯形展开的方式，使下口边长为原长的二倍。整体长度比里布长 6 cm 以用于体现膨胀的容量。

⑤ 将前后腰头内所含的腰省量闭合，并修正上下口弧线，即得前后弧形腰头。

⑥ 前中开口形式需要门襟和里襟结构。

⑦ 后腰头以后中心对称连裁，前腰头分左前腰和右前腰，左前腰需要加出里襟宽。腰头的丝缕均取垂直于前中心线和后中心线的经向丝缕。

⑧ 后育克内含的腰省量合并，并修正。

⑨ 前插袋需要袋布、袋垫布和袋贴布。

整条裙子由六片腰头（左前腰、右前腰、后腰，各表、里）、两片后育克、两片前上片、两片后上片、两片里布（前、后）、一片前下片、一片后下片、两片下摆克夫（前、后）、两片后贴袋、两片前袋布、两片袋垫布、两片袋贴布、一片门襟和一片里襟组成（图 9-1-4）。

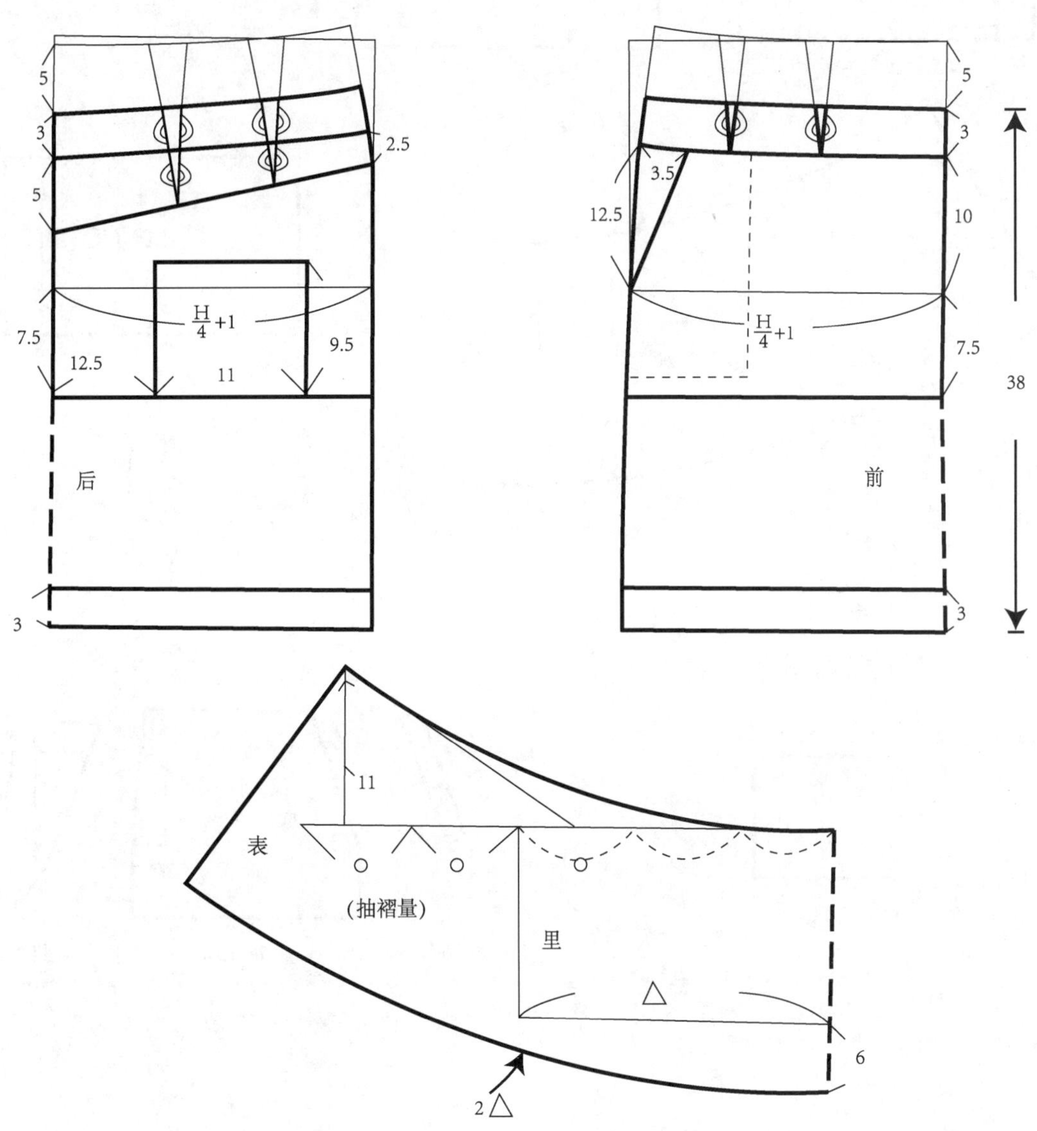

图 9-1-3 低腰蓬蓬裙的平面结构制图

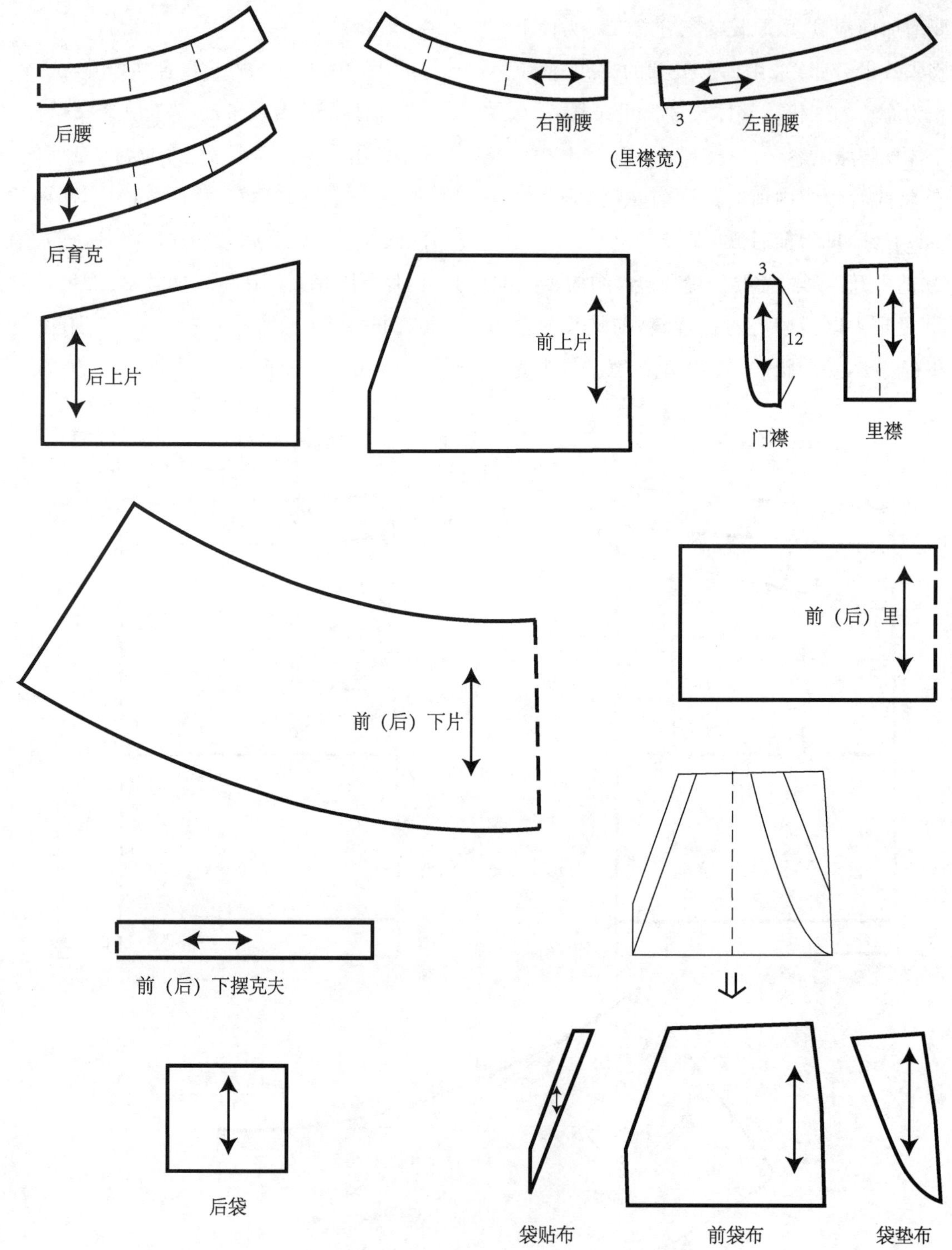

图 9-1-4　低腰蓬蓬裙各裁片净样

第二节　高腰育克活褶裙

高腰指高于人体的自然腰节线直至胸部以下范围内的腰线位置，往往用以表现女性纤细的腰肢，使下肢显得修长。

在人台上原型裙的基础上将腰口线提高，贴合人体捏取腰省，就会得到枣形的腰省(图 9-2-1)。从几何形上来理解，腰线以上到胸部以下是一个倒台体的立体型，腰线以下到臀部是一个正台体的立体型，腰部是这两个几何体的交界处(图 9-2-2)。当腰头比较窄(3 cm)又位于自然腰节时，这一小部分块面可以看成是圆柱形，即可以用长方形的平面形来实现，也就是长方形形状的腰头。但当腰头比较宽时，就必须得用圆台形来实现，否则就会出现无法贴合人体的问题。

图 9-2-3 是一款高腰育克活褶裙，采用宽育克腰头，内含纵向分割线，与活褶裙上的深褶裥对应，深褶裥中间隔着浅褶裥。

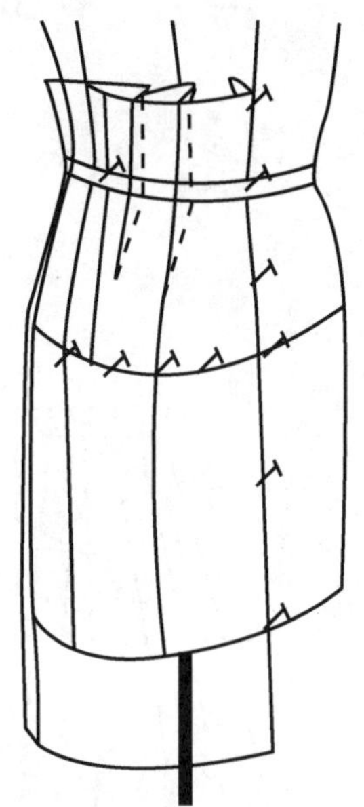

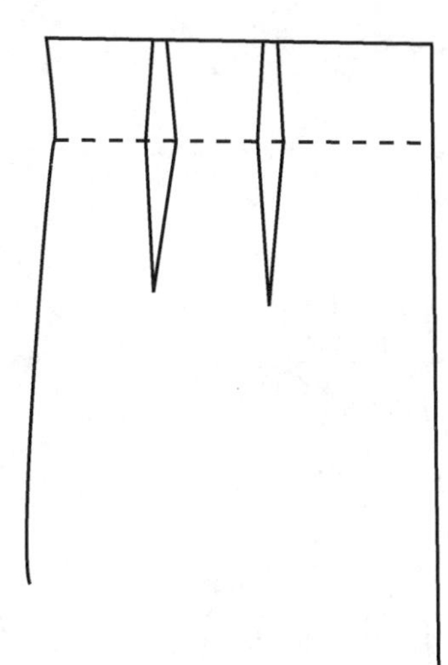

图 9-2-1　高腰育克活褶裙的立体试样

一、规格设计(表 9-2-1)

表 9-2-1　高腰育克活褶裙的规格设计

单位：cm

号型	部位尺寸	腰围	臀围	腰长	裙长
160/68A	净体尺寸	68	90	18	—
	加放尺寸	1	—	10	—
	成衣尺寸	69	不用考虑	18	70(裙长 65 cm 加上高腰 5 cm)

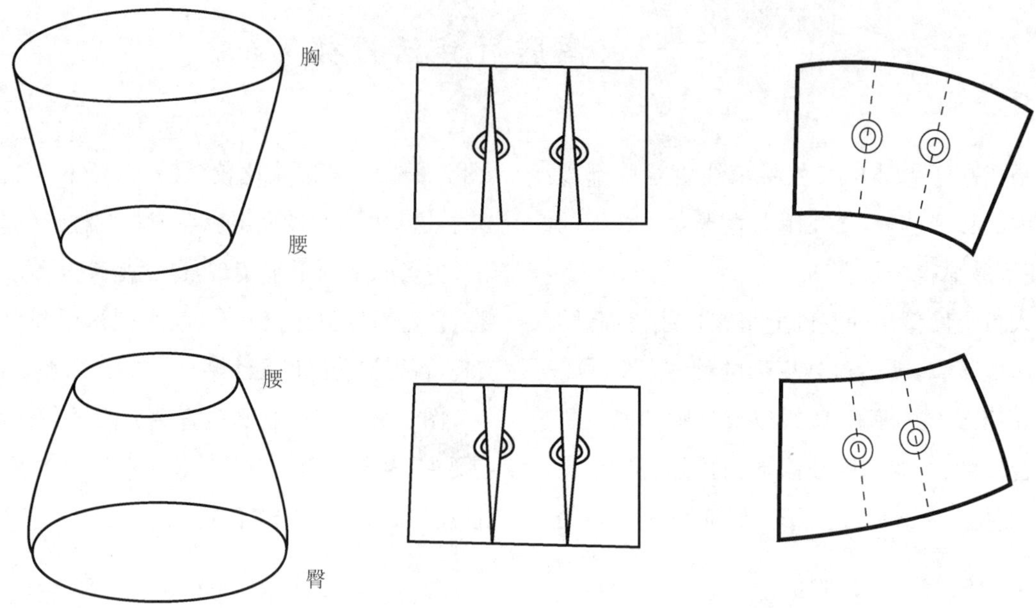

图 9-2-2 胸腰臀的立体型

图 9-2-3 高腰育克活褶裙

二、结构制图

如图 9-2-4 所示。

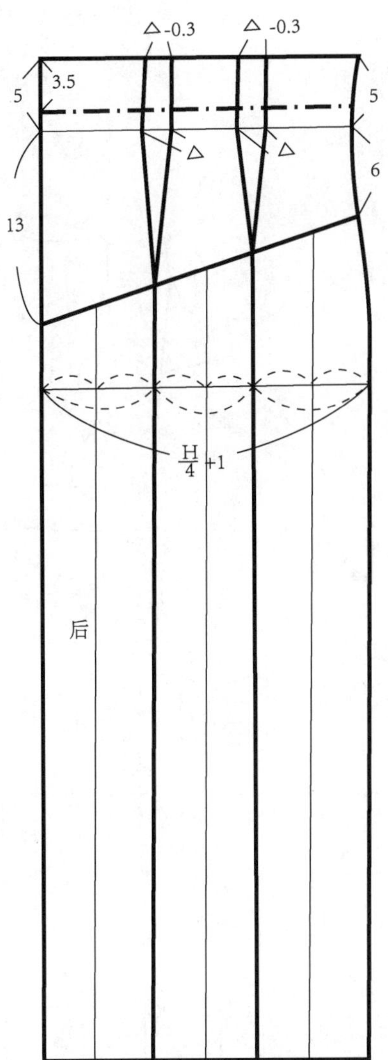

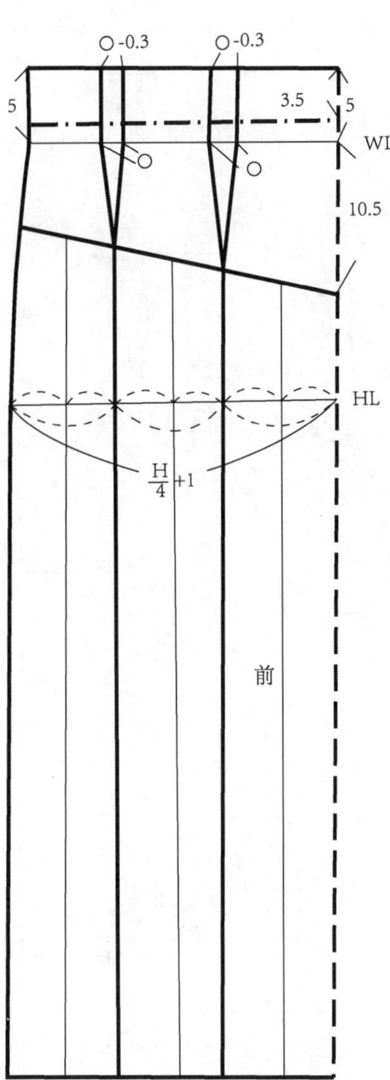

图 9-2-4　高腰育克活褶裙的平面结构制图

① 作出原型裙的结构图。为使对应育克分割的深褶裥位置均衡，将腰省的省位调整到位，省中线调整为铅垂线，即分别对应臀围线三等分处。

② 作出高腰线。如图所示，腰围线上方 5 cm 为上口线。高腰的侧缝线取腰围线以下侧缝线的对称状。

③ 作出育克线。前中 10.5 cm，侧缝 6 cm，后中 13 cm。

④ 高腰的省道量比腰围处的省道量各减少 0.3 cm，这样整体围度约大了 2 cm。对于高腰的上口线最好应核对人体上对应部位的尺寸，然后在侧缝处作出修正。

⑤ 将高腰育克片里的省道处理成符合人体腰部特征的曲线分割线，分片得出，在腰节位置作好对位记号。

⑥ 在前中、后中、每条纵向铅垂线里加放6 cm的褶裥量，在每两个深褶裥里加放一个3 cm的浅褶裥。

⑦ 育克片的上口线需与贴边缝合来处理，贴边需黏衬，起到定型的作用，贴边一般宽3～4 cm，将育克片上的腰省闭合掉。因为是高腰，贴边呈下弧状。

整条裙子由三片前腰头（前中、前侧1、前侧2）、三片后腰头（后中、后侧1、后侧2）、一片前裙片、两片后裙片、一片前腰贴和两片后腰贴组成（图9-2-5）。

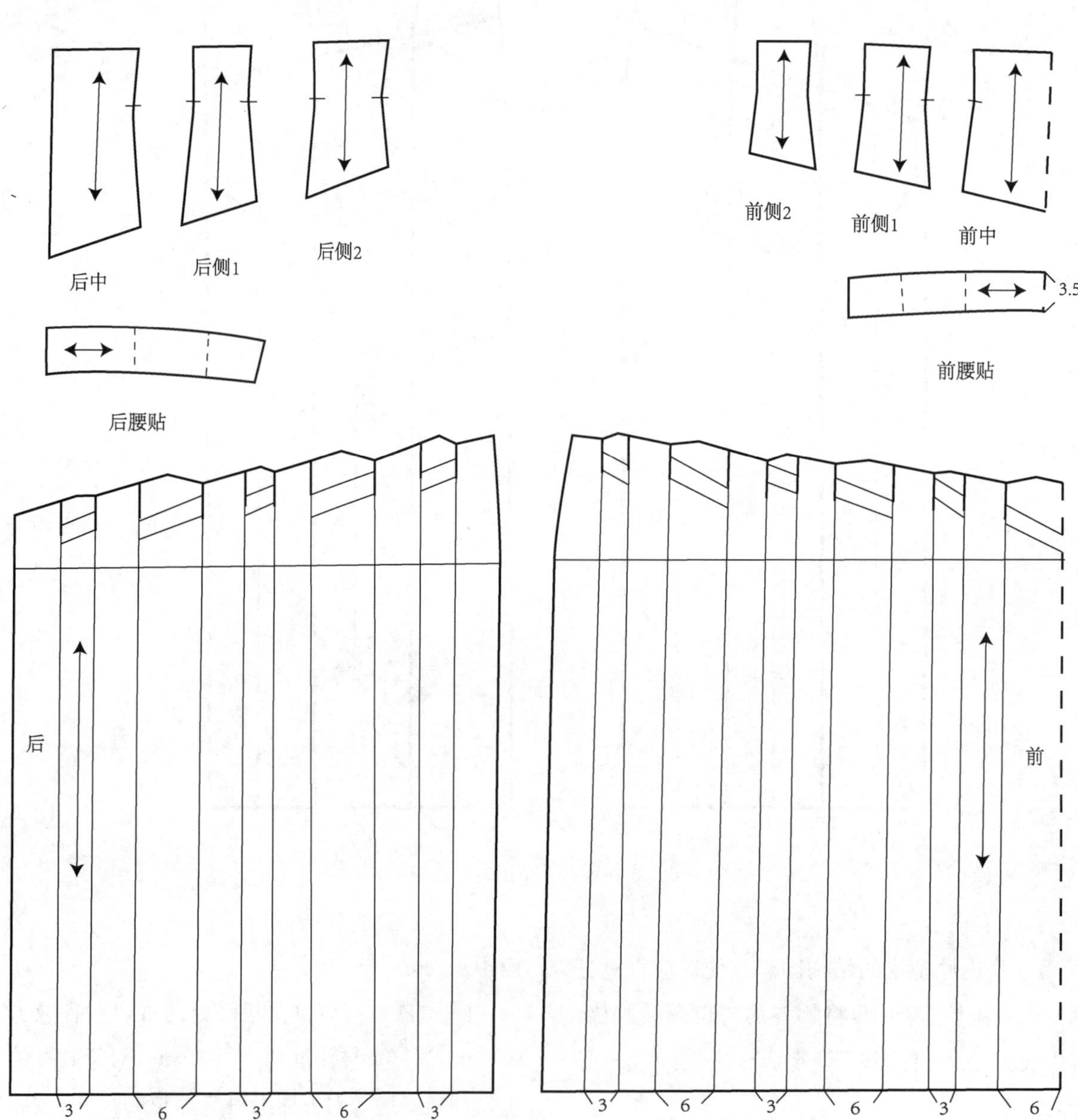

图9-2-5 高腰育克活褶裙各裁片净样

第三节 无腰系带围裹裥裙

图 9-3-1 为无腰短裙，以围裹系带的方式穿脱，右裙片盖左裙片，右裙片上有三个褶裥，后裙片同 A 型裙。

图 9-3-1 无腰系带围裹裥裙

一、规格设计(表 9-3-1)

表 9-3-1 无腰系带围裹裥裙的规格设计

单位：cm

号型	部位尺寸	腰围	臀围	腰长	裙长
160/68A	净体尺寸	68	90	18	—
	加放尺寸	1	6	10	—
	成衣尺寸	69	96	18	50

二、结构制图

如图 9-3-2 所示。

① 作出 A 型裙的廓型，因前裙片是不对称款，需作出整个前裙片。

② 为使中间的块面体现出腰臀摆三者的比例，取略微扩张的造型(图中腰口线上取 10 cm，下摆处取 12 cm)。

③ 规划好三个褶裥的位置，将原 A 型裙右前片上的腰省分解成三部分，分别放入到三个褶裥中去。左侧裙片仍然为一个腰省。

④ 左、右前片前中部分为重叠量。

⑤ 腰口处因无腰，作宽为 3.5 cm 的腰贴，将裙片上相应位置上的腰省量闭合处理。

⑥ 在前左裙片上锁眼，在右前腰贴上相应位置钉扣，穿着时先将纽扣扣合，然后用系带固定。

整条裙子由一片右前片、一片左前片、一片后裙片、两片贴边、一片右前腰贴、一片左前腰贴、一片后腰贴和两条系带组成(图 9-3-3)。

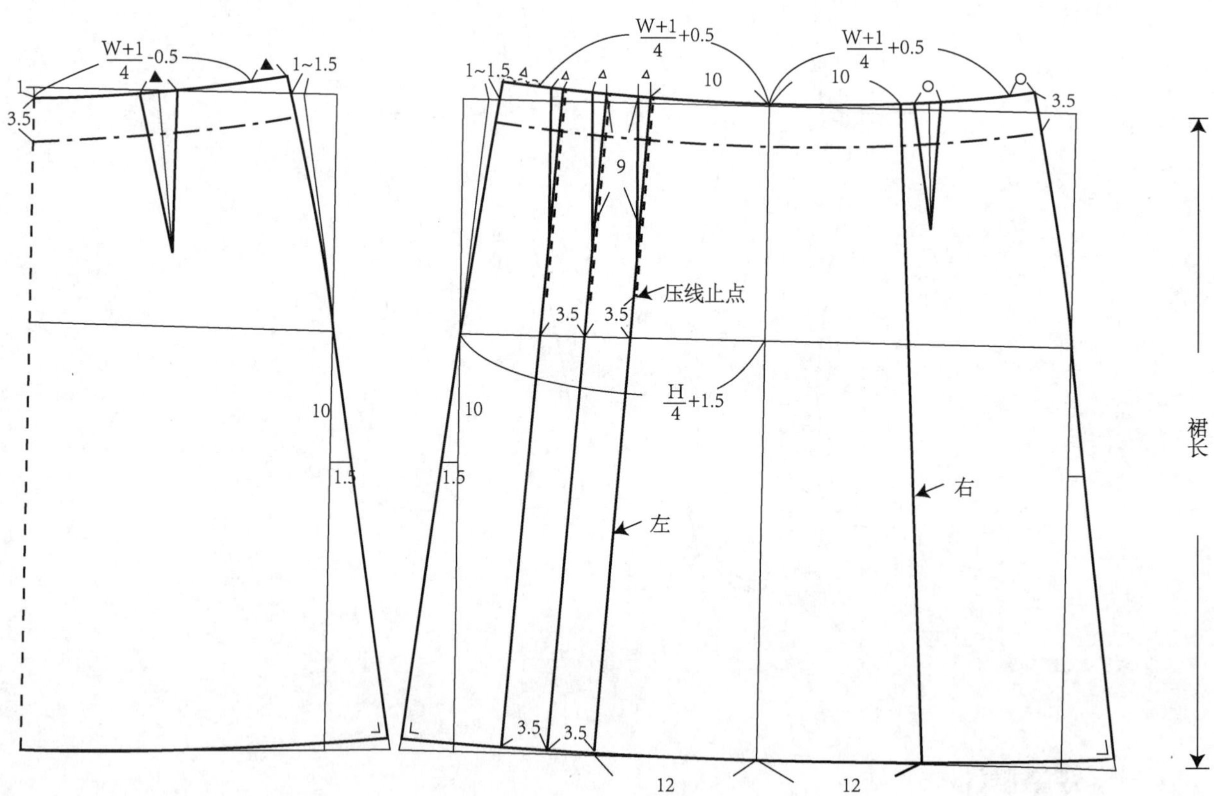

图 9-3-2 无腰系带围裹裙的平面结构制图

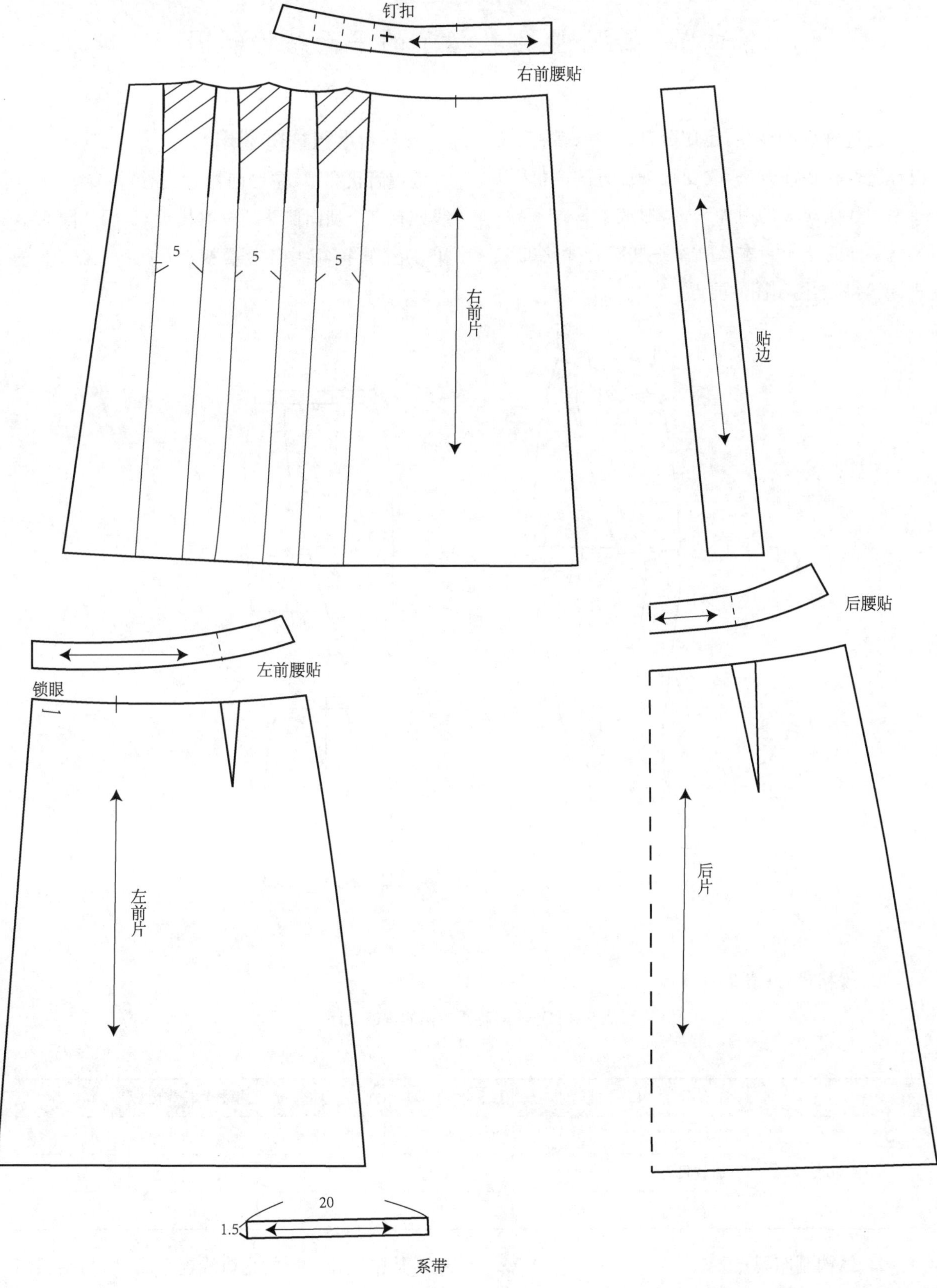

图 9-3-3 无腰系带围裹裙各裁片净样

第四节　综合变化款裙子的平面结构制图

通过廓型的变化，运用分割、抽褶、褶裥、波浪等造型和装饰方法，改变腰头位置的高低，以及添加其他众多的附加装饰，形成了款式各异、风格多样的裙子。本节列举一些综合变化的款式，说明其结构制图的要点。

一、不对称垂褶裙

直筒状廓型，左右前裙片交叠，右裙片在腰线处有多个朝向侧缝的放射状褶裥，后片同原型裙，四个腰省，后中下摆叠衩（图 9-4-1）。

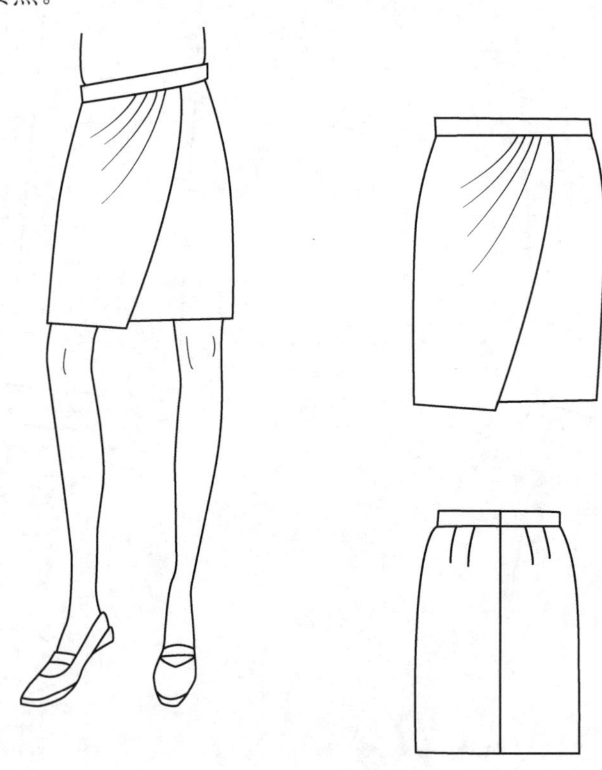

图 9-4-1　不对称垂褶裙

1. 规格设计(表 9-4-1)

表 9-4-1　不对称垂褶裙的规格设计

单位：cm

号型	部位尺寸	腰围	臀围	腰长	裙长(不含腰)	腰头宽
160/68A	净体尺寸	68	90	18	—	—
	加放尺寸	1	4	10	—	—
	成衣尺寸	69	94	18	55	3

2. 结构制图要点

前右裙片上作出垂褶的剪切线，第一条线经过人体前腹部区域，将两个右腰省转移至此线中。从腰线作弧形的止口线连至底摆，与裙摆侧点连接成圆顺的弧线。另三条线作为装饰用褶裥作辐射状连线到侧缝线，右前裙片在前中处加出 12.5 cm 的重叠量，为使腰省不外露，适当地将省位往中心线方向移动(图 9-4-2)。沿三个装饰性褶裥线剪切，然后作扇形展开，即侧缝处靠合，仅展开腰线处的褶裥量。由于前右裙片是弧形的止口线，必须另配贴边。后片同原型裙(图 9-4-3)。

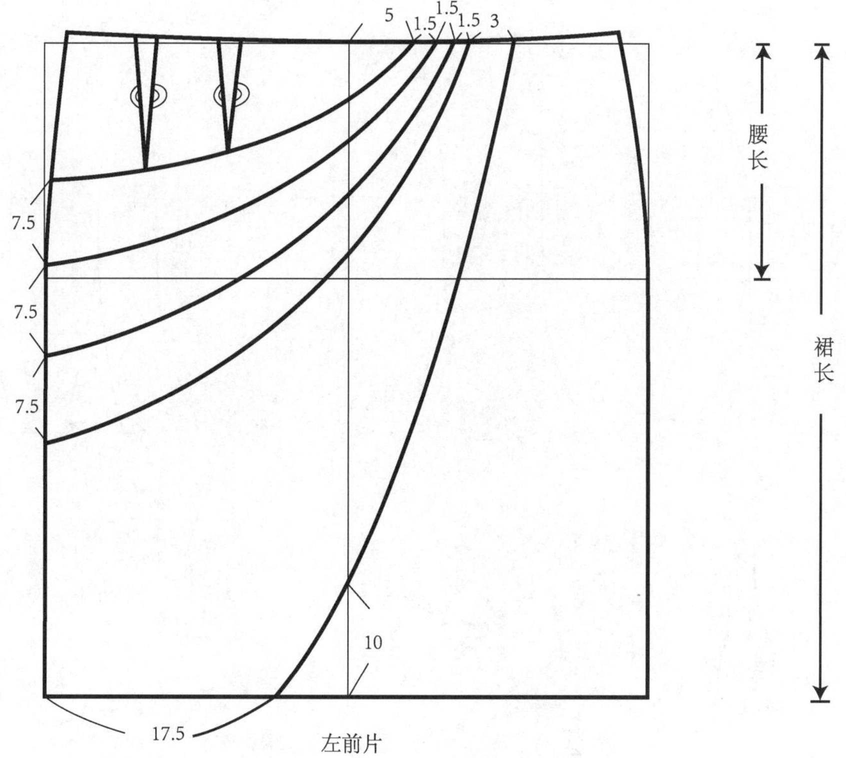

图 9-4-2　不对称垂褶裙的平面结构制图

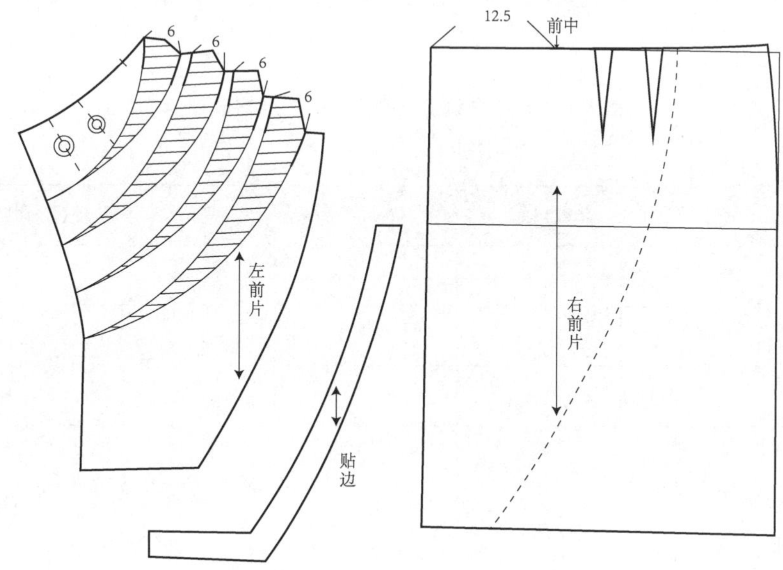

图 9-4-3　不对称垂褶裙前片及贴边净样

二、低腰弧线分割插片裙

低腰合体，下摆微喇，前裙片不对称造型，左侧两条弧线分割线，下摆处加插片。后裙片对称的弧线分割加插片（图 9-4-4）。

图 9-4-4 低腰弧线分割插片裙

1. 规格设计（表 9-4-2）

表 9-4-2 低腰弧线分割插片裙的规格设计

单位：cm

号型	部位尺寸	腰围	臀围	腰长	裙长（不含腰）	腰头宽
160/68A	净体尺寸	68	90	18	—	—
	加放尺寸	1	4	10	—	—
	成衣尺寸	69	94	18	75	3

2. 结构制图要点

如图 9-4-5 所示。

原型裙基础结构，低腰 4 cm，确定前片的弧形分割线位置，将一个腰省转移至分割线中，另一个侧缝撇去。后片保留一个后腰省，另一个转移至分割线中。确定加插片的位置和插片造型。各裁片净样如图 9-4-6 所示。

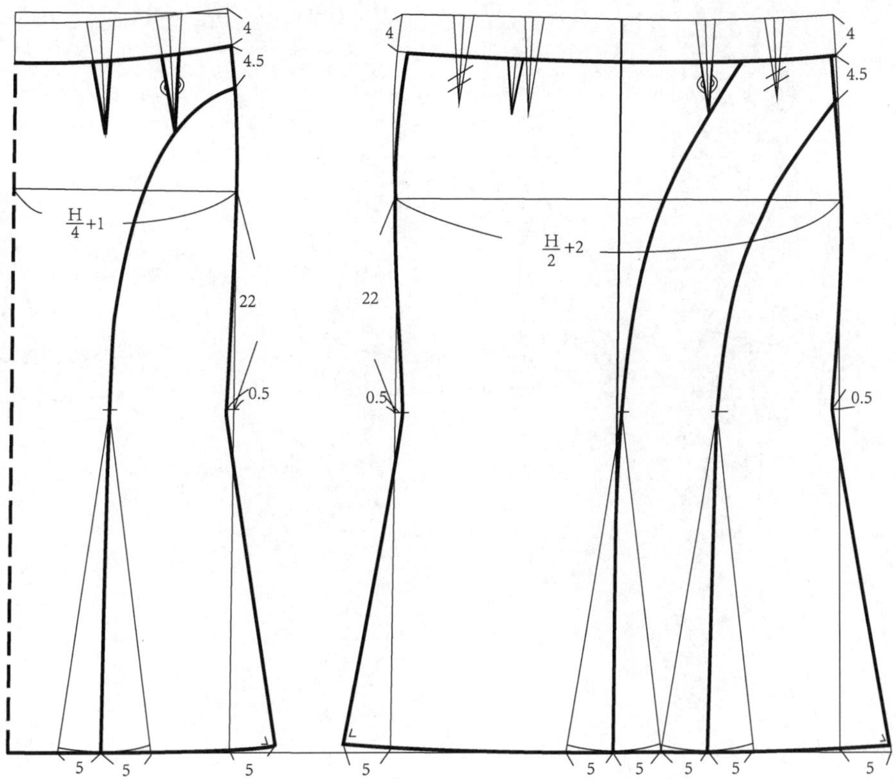

图 9-4-5　低腰弧线分割插片裙的平面结构制图

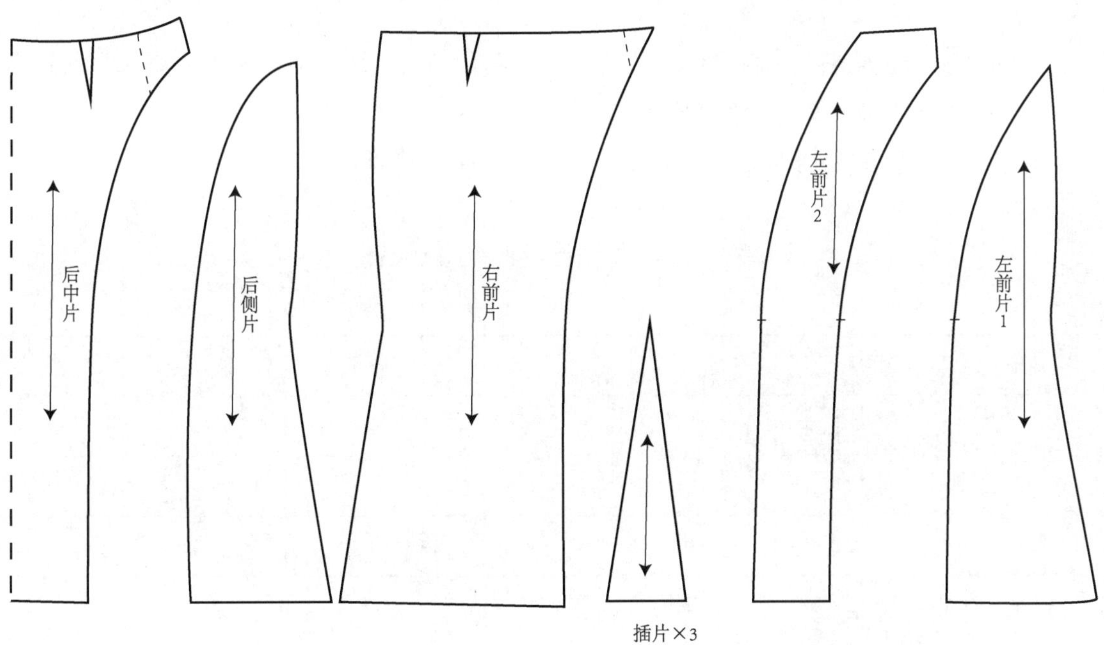

图 9-4-6　低腰弧线分割插片裙各裁片净样

正

背

图 9-4-7　低腰褶边贴袋裙

三、低腰褶边贴袋裙

低腰，前中明门襟，侧面弧线分割，下接抽褶侧片，前裙片装饰有带袋盖的贴袋，整条裙子下摆装饰抽褶。整体显得活泼可爱，适合年轻女性穿着（图 9-4-7）。

1. 规格设计（表 9-4-3）

表 9-4-3　低腰褶边贴袋裙的规格设计

单位：cm

号型	部位尺寸	腰围	臀围	腰长	裙长（含腰）	腰头宽
160/68A	净体尺寸	68	90	18	—	—
	加放尺寸	1	6	10	—	—
	成衣尺寸	69	96	18	45	4

注：因为是低腰款，裙长中包含了腰头的宽度

2. 结构制图要点

如图 9-4-8 所示。

在 A 型裙的基础上，将前后腰头上的腰省闭合，腰头以下的腰省转移至侧面的弧线分割线中，其中前腰省省尖较高，后腰省省尖较低。前中加出叠门量后取明门襟宽。前后下侧片通过平行剪切拉开得到约原长二分之一的抽褶量。下摆抽褶条取长方形，抽褶量约为裙片拼合长度的二分之一，因长度较长，也可以取成横料。各裁片净样如图 9-4-9 所示。

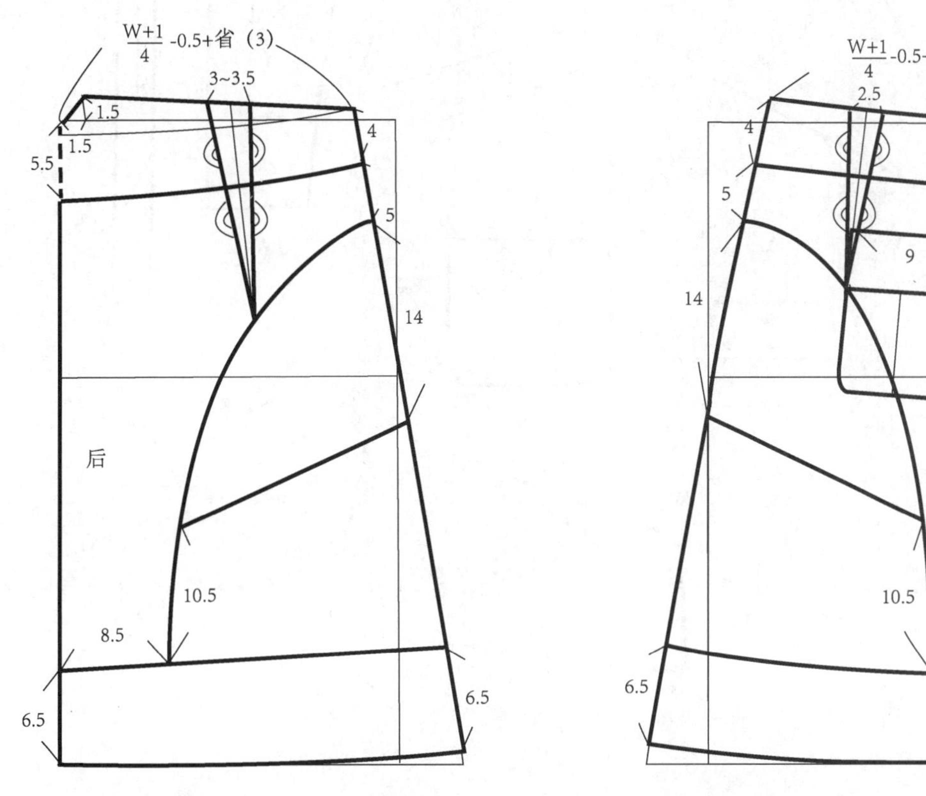

图 9-4-8　低腰褶边贴袋裙的平面结构制图

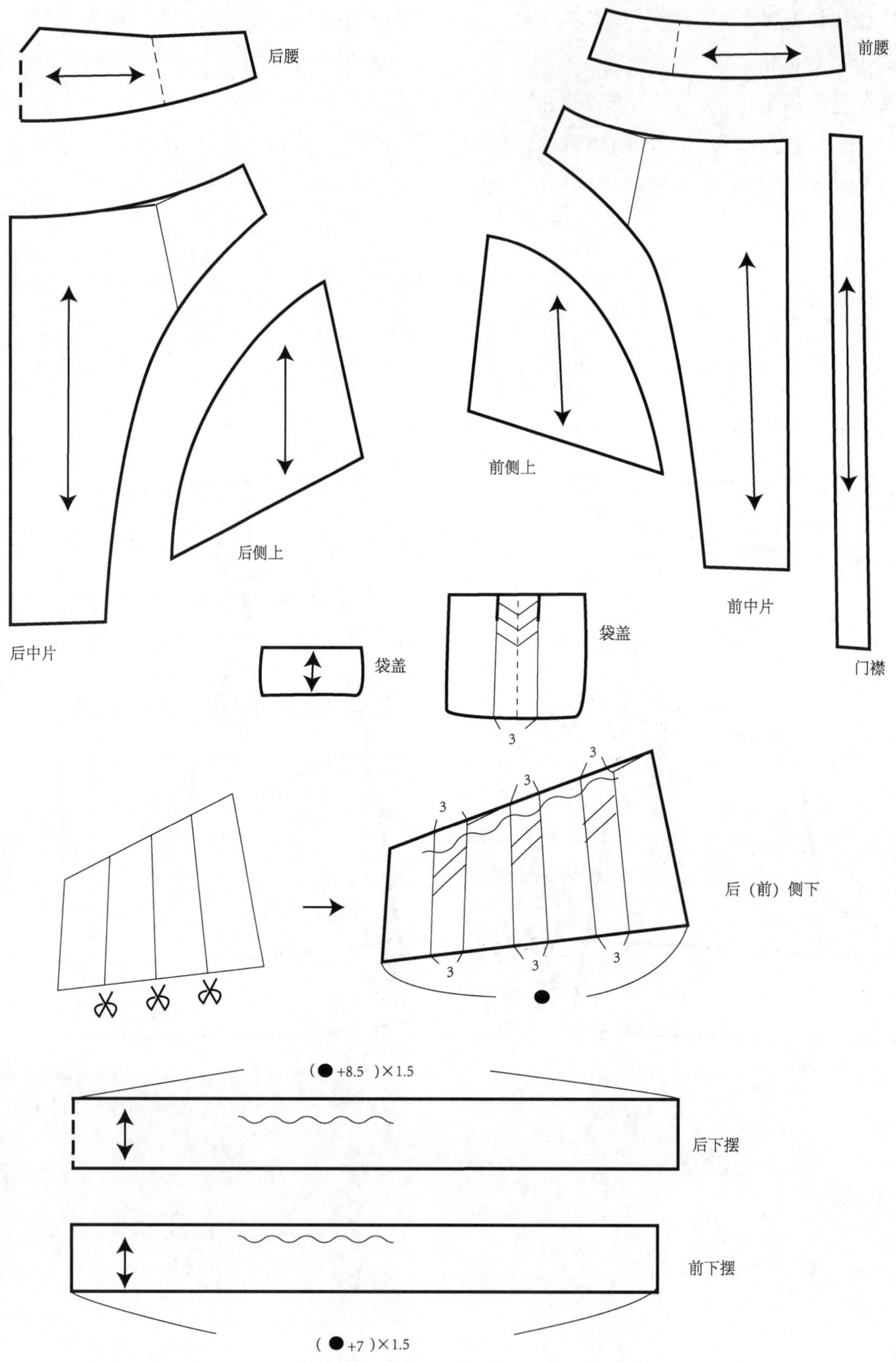

图 9-4-9 低腰褶边贴袋裙结构图及裁片净样

下篇 女裤的构成技术及应用

第十章 裤子的款式要素

裤子是实用性和功能性很强的服装品种。据我国史料记载，早在春秋时期中原古人就已经开始穿着裤，但当时只有裤管而没有裤裆，战国时期赵武灵王实行“胡服骑射”，汉族人才开始穿着长裤，但并未普及，只有下层劳作的仆役和行军作战的士兵穿着。直至辛亥革命，受西方思潮和服饰的影响，裤子才逐渐被女性接受。虽然中西方服饰文化存在巨大的差异，但从西方服装发展史来看，裤子的出现及发展却与我国相似。裤子在欧洲发展迅速并得到较大程度的普及，但仍然受到上流社会女性的排斥。女裤的发展、普及与女性的解放程度是相辅相成的。第一次世界大战以后，女性有机会进入社会从事生产劳动或服务工作，她们开始抛弃繁缛、累赘的服饰，普遍穿着男式长裤。

一、女裤的种类

现代女裤从男裤发展而来，且款式变化更为丰富、种类繁多。根据不同的分类标准，女裤有多种分类方式。从功能角度可以分为内裤类、家居裤类、运动裤、日常外穿裤类。从宽紧形态角度可以分为宽松型、合体型、紧身型。从穿着场

图 10-0-1　女裤按廓型分类

合可以分为西裤、牛仔裤、沙滩裤、马裤、睡裤、健美裤、踏车裤、工装裤等。以下列举几种比较常见的分类。

1. 按廓型分类

日常外穿的女裤廓型有直筒裤(H 型)、喇叭裤(A 型)、锥形裤(V 型)、灯笼裤等。直筒型是指裤筒呈现圆柱形外观的裤型,裤筒会因为围度的大小差异与人体形成紧身、合体或宽松的穿着效果。喇叭裤是指大腿及以上部位合体,膝盖及以下部分宽大,形成上紧下松的外观的裤型。与喇叭裤相反,锥形裤是臀部宽松、脚口收紧的裤型。灯笼裤的特点则是腰部及脚口合体,臀部及裤腿宽大,形成纺锤形的外观。

2. 按长度分类

常见的裤长有短裤(迷你裤或热裤)、大腿中部的牙买加短裤、膝盖以上 5 cm 左右的百慕大短裤(五分裤)、小腿中部的骑车裤(七分裤)、脚踝上方的卡普里裤(九分裤)和长裤(图 10-0-2)。

3. 按腰头方式和腰位高低分类

按照腰头和裤片之间的关系可分无腰裤(连腰裤)和绱腰裤。按照腰位的高低又可分为连腰裤(无腰)、低腰裤、中腰裤和高腰裤(图 10-0-3)。

女裤款式丰富,除了上面介绍的几种基本轮廓造型各有特点以外,女裤在腰头、口袋、门襟、脚口和装饰等方面也有丰富的变化,其中很多部件及装饰的配置方法与半裙相似或相同,具体的结构设计方法将在后面的综合款式案例分析中讲解。

二、女裤样板的基本结构线及专业术语

女裤在裆部以上部位与人体关系密切,与半裙相比结构更为复杂,在结构设计中一般遵循以下流程:明确款式特点及细节;设计合理的成品规格及零部件尺寸;建立平面样板的基本框架;根据规格绘制女裤基本样板;修正样板并配置零部件。

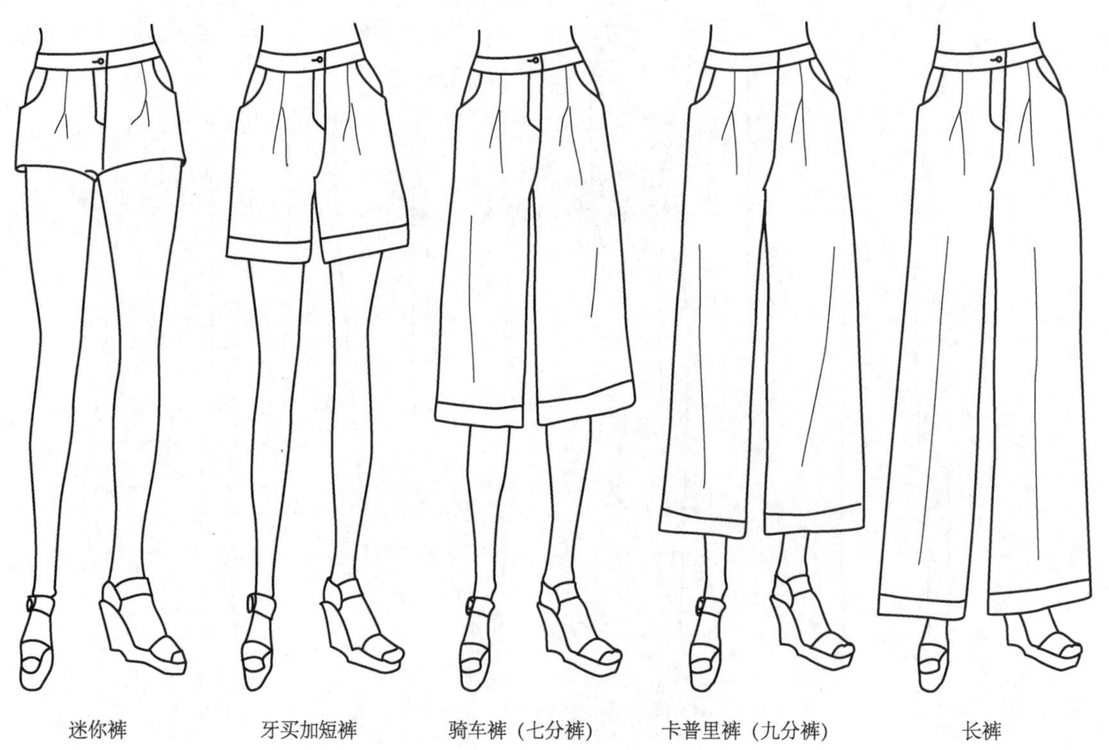

图 10-0-2　女裤按长度分类

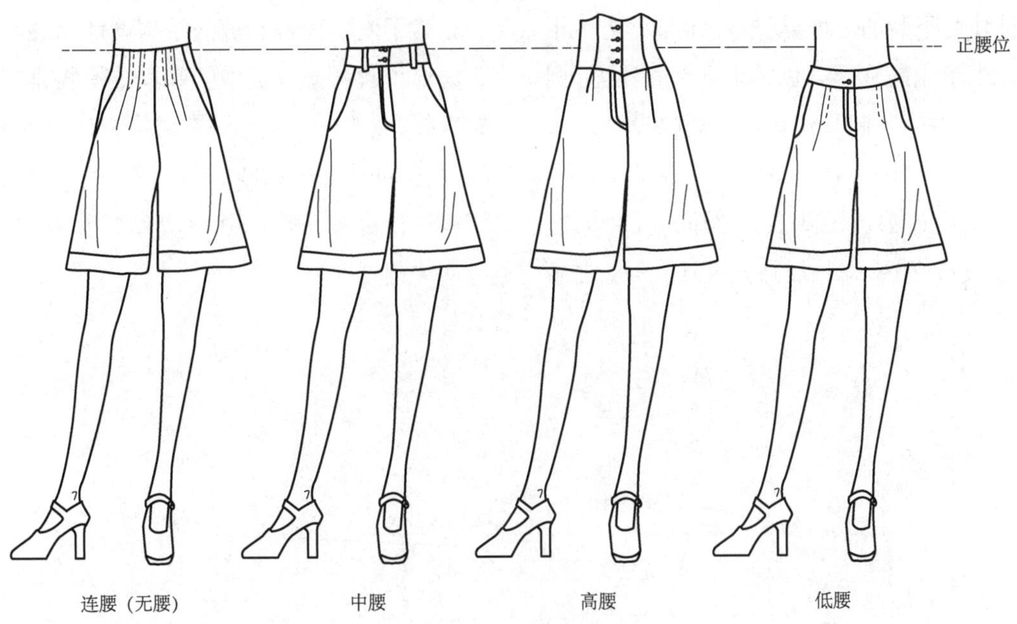

图 10-0-3　女裤按腰位分类

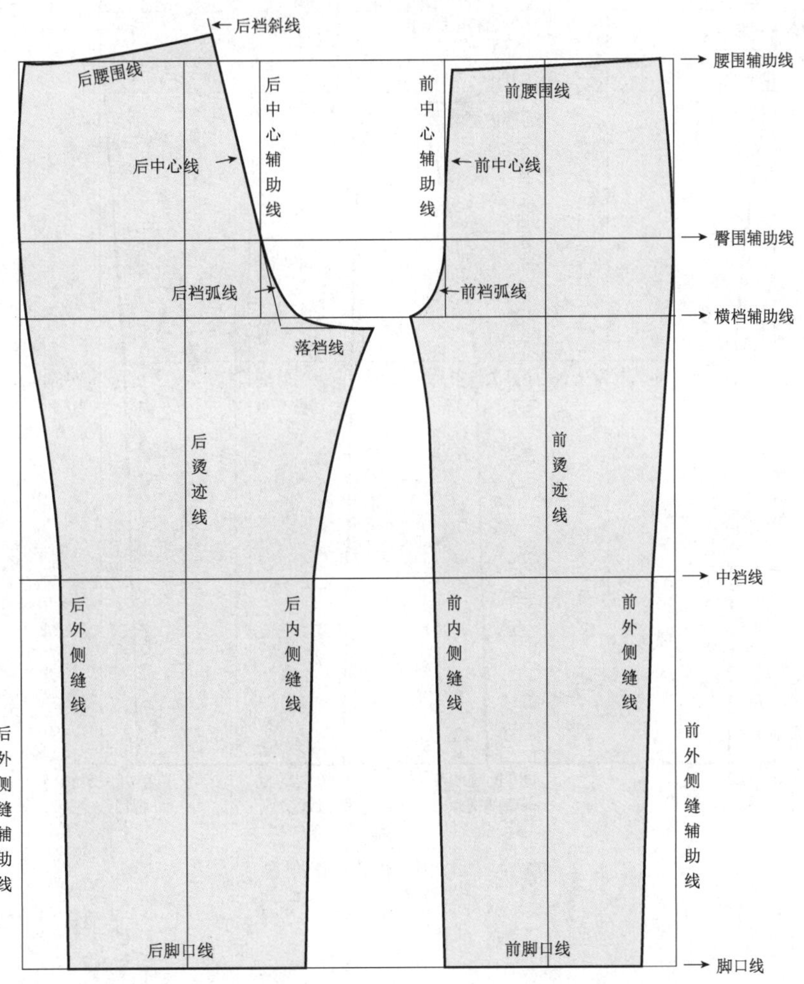

图 10-0-4　女裤基本结构线、辅助线及轮廓线

女裤作为下装的一种，规格设计与半裙有相似之处，例如腰围、臀围，也有其特有的地方，例如直裆、横裆等。不同款式女裤的规格设计既有相通的地方，也会因为款式不同而存在差异。本篇女裤结构设计都以 160/68A 为依据，在标准人体参考尺寸的基础上加放放松量形成成品规格。

为了便于理解女裤的结构设计原理和方法，首先要了解裤子样板中的基本结构线、辅助线和轮廓线，图 10-0-4 为女裤结构设计中的基本结构线、辅助线和轮廓线。为方便以下章节中陈述结构设计过程，图 10-0-5 介绍了女裤结构中的一些关键点。

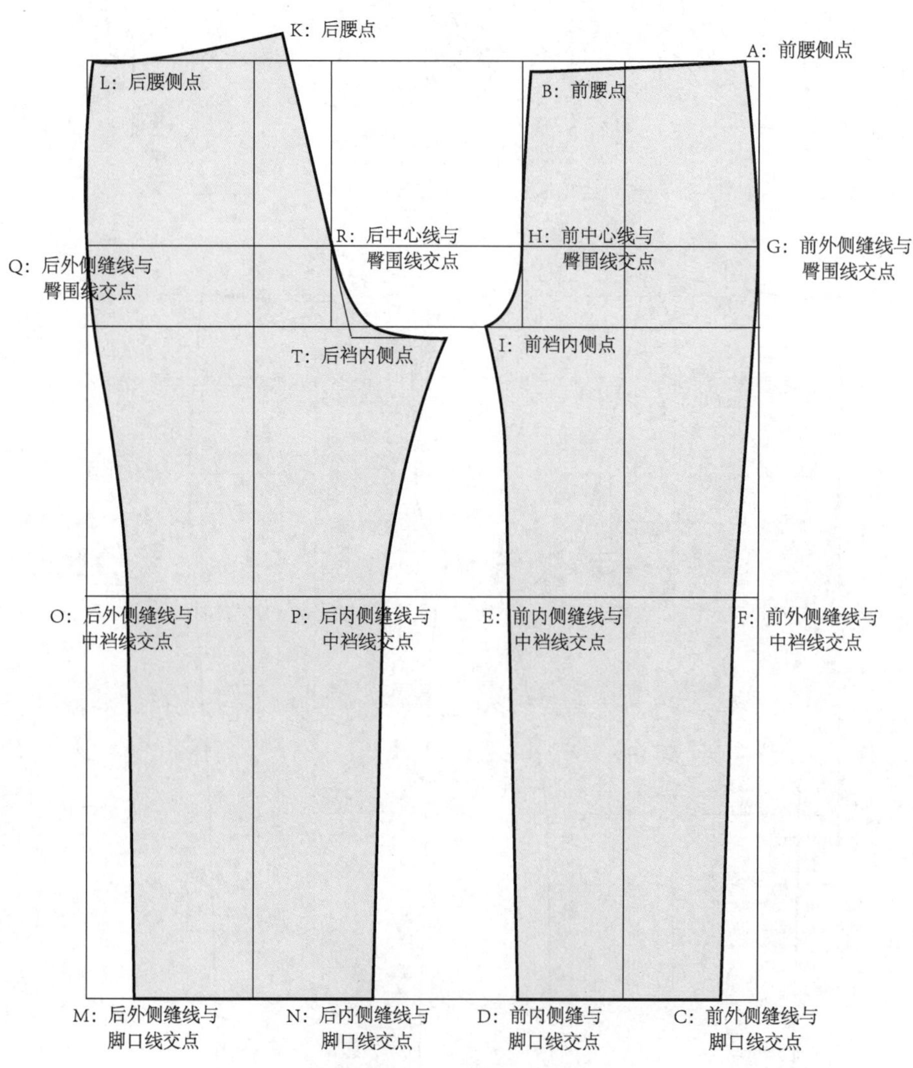

图 10-0-5 女裤结构关键点

第十一章 直筒裤的构成技术与结构制图

第一节 直筒裤的平面结构制图

直筒裤的款式特点是腰部合体，臀部松量适中，裤腿在外观上形成上下等大的视觉效果，整体造型流畅挺拔，配合衬衫、西服、风衣、正装外套等形成端庄严谨的气质。

一、款式说明

图 11-1-1 是一款典型的正腰位直筒裤。裤子前面有 4 个折向侧缝的单向褶，并车缝明线进行固定和装饰，侧面为袋口采用明线装饰的直插袋。裤子后面有 2 个腰省和双嵌挖袋。腰头宽度适中，前后共有 5 个腰襻。

二、规格设计

成衣规格是 160/68A，根据我国女装号型标准《服装号型 女子(GB/T 1335.2—2008)》中女体测量部位参考尺寸和款式的放松量设计了成品尺寸，见表 11-1-1。

表 11-1-1 直筒裤规格表

单位：cm

部位名称	腰围	臀围	腰长	直裆长	裤长	腰头宽	脚口围
净体尺寸 H	68	90	18	24.5	—	—	—
加放尺寸	2	6	0	1.5	—	—	—
成衣尺寸 H′	70	96	18	26	96	4	44

腰部放松量一般为 0～2 cm，具体尺寸参考臀部造型，通常臀围放松量较大的款式，腰围放松量较小，反过来当臀围较为合体甚至紧身时腰围放松量可以稍大。直裆通常放松量为 0～3 cm，可以根据臀围放松量的多少进行调节，一般臀围宽松的款式直裆较深，臀部合体的造型直裆较浅。从款式图可以看出裤脚口在踝关节以下，我国国标 160/68A 号型中间体腰围高采集尺寸为 98 cm，此款裤长设计为 96 cm。

表格中的成品尺寸是根据国标净体尺寸和款式需要设计而成，不考虑因为面料差异如缩水等因素造成的成品尺寸耗损。此外表格中的裤长包含腰头宽度，直裆尺寸不包含不在基础母版设计中的腰头尺寸。

三、平面结构制图

裤子平面结构制图一般分成三步，首先根据成品尺寸绘制基础框架，然后根据款式绘制轮廓样板，最后在基础母版的基础上绘制零部件样板。

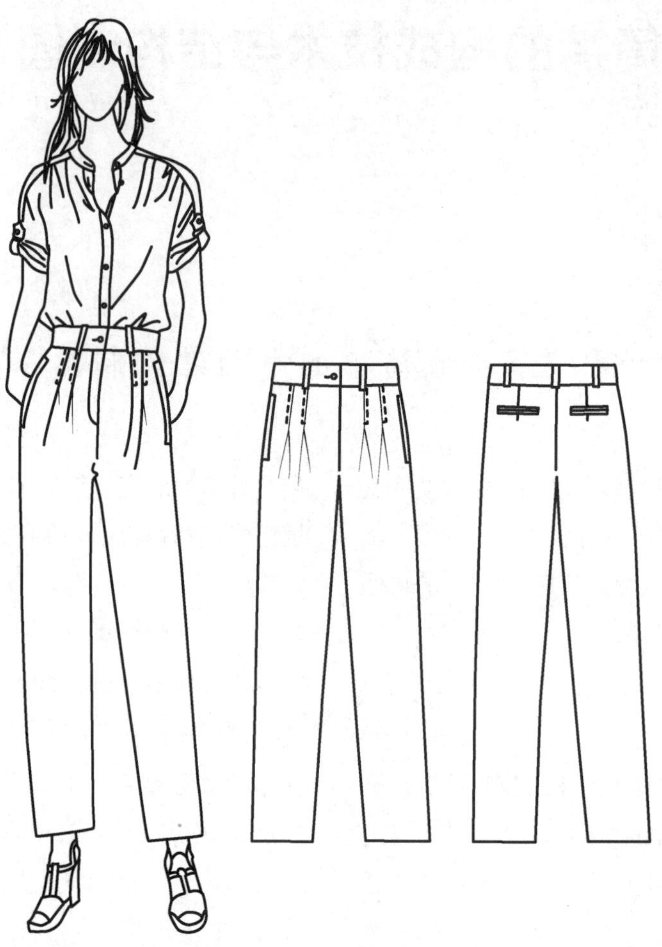

图 11-1-1 直筒裤

1. 基础框架的绘制

(1) 作长方形

以宽为 H′/4+1、长为裤长－腰头宽，作一个长方形作为后片的基础框架；以宽为 H′/4－1、长为裤长－腰头宽，作一个长方形作为前片的基础框架。前后片基础框架并排放置，两个长方形间距不小于 0.16H′，一般可取值 20 cm，作为前后裆部的设计空间。其中两侧为侧缝辅助线，中间分别为后中心和前中心辅助线，长方形上部直线为腰围辅助线，下部直线为脚口线。

(2) 作横裆线

从腰围辅助线向下量取直裆尺寸作水平线为横裆线。

(3) 作臀围线

从腰围辅助线向下量取腰长尺寸作水平线为臀围线。

(4) 作后中心斜线

首先过臀围线与后中心辅助线的交点向上量取 15 cm，然后向后侧缝辅助线方向画水平线，长 3.5 cm 确定一点，过该点和臀围线与后中心辅助线的交点画一条斜线并与横裆线和腰围线相交，该线即为后中斜线，并记 15∶3.5 为其斜度。

(5) 取前后小裆宽

从后中心斜线与横裆线交点向外 H′/10 cm 在横裆线上取后小裆宽；从前中心线和横裆线交

点向外 H′/20－1 cm 在横裆线上取前小裆宽。

（6）作前后烫迹线

在横裆线上，取后横裆宽的中点并向侧缝偏移 1 cm 取点，过该点作一条竖直线为后烫迹线；在横裆线上，取前横裆宽的中点，过中点作一条竖直线为前烫迹线。

（7）作中裆线

取臀围线到脚口线的中点，并向上平移 3 cm，过该点作一水平线为中裆线。

基础框架完成后如图 11-1-2 所示。

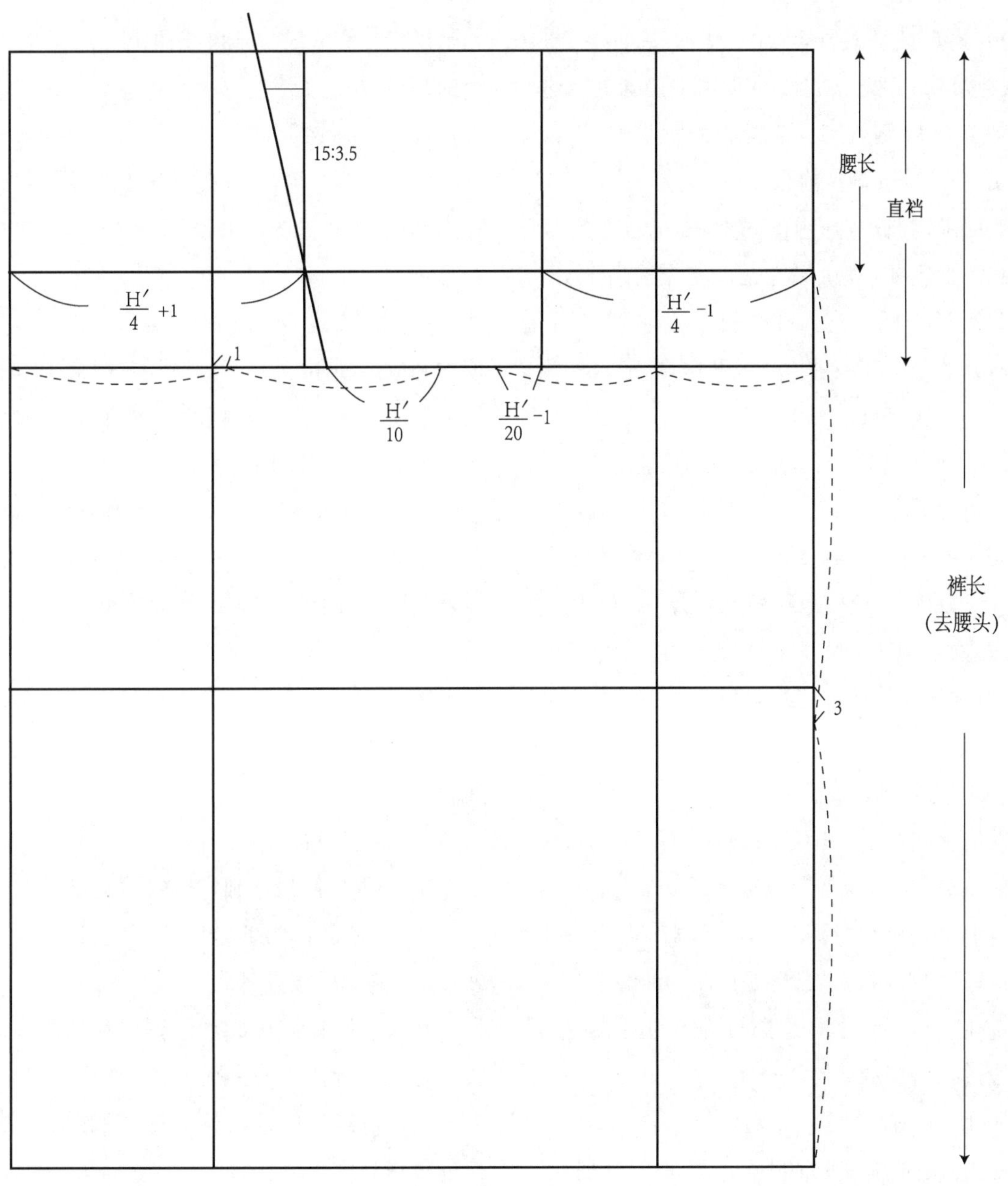

图 11-1-2　直筒裤基础框架

2. 直裤基本板的绘制

(1) 前裤片的轮廓线

① 根据成品尺寸确定轮廓关键点。

首先，计算好裤前片的腰臀差，并在腰围参考线上作合理分配。前臀围是 H′/4－1 cm＝23 cm，前腰围是 W′/4＝17.5 cm，差值 5.5 cm。因为该款式在前片有两个单向活褶，可共取值 4.5 cm，侧缝去掉 1 cm，前中心无收腰即可。根据前收腰量的分配，在腰围辅助线上侧缝处收进 1 cm 确定前腰侧点 A。前中心处不收腰，沿前中心线下降 1 cm 确定前腰点 B。

然后确定前裤脚口围尺寸，为配合前后裤片在横裆的围度差，脚口尺寸也需要做前后偏分，形成前小后大的形态。在前脚口线取脚口围/2－2 cm，均匀分布在前烫迹线两边，确定内外侧缝线与脚口线交点 C 和 D。

最后，确定前中裆尺寸，为使裤腿在视觉上形成直筒的效果，中裆尺寸应比脚口尺寸略大。在横裆线处取前小裆宽的中点，与脚口线内侧点 D 连直线，直线与前中裆线相交为点 E。以 E 点到前烫迹线的距离为前中裆尺寸的一半，记为“□”，对称地在外侧中裆线上取相同的尺寸确定点 F。

② 作前外侧缝线。

前侧缝线有 4 个辅助点，从上而下分别为：前腰侧点 A、臀围线与侧缝辅助线交点 G、中裆外侧点 F 和前脚口外侧点 C，过这 4 个点作前外侧缝线，其中点 G 以上部分是微凸的曲线，点 F、C 为直线，点 G、F 之间是先凸后凹的曲线使上下两段进行流畅的衔接。

③ 作前内侧缝线。

前内侧缝线有 3 个辅助点，从上而下分别为：前横裆宽内侧点 I、前中裆内侧点 E 和前脚口内侧点 D，过三点作一流畅的曲线，其中中裆以上的部分为微凹的曲线，中裆以下的部分为直线。

④ 作前上裆线。

前上裆线在臀围线以上是直线，在臀围线以下是一条向内弯曲的曲线。首先连接臀围线与前中心辅助线的交点 H 和前横裆宽内侧点 I，过前中心辅助线和横裆线的交点作该线的垂线，将垂线三等分，记外侧的三等分点为 J。直线连接 B、H，并过 J 和 I 作圆顺的曲线为前上裆线。

⑤ 作前脚口线。

连接外侧缝线与脚口线两个交点 C 和 D 即为前脚口线。

⑥ 作前片褶裥。

前片有两个褶裥，靠近前中心处褶裥设计为 2.5 cm，靠近侧缝的褶裥设计为 2 cm，也可以两个褶裥大小相等。

在前烫迹线靠近侧缝外侧取 0.5 cm，靠近前中心取 2 cm 作第一个褶裥，在褶裥下方臀围线上取 1.5 cm 宽，画褶裥的两侧直线，由腰围线向下取 5 cm，作明线符号。

距第一个褶裥 3 cm 开始取第二个褶裥，在褶裥下方臀围线上取 1 cm 宽，画褶裥的两侧直线，由腰围线向下取 5 cm，作明线符号。

⑦ 作前腰围线。

按褶裥方向折叠两个褶裥后在腰围辅助线上修正作前腰围线，确定与前外侧缝线和前中心线垂直。

(2) 后裤片的轮廓线

① 根据成品尺寸确定轮廓关键点。

首先，确定后裆线起翘量，向上延长后裆斜线 3 cm，确定后腰点 K。

然后连接后腰点 K 和腰围线与后侧缝线的交点，并在该辅助线上量取后腰围 W/4，余量约 3 cm。在侧缝处收进 1 cm，确定后腰侧点 L，多余的量作为后腰省道量。

第三，确定后裤脚口尺寸，在后脚口线取脚口/2＋2 cm，均匀分布在后烫迹线两边，确定内外侧缝线与脚口线交点 M 和 N。

第四，确定后中裆尺寸，在中裆线处后烫迹

线的两边分别取"□+1"，在中裆线上确定中裆外侧点O和中裆外侧点P。

② 作后外侧缝线。

后侧缝线有4个辅助点，从上而下分别为：后腰侧点P、臀围线与侧缝辅助线交点Q、中裆外侧点O和前脚口外侧点M，过这4个点作后外侧缝线，其中点Q以上部分是微凸的曲线，点O、M之间为直线，点Q、O之间是先凸后凹的曲线使上下两段进行流畅的衔接。

③ 作后内侧缝线。

后内侧缝线形态与前内侧缝线形态接近，在中裆以下的部分为直线，中裆以上的部分为向内凹进的曲线。因为曲度差异，为保证前后内侧缝线等长，后横裆宽内侧点垂直下降约0.7 cm，记为T。连接TP，向内1 cm作曲线并向下和直线PN圆顺连接，作后内侧缝线。

④ 作后上裆线。

后上裆线在臀围线以上是直线，在臀围线以下是一条内凹的曲线，且弧度比前上裆弧线更大。过后横裆内侧点T作横裆线的平行线，与后中心斜线相交于点U，记后中心线与臀围线交点为R。分别将线RU和UT三等分，连接各自外侧的三等分点，并过U点作该连线的垂线，将垂线二等分，记为S。连接KR，再过S、T作圆顺的曲线为后上裆线。

⑤ 作后脚口线。

连接外侧缝线与脚口线两个交点M和N即为后脚口线。

⑥ 作后片腰省。

重新确认后腰围尺寸，余量在后腰围二等分点处作一个腰省，省道与后腰围基本垂直，长12 cm。

⑦ 作后腰围线。

闭合后腰省后在腰围辅助线上修正作后腰围线，确定与后外侧缝线和后中心线垂直。

直筒裤基本板如图11-1-3所示。

3. 零部件样板的绘制

（1）腰头和腰襻样板的绘制

这款直筒裤是正腰位设计，腰头宽4 cm，腰围70 cm，在腰头右侧向外延伸3.5 cm作为搭门量。在距腰头止口1.5 cm的地方分布作扣眼和纽扣位置。距左右前中心8 cm处分别作一个前腰襻，后中心处设置一个后腰襻，在左右腰头取前后腰襻的中点各作一个后腰襻。具体样板如图11-1-4所示。

（2）前门襟样板的绘制

沿前腰围线取3 cm为门襟贴边的宽度，平行前中心线画直线，到臀围线附近作圆顺的曲线至前中心线，约臀围线下2 cm为止，作前门襟贴边样板。

量取门襟贴边的长度，以宽7 cm作一长方形为前里襟。具体样板如图11-1-5所示。

（3）前片直插袋样板的绘制

首先确定直插袋位置，沿前外侧缝线从腰围线向下量取3 cm作直插袋，袋长14 cm。

然后沿前腰围线从腰侧点量取15 cm为口袋宽，向下作一条竖直线为直插袋袋布的对折线，袋长28 cm；沿前外侧缝直插袋开口下端向下4 cm、向内侧偏移1～1.5 cm平行侧缝线画插袋侧面，直至袋底。沿对折线将袋布展开，得到直插袋袋布的完整样板。具体如图11-1-6所示。

（4）后片双嵌条挖袋样板的绘制

平行后腰围线向下8 cm确定挖袋位置，以后腰省为中心取挖袋长12 cm，袋宽1.2 cm。

沿挖袋两端作两条平行线向上直至后腰围线，向下取20 cm，确定挖袋袋布样板。

挖袋牵条长12 cm，宽8 cm；挖袋垫布长12 cm，宽4～5 cm。如图11-1-7所示。

4. 样板的放缝

所有样板的放缝尺寸和丝缕方向如图11-1-8所示。

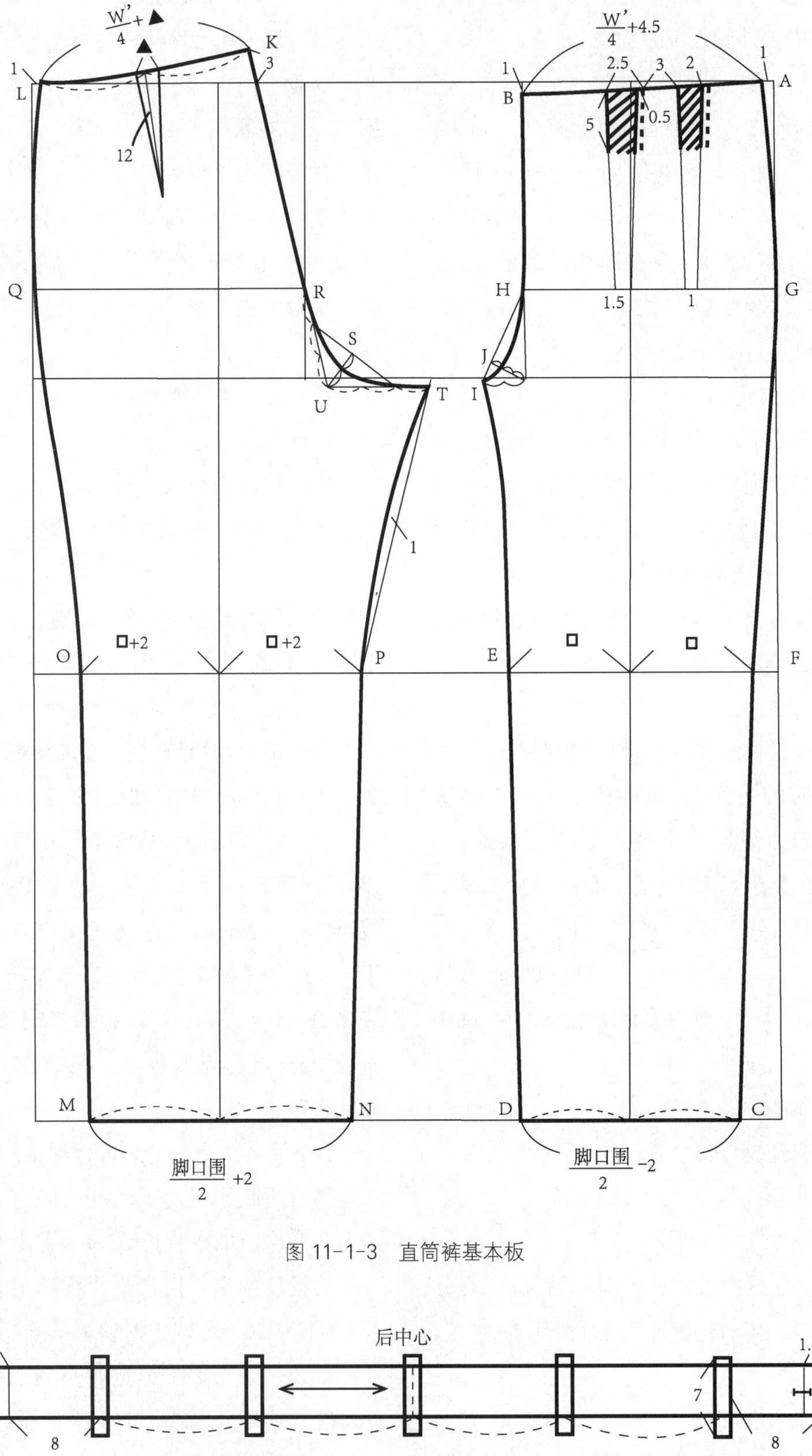

$\frac{W'}{4}+▲$ ▲ K 1 3 L 12

$\frac{W'}{4}+4.5$ 1 1 2.5 3 2 A B 0.5 5

Q R H G 1.5 1

S J U T I

1

O □+2 □+2 P E □ □ F

M N D C

$\frac{脚口围}{2}+2$ $\frac{脚口围}{2}-2$

图 11-1-3 直筒裤基本板

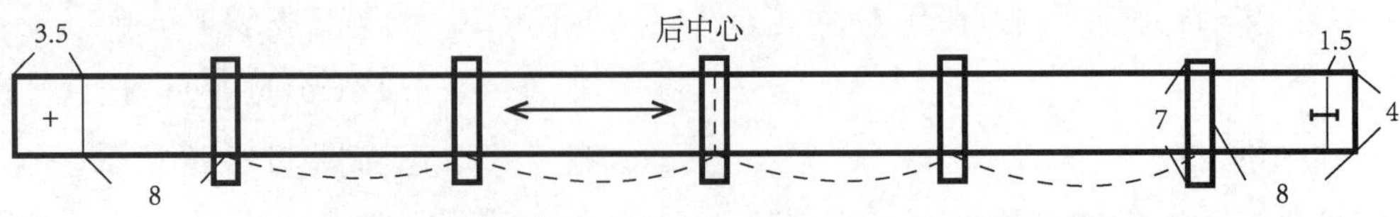

图 11-1-4 直筒裤腰头样板

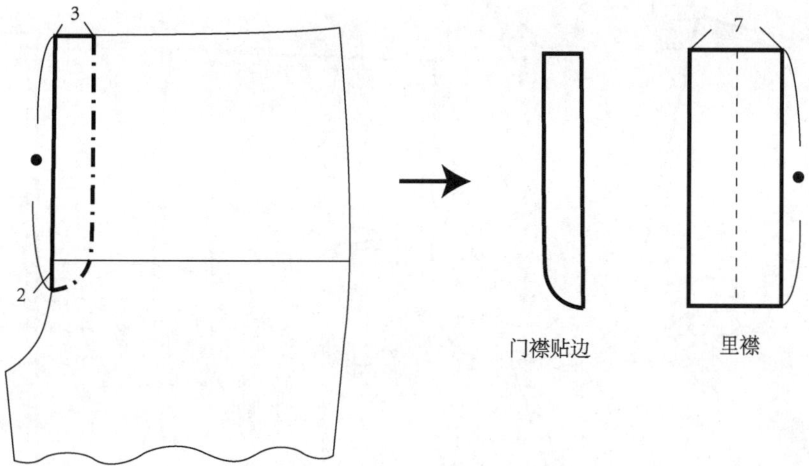

图 11-1-5　门襟样板

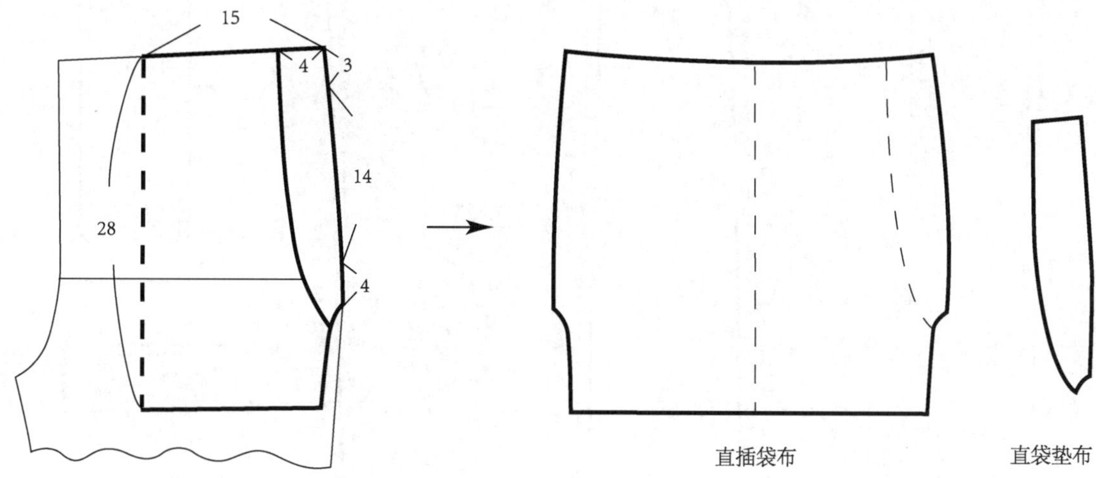

图 11-1-6　直插袋样板

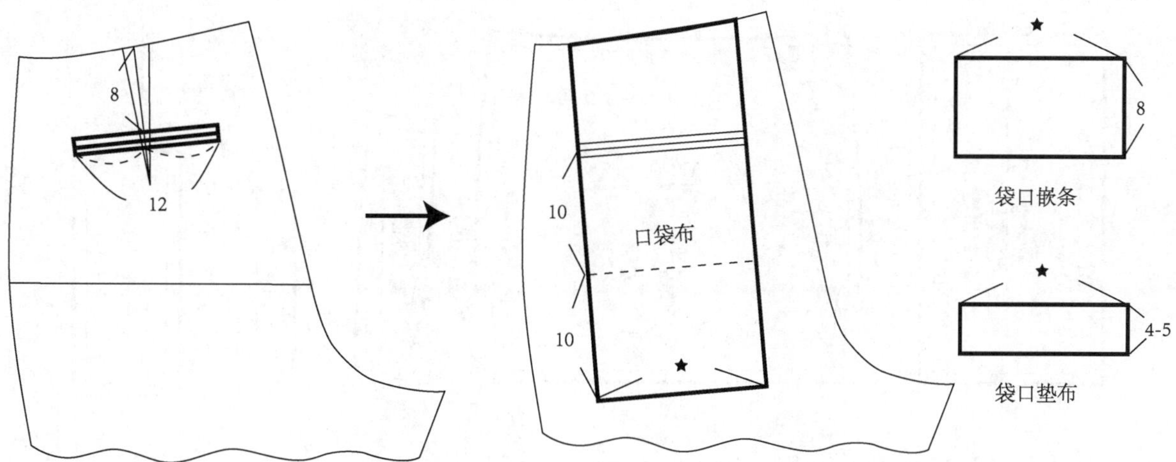

图 11-1-7　双嵌挖袋样板

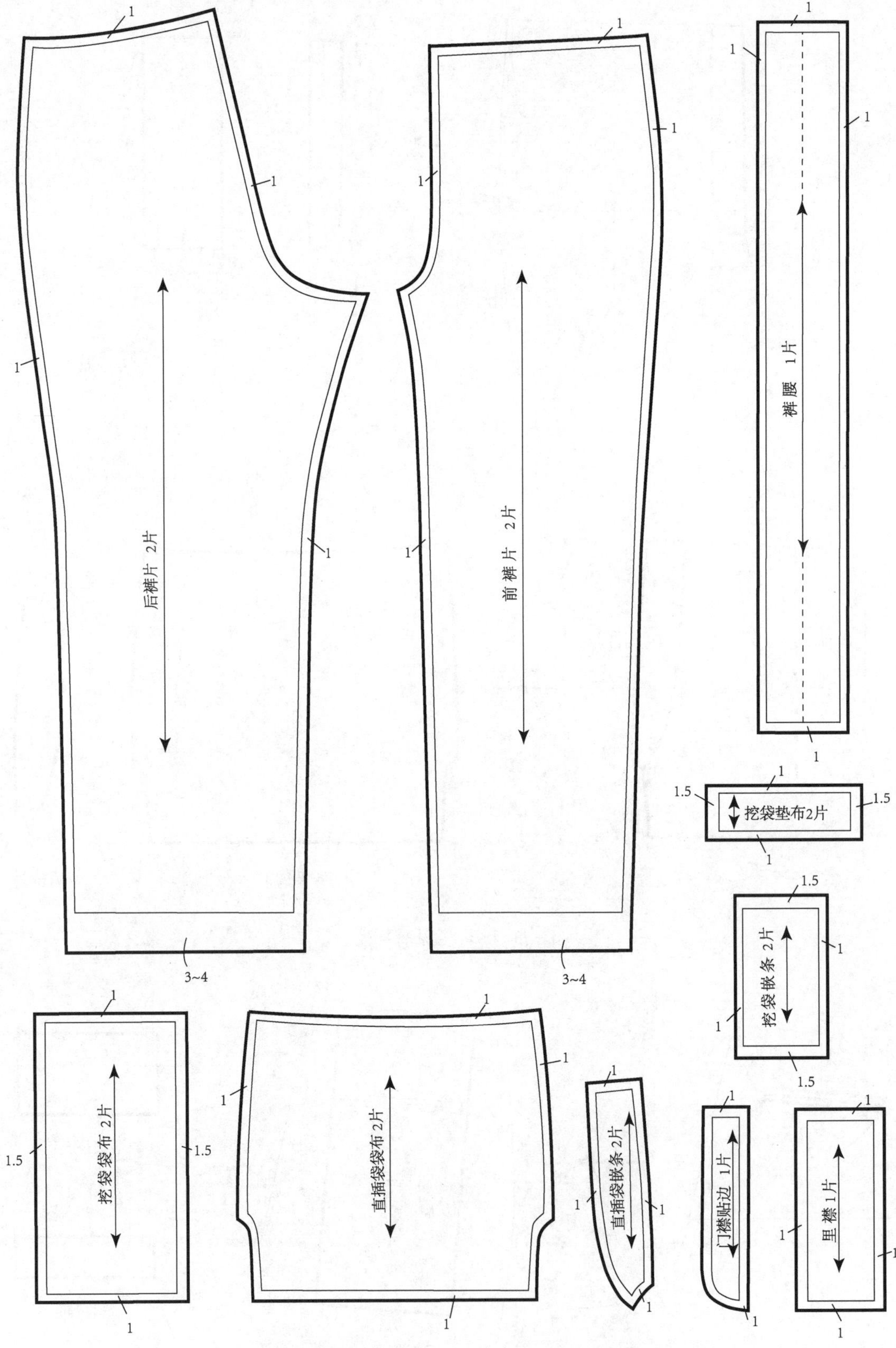

图 11-1-8 直筒裤样板放缝

第二节 裤子样板的结构分析

从结构上看，裤子和裙子都是以四分之一的腰围和臀围尺寸为基础，根据款式需要进行调整，再以此为尺寸进行构图。裤装中的裆部、双腿独立包裹结构是区别于半裙结构的主要结构特征。下面按照制图顺序从女性下体的静态特点以及运动特征两方面来详细地分析对裤子结构的影响。

一、前后臀围及分配

裤子和裙子都是下装，从前文半裙结构分析可以得知臀围的放松量最少为 4 cm，但由于裤子有裆弯结构，在人体活动的过程中，会影响腰臀部位的伸展，所以一般裤子的臀围松量可以取稍大一些，如基本女裤的臀围松量取了 6 cm，这是合体裤的臀围加放量。在裙子的结构设计中，前后臀围取成相等，都是 $H'/4$。而在裤子的结构设计中，一般前裤片取 $H'/4-1$，后裤片取 $H'/4+1$，有前后差。同样的人体为什么会有这样的差别呢？实际上臀围的分配主要取决于两点：一是人体前后身实际的尺寸差异，二是侧缝的设计位置。因为女性特有的 S 型曲线，臀部凸起使得在臀围截面处，女性的后臀围大于前臀围，但只要整体臀围能满足人体需要，前后臀围的长度差可以相互弥补，体现在外观上即为侧缝线在人体上的位置。因此在下装结构设计时，臀围尺寸前后身的分配主要考虑的是侧缝线的设计位置。如图 11-2-1 所示，人体的手臂自然下垂时，前臂自然前倾，中指指向人体下肢偏前的位置，而当在侧缝处有口袋设计时，为了方便口袋的使用，使取放更为自然，通常将侧缝线适当前移，因此直筒裤基本样板中将侧缝线向前 1 cm 偏移，形成前后臀围尺寸差。如果侧缝没有口袋设计臀围差异可以减小，甚至相反，这时侧缝线向后偏移，这一设计并不会影响人体正常的穿着，仅仅体现为侧缝在人体的位置有所变化。

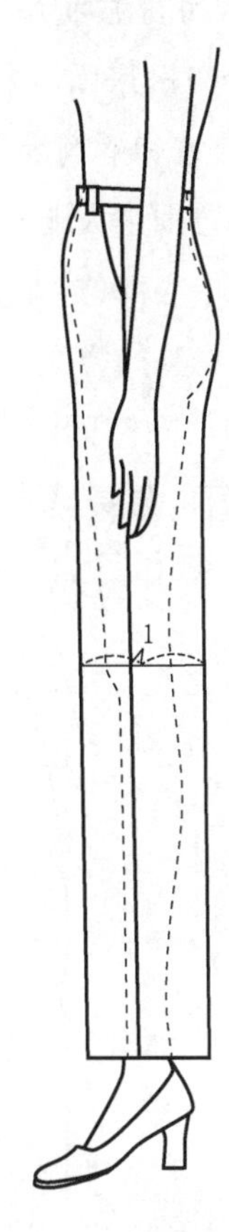

图 11-2-1 裤子的侧缝与插袋

二、直裆深

直裆深又称立裆深、上裆长，是裤子结构的关键尺寸。直裆的长短也取决于两点：一是人体，与身高、上下身比例有关，二是款式，与款式臀、裆位置的合体程度有关。

一般直裆尺寸是根据测量的坐高加上松量来确定。直裆的深浅直接影响裤子裆部的穿着舒适性以及裤子的机能性。腿部的日常动作，如迈步、抬腿等，都会引起大腿内侧皮肤伸展，所以直裆过深，会使人腿部运动时裤腿受到较大牵扯，引起裤腿内侧缝的向上位移，既影响外观也影响运动舒适性和便利性。直裆过浅，会产生勒裆感，尤其人体坐、蹲运动时，因为后身拉伸会使勒裆感加剧，严重影响穿着舒适性，长期穿着还会影响身体健康。

因此，裤子的直裆深有一定合理的范围，一般体现在裆底的活动间隙量 0～2 cm。从人体的下体体表功能分布区来看，腰臀间为贴合区，和裙子一样，通过腰省和褶裥等形式塑造腰臀部位的复曲面形态。臀围至大腿根为作用区，是考虑裤子运动功能的中心部位，即下体的运动对裆底产生作用后用以调整的空间，也就包含了裤子裆底的 0～2 cm 的间隙空间。下肢为裤腿的造型设计区。相对而言，紧身裤直裆宜短浅，而宽松裤直裆宜长而稍深，如图 11-2-2 所示。

当然，这里的直裆深是对于标准腰位而言的，人体的腰线位置是基本稳定的，如果裤子的腰线由于款式的原因高于或低于标准的腰位，则会使裤子的直裆的实际测量值发生变化，但这种变化与前面所讲的直裆尺寸设计原理并不违背。

三、臀围线位置

在直筒裤制图中取了腰长作为臀围线位置。只是根据人体测量得到的与人体臀部体型相吻合的位置，一般裤子制图中都可以采用这种方式确定臀围位置。

因为腰长和直裆深存在一定的比例关系，也有部分裤子制图可以采用直裆深的三分之二来取臀围位置。需要注意的是这不适合于所有的裤子，不能简单机械地按三分之二来取。因为裤子直裆的尺寸是因裤型的不同而变化的，如果是

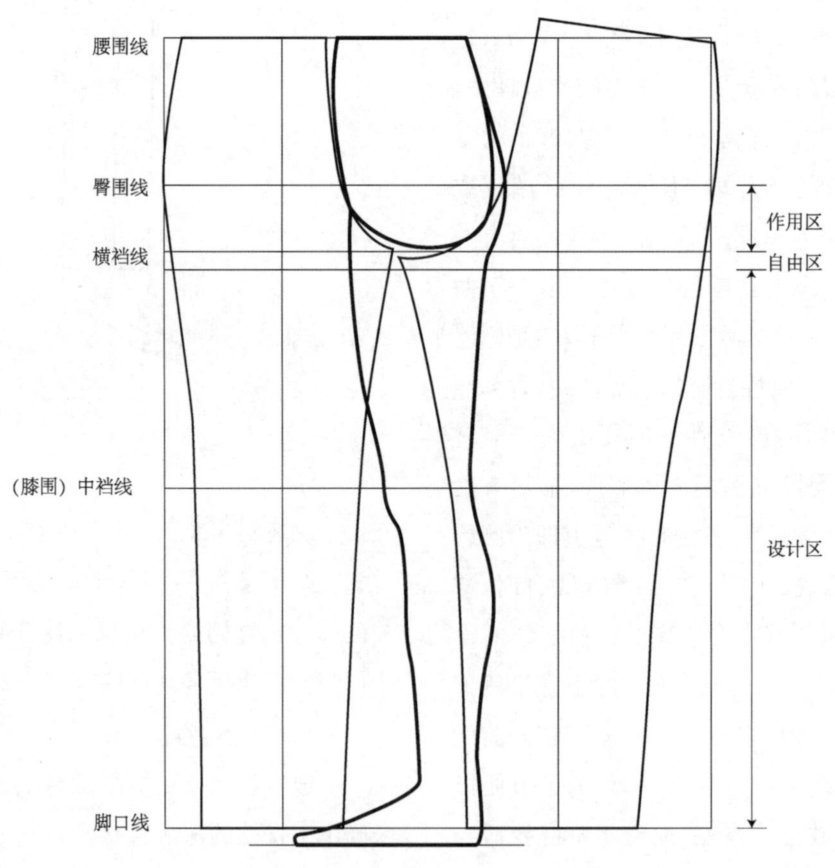

图 11-2-2　人体裆部立面图

高腰或低腰裤，直裆尺寸差别很大。但不管裤子造型怎么变，裤子的臀围线应该始终设置在人体臀部最丰满处，并不随着裤子腰头的高低、直裆的深浅而改变。所以，裤子的臀围线应取人体的臀围线到股底的距离再加上直裆的松量作为具体款式时的臀围线位置。

四、大小裆宽

在直裆深一定的情况下，裆宽是以人体的腹臀宽为基础进行设计的，它影响着腹臀部位的宽松度、横裆尺寸以及下裆线的弯度，过大或过小都会导致穿着的舒适性和整体外观的均衡美感下降。总裆宽通常为 1.6H′/10，前后内侧缝线的位置将裆宽分成了前后小裆宽，分别形成前、后裆弧线以吻合人体前中腹部、后中臀部和大腿根分叉部位所形成的结构特征。前、后裆弧线拼接后，形成裆底圆顺的弧线形态，被称为裤隆门。大小裆宽之间合理的比例为 2∶1 至 3∶1 之间。前裆宽与后裆宽这样的相互关系，是由人体本身的结构和人体活动的特点造成的。如图11-2-3所示。

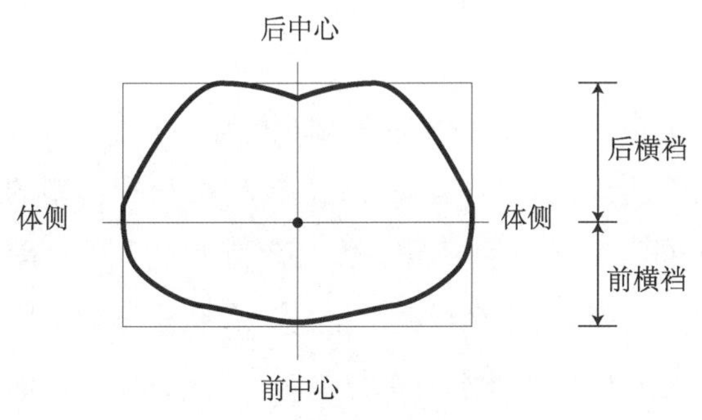

图 11-2-3　臀围截面图

观察女性人体的侧面立姿，臀部呈一个前倾的椭圆形。以耻骨联合作垂线，将椭圆形分成前后两部分，前一半的凸点靠上为腹凸，靠下较平缓的部分就是前裆弯；后一半的凸点靠下为臀凸，到裆底的部分为后裆弯。这是形成裤子前后裆弯的主要依据。再从人体的活动规律来看，臀部的前屈大于后伸，因此，后裆的宽度需要增加必要的活动量。在直筒裤结构中，大小裆宽都用经验公式计算而得。小裆宽为 H′/20－1，后裆宽是在后中斜线的基础上取 H′/10，这种前后小裆宽的计算方法适用于大部分裤型，也可以在这种计算方法上根据款式进行适当的调整。

此外，裆宽尺寸不仅与人体厚度相关，与裤装的合体程度也有一定的关系。当裤子合体程度增加，即较为紧身时，应适当减小裆宽来实现腹臀部位的包裹感，与整体造型统一。

五、后中斜线

裤装结构中后中心线倾斜主要是因为臀部凸起和裆部包裹共同决定的。裙子因为仅仅从外围包覆臀部，裆部对其没有任何的牵扯，臀部凸起的造型通过腰部省道可以实现，所以后中线始终能保持铅垂状态。而裤子从裆底到臀部被完全包覆，臀大肌凸出，与后腰线呈明显的倾斜。为了符合人体臀大肌的凸出与后腰线形成一定坡度的构造特点，后中斜线呈一定的倾斜。因此，后中斜线的斜度主要取决于两点：一是人体臀大肌的凸出程度，二是裤子后中心造型的合体程度。

图 11-2-4 为凸臀体和平臀体体型及相应裆部结构的对比。从人体体型来看，凸臀体比平臀体臀部凸出程度高，因此在后中心形成的坡面角度更大，因此后中心斜线的角度更大。同理，对于较为宽松的裤子造型，后中心的坡面角度较小，后中心斜线的角度也偏小；反之臀围放松量较小、腰臀差异明显的紧身合体裤，其后中线的倾斜度应大一些。根据人体测量数据，人体的臀沟角约为 11°，是设计裤子后中斜线的依据。以此角度为参考，按照裤子的不同风格，裙裤为 0，宽松裤小于 8°，较宽松裤 8°～10°，较贴体裤 10°～12°，贴体裤 12°～15°。

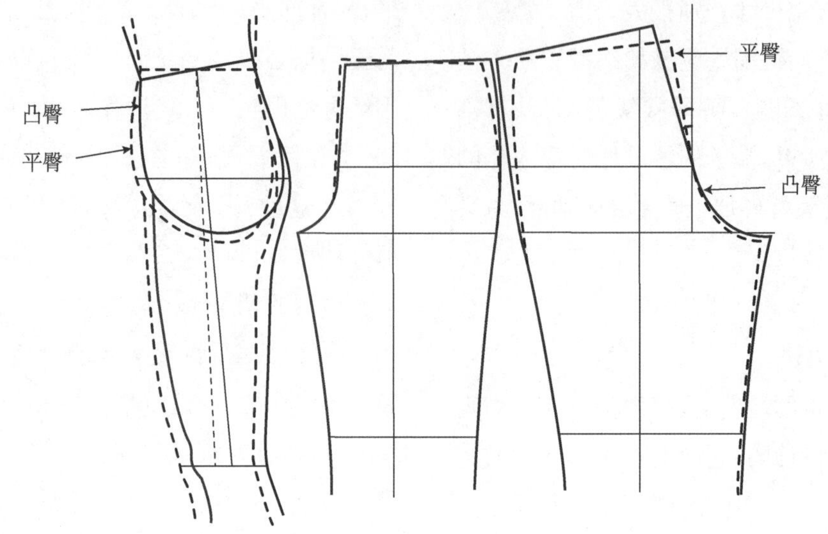

图 11-2-4 臀翘程度与后中心斜线的关系

六、前后烫迹线

烫迹线又称挺缝线或裤中线，在西裤这类裤子中需熨烫出形体现其正式感，在展示时常以前后挺缝线对齐后悬挂以保持其造型；休闲裤则不需烫出挺缝线。前后挺缝线被作为裁剪时面料的经纱方向，如果裁剪时未能与经纱方向一致，倾斜的裤中线就会导致裤腿的偏移。

在直筒女裤的结构制图中，前挺缝线取了前横裆大的中点，然后与臀围线、横裆线垂直作出铅垂线。中裆宽、脚口宽均以挺缝线为对称轴两边对称取值，也就是说对前裤片来说横裆、中裆和脚口在裤中线两侧尺寸完全一样，中裆至脚口这部分甚至是完全对称的，被称为“三对称”，前挺缝线始终是直线。后挺缝线取了侧缝辅助线和大裆宽的中点，并向侧缝偏移了 1 cm 后作了铅垂线。由于后小横裆尺寸较大，为避免横裆线以下裤腿向内侧缝倾斜，后烫迹线可以适当向侧缝偏移。这种取后烫迹线的方法一般适用于后横裆宽较大的款式，如果是较为紧身的裤型，也可以直接取后横裆宽的中点作后烫迹线。

七、前后中裆线

中裆线原本是提供人体膝盖位置的参考线，在直筒裤制图时采用了取臀围线至脚口线的中点上移 3 cm 获得，这一尺寸也可以适当进行调节。这样取中裆线位置的前提条件是在裤长一定的情况下才适用，当裤长较短时，人体的膝盖位置是稳定的，不能再用这样的方式来获得中裆线。根据人体测量数据，从腰围线到膝围线的距离约为 57 cm，这个数据是相对稳定的。

如前所述，裤腿是造型设计区，中裆线的存在更多地是为了调节裤腿自身形态的需要，在裤腿宽松的设计中，中裆线可有可无。而在裤腿紧身的设计中，为了使穿着者的小腿显得修长，常常人为地提高中裆线的位置，所以会根据造型的不同而上下移动。越是裤腿造型上紧下松反差大的裤型，其中裆线越是抬高。需要注意的是前后裤片的中裆线高低的变动必须是同步的，即前后中裆线应在同一水平位置。

八、前后中裆分配和脚口围分配

在直筒裤基本样板中，前裤口取脚口围/2－2，后裤口取脚口围/2＋2，两者相差 4 cm。中裆位置的取值与脚口一直，即前后差也为 4 cm。如图 11-2-5 所示，当把前后裤片的挺缝线重叠在一起时，可以明显地看出，从中裆到脚口这一段前后裤片的内外侧缝线是完全平行的，两边各相差2 cm。中裆和脚口前后差这样的设置归根到底是由横裆的前后差引起的，如前所述，裤后片的大裆宽远大于前片的小裆宽，两者是近3∶1的关系，而前后裤片是通过内外侧缝线缝合在一起的，为了使前后裤片的内外缝线获得相对的平衡，前后中裆和脚口应设置前后差。

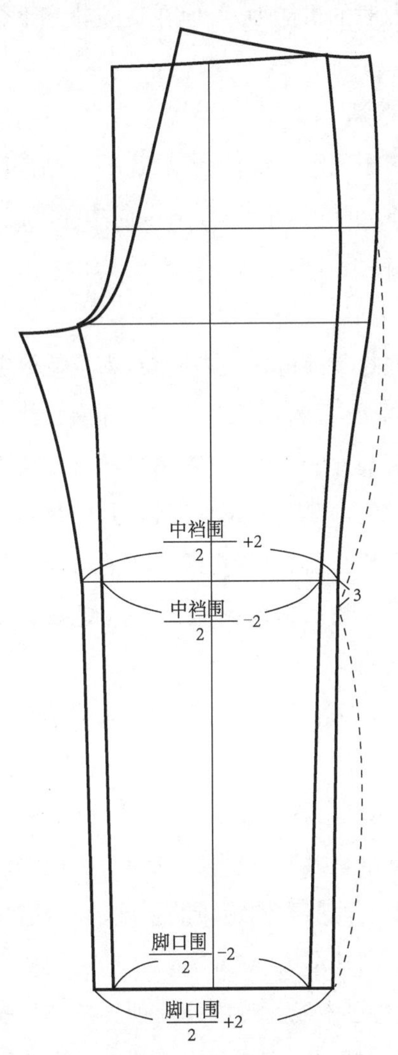

图 11-2-5　女裤中裆及脚口围的尺寸分配

从直筒裤的平面结构图中可以看出，从中裆到脚口这部分在纸样上表现为略微的上宽下窄非直筒造型，即脚口两侧的尺寸比中裆线两侧的尺寸稍小一些。

这是因为人体的下肢从膝盖到脚踝其围度尺寸迅速变小，人体与裤腿的空隙迅速增加，为了获取视觉上的直筒效果，裤腿中裆处尺寸应比脚口略大，一般取中裆围度比脚口围大 2～3 cm 为宜。当中裆尺寸与脚口尺寸相当时，往往会形成微喇叭型的外观效果。

九、前后腰围分配

裤子的腰围放松量与裙子一样，一般取 0～2 cm。在计算前后腰臀差时，前后臀围已经分配好了。从人体腰臀部的横截面分布来看，如臀围截面已经分配为后臀围为 H′/4＋1，前臀围为 H′/4－1，则人体腰围的前后半周基本是相等的，也就是说前后腰围不需要取前后差，因此在结构制图时，前后腰围均取 W′/4。

与裙子中的前后腰围和臀围分配相比，裙子的前后臀围未设前后差，相当于比裤子的侧缝线往后身方向移动了 1 cm，那么裙子的前后腰围就必然得设前后差。总之，无论是裙子还是裤子，后片的腰臀差都大于前片的腰臀差，这是女性人体臀凸大于腹凸的体型特征所决定的。

十、腰臀差处理

与裙子一样，裤子处理腰臀差依靠的也是腰省或者褶裥和侧缝。前裤片因前中有分割，所以常设少量的收腰量分解腰臀差，同时体现腰腹部的形态，一般为 1 cm 左右，当裤前片完全无省时一般不超过 2 cm。侧缝的撇腰量也一般控制在 2 cm 以内。其余的前腰臀差用腰省或腰褶以解决。后裤片用腰省和后裆斜来解决腰臀差，塑造出腰臀间的立体贴合状。

腰省和腰褶都可以用来调节腰臀差，不同的是腰省是缝合的，灵活性小，依据女性的体型，一般单个前腰省不宜超过 3 cm，后腰省不宜超过 3.5 cm，省长与裙子中的省道类似，前腰省在中臀围附近，后腰省距臀围线 5～6 cm，省量太大或省长太短都会造成省尖太凸、不符合人体曲面形态的问题；而腰褶只缝合部分，灵活性很大，可深可浅，不受褶裥深浅的局限，装饰性强，所以腰臀差大的宽松裤往往用腰褶处理。

一般后裤片上常有口袋设计，或挖袋或贴袋，直筒裤因为是单个后腰省和单个挖袋设计，所以直接从后腰围线的中点对称设计省道和挖袋的位置，如果后片有多个省，或者对口袋位置有特殊要求则应先设计口袋位置，再来绘制省道，这样能使省道相对口袋对称，比较美观大方。

十一、前上裆线

前上裆线又称“前浪”，包含了前中缝和前裆弧线两部分。人体的腹部一般稍突出于前腰部，为符合人体的腰腹部形态，前中应有少量的劈腰量。同时，腰口线在前中心处适当下降，能使腰侧处形成人体视觉上的水平状。前裆弯弧线和后裆弯弧线一起构造了人体裆底的曲线形，直筒裤结构设计中采用了特定的制图方法来辅助确定前裆弧形，这种方法对大部分裤型通用，也可以根据款式要求在这个方法基础上进行微调，一般前裆弯凹势取 2～2.5 cm。

十二、后上裆线

后上裆线又称“后浪”，包含了后中线和后裆弧线两部分，以符合人体臀沟的形状。后裆斜线、后中起翘量、落裆量和后裆弯凹势是影响后上裆线的主要因素。后裆斜线前文已阐述，这里主要分析后中起翘、落裆和后裆弧线的作用。

1. 后中起翘

裤后片的后腰口线在后裆缝处的抬高量称为后翘，通常为 2～3.5 cm。可以从两方面去理解，一方面从人体的臀部特征与裤后片的结构可以看出，因为后裆斜线与水平线形成了钝角，拼合后会产生凹角。要使之能成为直角相交，就必须延伸形成后翘。另一方面，从人体下肢动态特征来看，当人体在下蹲、坐姿、向前弯曲等动作时，后中缝对应的臀部表皮呈现伸展状态。因为一般服装面料的弹性都远小于人体皮肤，因此为了满足活动量，必须把后中缝延长，形成后翘来弥补不足。如果后裆缝过短，则会牵制人体的下肢动作，裆部会有吊紧的不适感。一般来说，直裆越短，越需要提高后翘来改善裤子的运动机能性。腰臀差越大，说明臀部越丰满，后裆斜线越斜，后翘也应越大。后翘高，则人体下蹲、坐姿、向前弯曲时的机能性好，但在直立状态下合体性就差。

2. 落裆

在裤子的结构设计中，后片的直裆深度大于前片的直裆深度，前后裤片的直裆深度之差，被称为“落裆量”，通常为 0.5～1.5 cm。由于后裤片的大裆宽远大于前裤片的小裆宽，使得后裤片的内缝线长于前裤片的内缝线，为了使合缝基本等长，就需要后裤片落裆。后裤片内缝线的长度略小于前裤片的长度，在缝制时通过归拔工艺拔开后裤片的内侧缝来实现等长，并使得后挺缝线成为臀部弧凸、膝关节背部稍凹的与人体相似的弧线形。一般西裤的前后裤片内缝线长度差为 0.6～1 cm。

另外，落裆量还和裤长、脚口尺寸有关。在裤子前后片的中裆线上方作几条不同裤长的横线。可以看出，脚口线越往上移，由于后内缝线斜度大且略呈弧形，使得脚口线与后内侧缝的夹角就越大。而前内侧缝线的斜度较小，脚口线与它的夹角则基本为 90°左右。当前后内侧缝线拼合后，就会在该线的脚口处出现拐角。要想使脚口处拼合后平顺，则只能使后脚口线下弧，与后内侧缝线也取成 90°左右。这时又要保证前后的内侧缝线等长，只能将脚口线下弧的量增加为落裆量，以获平衡。因此，裤长越短、脚口越小，后裤片的落裆量就越大。

3. 后裆弧线

后裆弧线和前裆弧线一起形成了人体的裆部空间，其空间大小由前后小裆宽和弧形凹势共同决定。裆部空间大小合理与否主要遵照款式需要和人体需要，前后小裆越宽、前后弧形凹势越大，裆部空间就越大，裤子对人体裆部的制约越小，舒适性增加；反之前后小裆越窄、前后弧形凹势越小，裆部空间就越小，裤子越紧贴人体裆部，舒适性越差，但臀部体型更明显。直筒裤结构设计中采用了特定的制图方法来辅助确定后裆弧形，这种方法对大部分裤型通用，也可以根据款式要求在这个方法基础上进行微调，一般后裆弯凹势取 1.8～2.5 cm。前后裆弯弧线组合形成顺畅的裆底弧线。

十三、外侧缝与内侧缝

在贴合区内，前裤片的外侧缝线呈与人体侧面形态相吻合的弧线形，臀围线处最外凸。在作用区内，外侧缝弧线形态符合裤子的造型要求，然后与股下段顺畅优美连接，其中中裆到脚口段通常为直线形态。内侧缝线则通常与外侧缝线的对应段相对称。后裤片的外侧缝线从中裆线开始明显向外倾斜，其曲率大于前内侧缝的曲率。

十四、脚口线

脚口线是为了使前后裤片内外侧缝分别缝合后，整条脚口线呈平顺状态，当中裆和脚口尺寸差值不大时，即脚口线与内外侧缝线的夹角基本呈 90°时，最简单的就是作直线处理。也可以处理成前裤片脚口线的挺缝线处稍向上弧、后裤片脚口线的挺缝线处稍向下弧的弧线形态，用以缓和前面因脚背隆起对前挺缝线悬垂状态的影响，以及后面挺缝线自然悬垂盖住部分鞋跟的视觉美感。而当脚口线与内外侧缝线的夹角呈明显的钝角或锐角时，脚口线则必须作适当的弧线处理。

第十二章 锥形裤的构成技术与结构制图

锥形裤顾名思义就是形似锥子，上大下小。其造型特点是臀部的放松量大，逐渐向脚口部位收小收窄，又称萝卜裤。锥形裤比较适合臀部扁平的女性，宽松的臀部对比逐渐窄小的裤腿使臀部显得更丰满。因为锥形裤脚口较小，所以裤长一般在脚踝处左右，以凸显脚口的收小效果。为避免由于裤长短而显得腿短，腰部往往采用中腰或高腰的造型以增加整条裤子的长度，建议搭配穿着同色的皮鞋，使视线能得以延长。

一、款式说明

图 12-0-1 是一款正腰位锥形裤。裤子前面有 4 个折向侧缝的单向褶，并车缝明线进行固定和装饰，侧面为斜插袋。裤子后面有 4 个腰省和单嵌挖袋。

图 12-0-1 锥形裤

二、规格设计

锥形裤为了突出上大下小的造型，规格设计上采用大臀围、小脚口的设计，因为臀围放松量大，相应的腰围放松量小，直裆加深；因为脚口尺寸较小，所以裤长较短。具体规格见表 12-0-1。

表 12-0-1 锥形裤规格表

单位：cm

部位名称	腰围	臀围	腰长	直裆长	裤长	腰头宽	脚口围
净体尺寸 H	68	90	18	24.5	—	—	—
加放尺寸	1	16	0	2.5	—	—	—
成衣尺寸 H′	69	106	18	27	90	3	34

三、平面结构制图

1. 基础框架的绘制

(1) 作长方形

和绘制直筒裤的基础框架方法相似，以宽 H′/4，长为裤长－腰头宽作两个相同的长方形作为前后片的基础框架，两长方形直接间距约 20 cm。

(2) 作横裆线

从腰围辅助线向下量取直裆尺寸作水平线为横裆线。

(3) 作臀围线

从腰围辅助线向下量取腰长尺寸作水平线为臀围线。

(4) 作后中心斜线及起翘量

同直筒裤后中心斜线的作图方法，取 15∶3.5 为后中心斜度，斜线在腰围线上取 2.5 cm 作为起翘量。

(5) 取前后小裆宽

从后中心斜线与横裆线交点向外 H′/10 cm 在横裆线上取后小裆宽；从前中心线和横裆线交点向外 H′/20－1 cm 在横裆线上取前小裆宽。

(6) 作前后烫迹线

在横裆线上，取后横裆宽的中点并向侧缝偏移 1 cm 取点，过该点作一条竖直线为后烫迹线；在横裆线上，取前横裆宽的中点，过中点作一条竖直线为前烫迹线。

(7) 作中裆线

取臀围线到脚口线的中点，并向上平移 3 cm，过该点作一水平线为中裆线。

基础框架完成后如图 12-0-2 所示。

2. 锥形裤基本板的绘制

如图 12-0-3 所示。

(1) 前裤片的轮廓线

① 根据成品尺寸确定轮廓关键点。

首先，计算好裤前片的腰臀差，在腰围参考线上作合理分配。前臀围是 H′/4＝26.5 cm，前腰围是 W′/4＝17.25 cm，差值 9.25 cm。该款式在前片有两个活褶，可每个活褶取值 4 cm，共计 8 cm，前中心收腰 0.5 cm，并下降 1 cm 确定前腰点 B，其他腰围余量从侧缝去掉，在腰围辅助线上取腰侧点 A。

然后，确定前裤脚口尺寸，在前脚口线取脚口围/2－2 cm，均匀分布在前烫迹线两边，确定内外侧缝线与脚口线交点 C 和 D。

第三，确定前中裆尺寸，记臀围线和侧缝辅助线的交点为 G，连接该点和前脚口外侧点 C，交中裆线于点 F，记 F 至前烫迹线的距离为“□”，并对称地在内侧中裆线上取相同的尺寸确定点 E。

② 作前外侧缝线。

从上而下过点 A、G、F、C 作前外侧缝线，其中臀围线以下的部分几乎为直线。

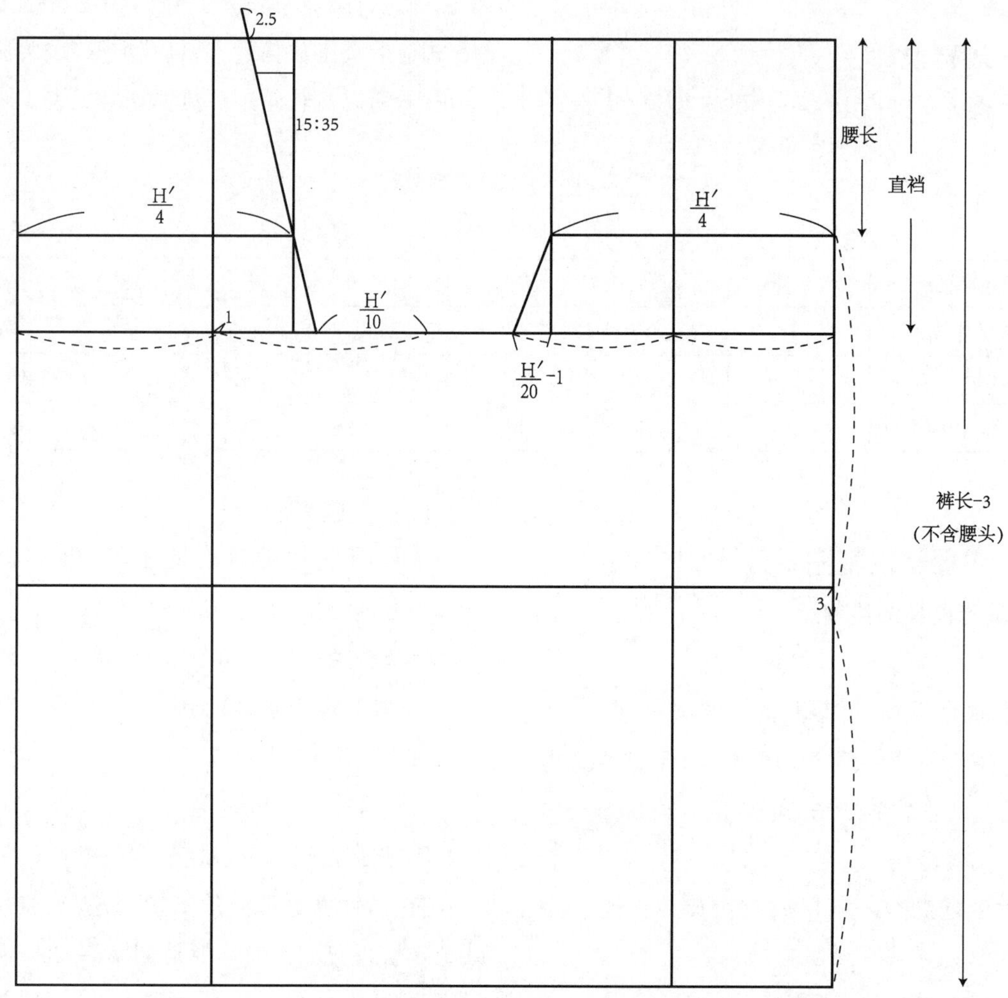

图 12-0-2 锥形裤基础框架

③ 作前内侧缝线。

从上而下过点 I、E、D 作前内侧缝线，其中中裆线以下部分为直线，中裆线以上部分可在辅助线 IE 的基础上向内收进 0.3 cm 左右作曲线，并与下部分圆顺的连接。

④ 作前上裆线。

连接前腰点 B 和臀围线与前中心线的交点 H，前裆弧线的画法与直筒裤相同。

⑤ 作前脚口线。

将内外侧缝线向下适当延伸约 0.5 cm，过烫迹线与脚口辅助线的交点，脚口线作成微凹的曲线，分别与内外侧缝线垂直。

⑥ 作前片褶裥。

前片有两个褶裥，距前腰点 6 cm 取第一个褶裥 4 cm，间隔 3 cm 后取第二个褶裥 4 cm，在活褶下方臀围线附近取 2 cm，画褶裥的两侧直线，由腰围线向下取 6 cm 作明线符号。

⑦ 作前腰围线。

按褶裥方向折叠两个褶裥后在腰围辅助线上修正作前腰围线，确定与前外侧缝线和前中心线垂直。

⑧ 定侧拉链开口。

取前外侧缝上臀围线下 2 cm 作为隐形拉链止口。

(2) 后裤片的轮廓线

① 根据成品尺寸确定轮廓关键点。

首先，连接后腰点 K 和腰围线与后侧缝线的交点，并在该辅助线上量取后腰围 W/4，余量约 4.5～5 cm。取后片两个腰省各 1.5 cm，余量在侧缝处收进，在腰围辅助线上确定腰侧点 L。

然后，确定后裤脚口尺寸，在后脚口线取脚口/2＋2 cm，均匀分布在后烫迹线两边，确定内外侧缝线与脚口线交点 M 和 N。

第三，确定后中裆尺寸，在中裆线处后烫迹线的两边分别取"□＋2"，在中裆线上确定中裆外侧点 O 和中裆外侧点 P。

② 作后外侧缝线。

从上而下分别过 L、Q、O、M 作后外侧缝线，其中臀围线以下部分接近直线。

③ 作后内侧缝线。

量取前内侧缝的长度在后裆宽处确定落当量，约 0.5 cm，记为点 T。在辅助线 TP 的基础上向内凹进约 0.5 cm 作曲线，中裆线以下部分为直线。

④ 作后上裆线。

后上裆线的做法与直筒裤相同。

⑤ 作后脚口线。

后脚口线的作法与前片相同。

⑥ 作后片腰省。

取后腰围线的中点，在中点两边各 2 cm 取后腰省，省道宽 1.5 cm，长 8 cm。

⑦ 作后腰围线。

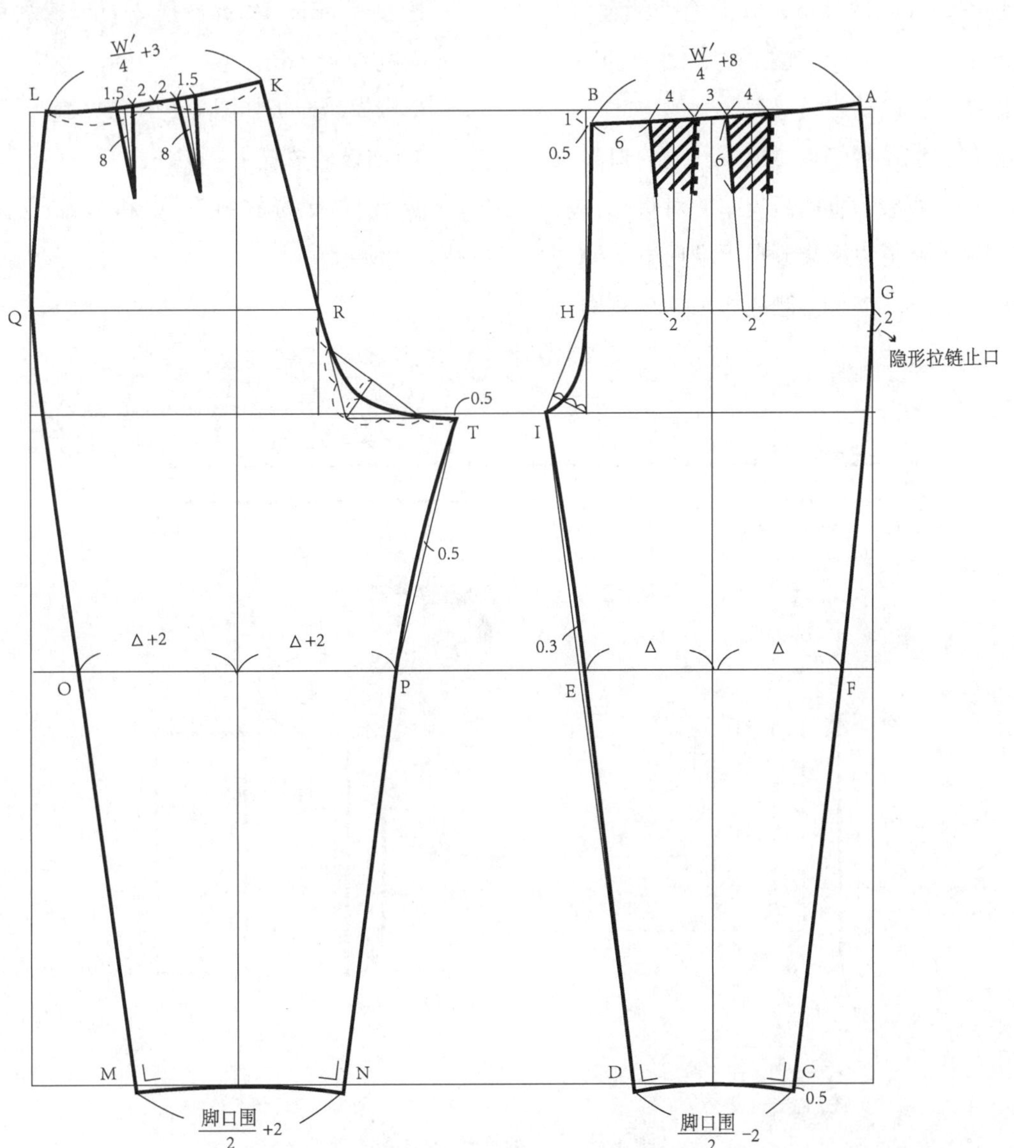

图 12-0-3　锥形裤基本板

闭合后腰省后在腰围辅助线上修正作后腰围线，确定与后外侧缝线和后中心线垂直。

3. 零部件样板

(1) 腰头和腰襻样板的绘制

这款直筒裤是正腰位设计，腰头宽 3 cm，腰围 69 cm，在腰头右侧向外延伸 3 cm 作为搭门量。在距腰头止口 1.5 cm 的地方分布作扣眼和纽扣位置。具体样板如图 12-0-4 所示。

(2) 门襟样板的绘制

锥形裤门襟贴边及里襟的样板配置方法同直筒裤。样板如图 12-0-5 所示。

(3) 前片斜插袋样板的绘制

在腰围线外侧取 3.5 cm，沿前外侧缝线从腰围线向下量取 15 cm，连接两点，作向前中心微凸的曲线作为斜插袋袋口。

沿前腰围线从腰侧点量取 15 cm 为口袋宽，向下作一条竖直线为直插袋袋布的对折线，袋长 28 cm；沿前外侧缝直插袋开口下端向下 3 cm 向内侧偏移 1～1.5 cm 平行侧缝线画插袋侧面，直至袋底。沿对折线将袋布展开，得到斜插袋袋布的完整样板。

在腰围线上，由斜插袋口向前中心量取 4 cm，在侧缝线上斜插袋口向下量取 5 cm，平行于斜插袋袋口做袋垫布样板。

斜插袋样板如图 12-0-6 所示。

(4) 后片单嵌条挖袋样板的绘制

平行后腰围线，在腰省尽头作挖袋，挖袋长 12 cm，宽 1.5 cm，以两个后腰省为对称确定挖袋位置。

沿挖袋两端作两条平行线向上直至后腰围线，向下取 16 cm，确定挖袋袋布样板。

挖袋牵条长 12 cm，宽 3 cm；挖袋垫布长 12 cm，宽 4～5 cm。

单嵌挖袋样板如图 12-0-7 所示。

4. 样板的放缝

所有样板的放缝尺寸和丝缕方向如图 12-0-8 所示。

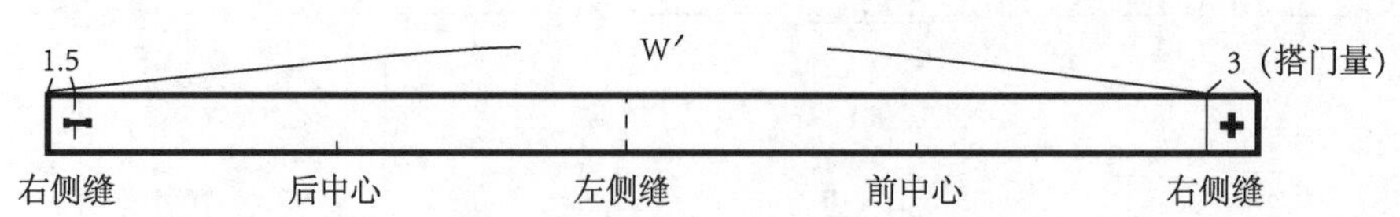

图 12-0-4 锥形裤腰头样板

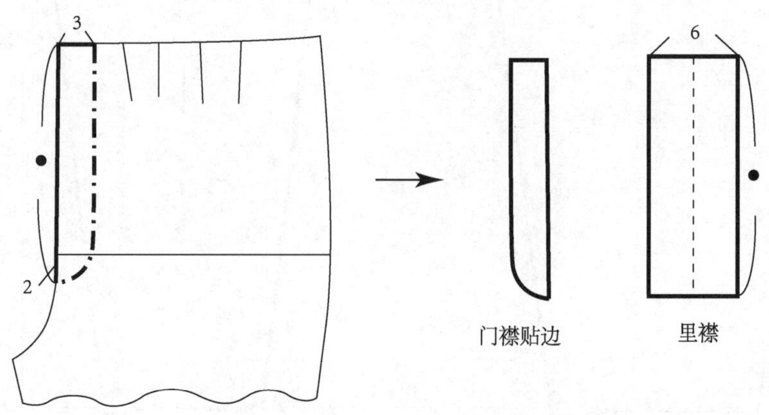

图 12-0-5 锥形裤门襟样板

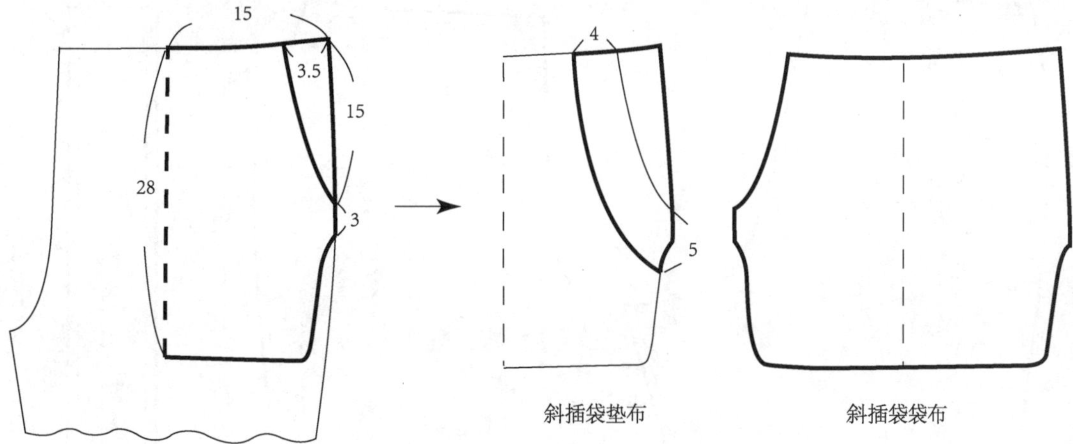

图 12-0-6　斜插袋样板

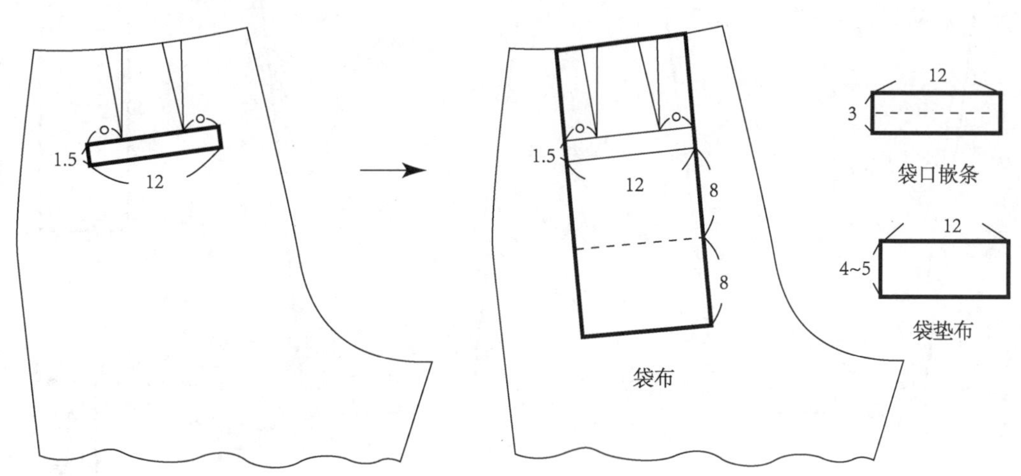

图 12-0-7　单嵌挖袋样板

5. 锥形裤结构分析

和直筒裤样板绘制方法相比，锥形裤的结构设计有几点差异：

（1）臀围尺寸分配不同

直筒裤的臀围尺寸是采用后臀围大、前臀围小的分配方式，这主要出于两点考虑，一是因为侧缝设有直插袋，侧缝偏前利于口袋的使用方便；二是因为女性臀凸的体型特点，使得人体正常站立时后臀围大于前臀围。

锥形裤因为前片褶裥量较大，折叠成型后实际前臀围尺寸有所减小，而臀围整体放松量较大，所以将更多的松量分配给前片以满足褶裥量的需要。此外因为后臀围尺寸较大将导致较大的腰臀差，增加后片省道量，不利于造型，因此锥形裤采用臀围前后均分的设计。

（2）后中心起翘量减小

后裆起翘量主要是为了弥补因为人体运动形成的后中拉伸量，因为锥形裤臀围松量较大，直裆较深，可以弥补拉伸量，因而后起翘量减小。

（3）脚口的设计

因为内外侧缝线有一定的斜度，为保证脚口和侧缝基本呈现直角，脚口线不能画水平直线，而是将脚口线改成向上微凸的曲线。

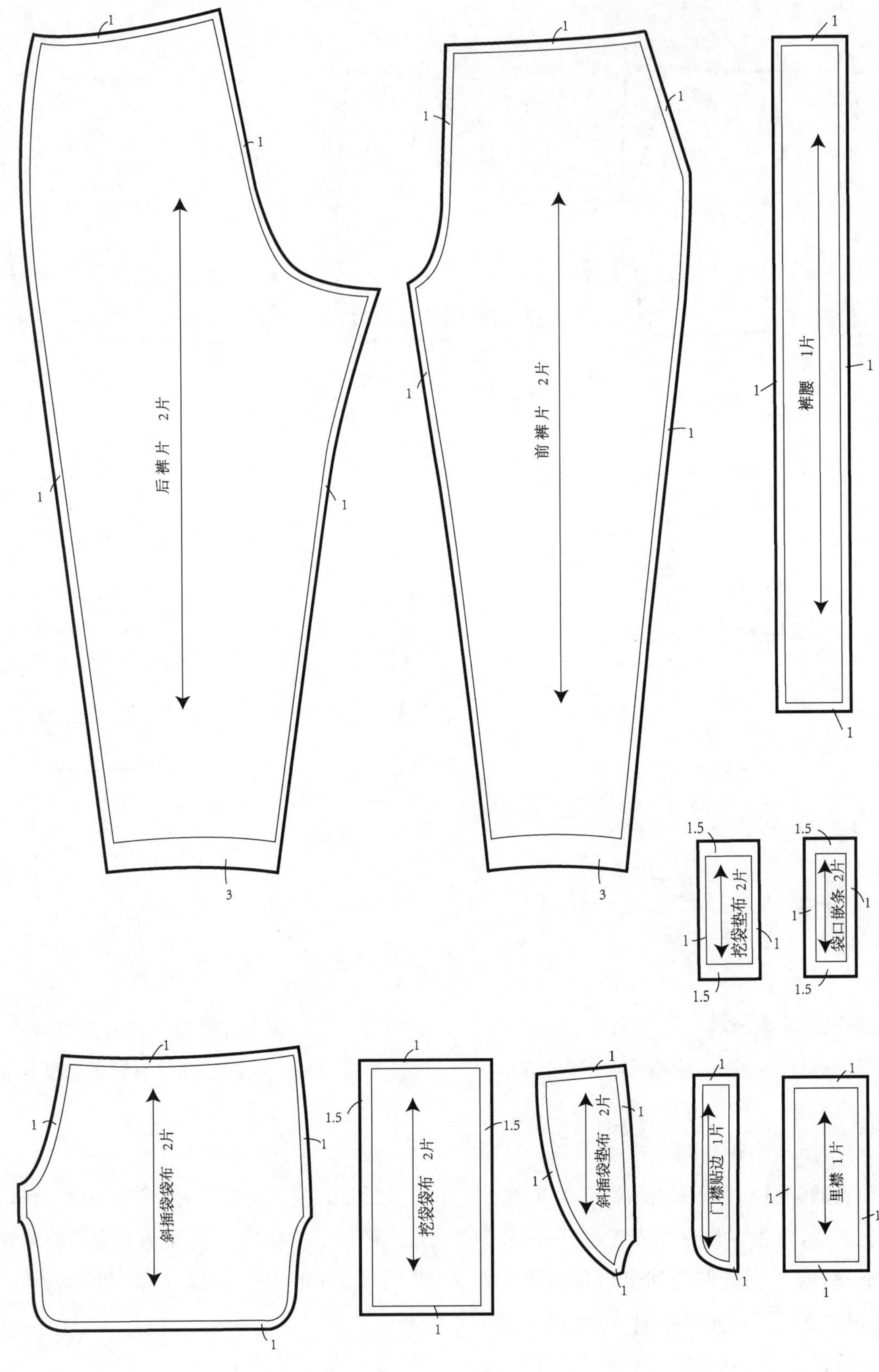

图 12-0-8 锥形裤样板放缝

第十三章 喇叭裤的构成技术与结构制图

喇叭裤是腰臀部和大腿部紧身合体、从膝盖附近开始展宽裤口，形成喇叭状视觉效果的裤腿。对穿着者的体型要求较高，臀部不宜过大、大腿不宜太粗。对体型较好的年轻女性来说，喇叭裤能很好地体现腰臀部和腿部的曲线美感，加长的裤则更显腿部修长，因此深受消费者的欢迎。

喇叭裤的造型特点体现在上窄下宽的裤腿上，裤腿属于裤子的设计区，因此喇叭也有很大的设计空间。主要是中裆线的位置高低和裤脚口的大小，一般来说，脚口越大，中裆线提得就越高，越靠近横裆线。如果直接从横裆线就开始展宽裤口，就过渡到了裙裤。根据脚口大小的不同，有微喇、中喇和大喇之分。

下面以牛仔低腰喇叭裤为例介绍喇叭裤的平面结构制图方法。

一、款式说明

图 13-0-1 为一款低腰喇叭裤。裤子前面有 2 个插袋，后面为育克和贴袋，并车缝明线进行固定和装饰，腰腹部裤型紧身，裤腿在大腿位置较为合体，从膝盖上部开始裤腿逐渐放宽，形成上紧下宽的造型。

二、规格设计

喇叭裤为了突出上紧下松的造型，规格设计上采用小臀围、大脚口的设计。因为臀围放松量小，相应的腰围放松量可适当加大，直裆收紧；因为脚口尺寸较大，所以中裆位置提高，裤长延长。具体规格见表 13-0-1。因为此款是低腰设计，腰头样板要在裤样上获取，所以表中的直裆尺寸包含腰头宽。

表 13-0-1　喇叭裤规格表

单位：cm

部位名称	腰围	臀围	腰长	直裆长	裤长	腰头宽	中裆	脚口围
净体尺寸 H	68	90	18	24.5	—	—	—	—
加放尺寸	2	4	0	0.5	—	—	—	—
成衣尺寸 H′	70	94	18	25	102	3	40	56

三、平面结构制图

1. 基础框架的绘制

(1) 作长方形

和绘制直筒裤的基础框架方法相似，以宽为 H′/4＋1、长为裤长作一个长方形作为后片的基础框架；以宽为 H′/4－1、长为裤长作一个长方形作为前片的基础框架。前后片基础框架并排放置，间距约 20 cm。

(2) 作横裆线

从腰围辅助线向下量取直裆尺寸作水平线为横裆线。

图 13-0-1 喇叭裤

(3) 作臀围线

从腰围辅助线向下量取腰长尺寸作水平线为臀围线。

(4) 作后中心斜线及起翘量

同直筒裤后中心斜线的作图方法，取 15 ∶ 3.5 为后中心斜度，斜线在腰围线上取 3 cm 作为起翘量。

(5) 取前后小裆宽

从后中心斜线与横裆线交点向外 $H'/10$ cm 在横裆线上取后小裆宽；从前中心线和横裆线交点向外 $H'/20-1$ cm 在横裆线上取前小裆宽。

(6) 作前后烫迹线

在横裆线上，取后横裆宽的中点，过该点作一条竖直线为后烫迹线；在横裆线上，取前横裆宽的中点，过中点作一条竖直线为前烫迹线。

(7) 作中裆线

取臀围线到脚口线的中点，并向上平移 5 cm，过该点作一水平线为中裆线。

基础框架完成后如图 13-0-2 所示。

2. 喇叭裤基本板的绘制

如图 13-0-3 所示。

(1) 前裤片的轮廓线

① 根据成品尺寸确定轮廓关键点。

首先计算好裤前片的腰臀差，在腰围参考线上作合理分配。前臀围是 $H'/4-1=22.5$ cm，前腰围是 $W'/4=17.5$ cm，差值 5 cm。在腰围辅助线与侧缝线交点处收进 2 cm 取腰侧点 A，在前中心向内收进 2 cm，下降 1.5 cm，取前腰点 B。

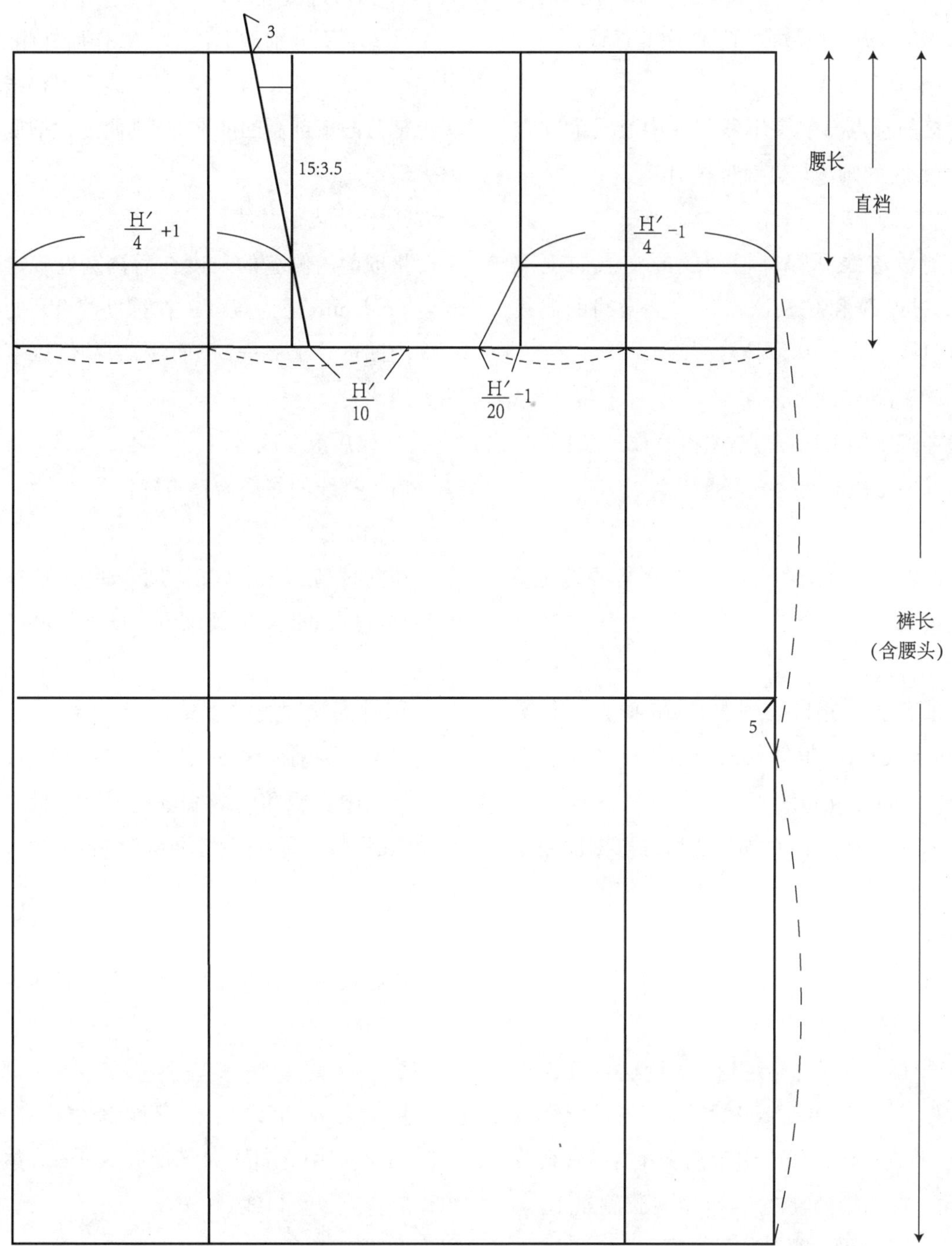

图 13-0-2 喇叭裤基础框架

然后确定中裆尺寸，在前中裆线取中裆/2－2 cm，均匀分布在前烫迹线两边，确定内外侧缝线与中裆线交点 E 和 F。

第三确定前裤脚口尺寸，在前脚口线取脚口/2－2 cm，均匀分布在前烫迹线两边，确定内外侧缝线与脚口线交点 C 和 D。

② 作前外侧缝线。

从上而下过点 A、G、F、C 作前外侧缝线，其中中裆线以下为直线，臀围线至中裆线之间为上部微凸下部微凹的曲线。

③ 作前内侧缝线。

中裆以下的部分为直线，连接 IE 并向内收进 0.8 cm，形成上段微微凹进的内侧缝线。

④ 作前上裆线。

连接前腰点 B 和臀围线与前中心线的交点 H，前裆弧线的画法与直筒裤相同。

⑤ 作前脚口线。

在前烫迹线和脚口辅助线的交点向上取 0.7 cm，过点 D 和 C 及该点作向上微凸的曲线作前脚口线。

⑥ 作前腰围线及腰省。

参考腰围辅助线，过点 A 和 B 作前腰围线，使之与前中心线和侧缝线垂直。

⑦ 作前腰头。

在前腰围线向下 4 cm 画一条平行线为前腰头下止口线。

⑧ 作前插袋。

在前腰头下止口线处取 9 cm 作为插袋宽度，再向下取 6 cm 根据款式造型作一条曲线为插袋袋垫布的下止口线。

量取前腰围尺寸，在插袋袋口处取围度差作前腰省，省长 8 cm。

取前腰头下止口线处的省道量作插袋袋口线，曲线造型与袋垫布下止口线相似。

(2) 后裤片的轮廓线

① 根据成品尺寸确定轮廓关键点。

首先，连接后腰点 K 和腰围线与后侧缝线的交点，并在该辅助线上量取后腰围 W/4，余量约 3 cm。在侧缝处收进 1 cm 定后腰侧点 L，余下约 2 cm 通过做成腰省进行转移。

然后，确定后中裆尺寸，在中裆线处后烫迹线的两边分别取中裆/2+2 cm，在中裆线上确定中裆外侧点 O 和中裆外侧点 P。

第三，确定后裤脚口尺寸，在后脚口线取脚口/2+2 cm，均匀分布在后烫迹线两边，确定内外侧缝线与脚口线交点 M 和 N。

② 作后外侧缝线。

从上而下分别过 L、Q、O、M 作后外侧缝线，其中中裆以下部分为直线，臀围线至中裆线之间为上部微凸下部微凹的曲线，其曲度比前侧缝线略大。

③ 作后内侧缝线。

量取前内侧缝的长度在后裆宽处确定落裆量，约 0.5 cm，记为点 T。在辅助线 TP 的基础上向内凹进约 1.2 cm 作曲线，中裆线以下部分为直线。

④ 作后上裆线。

后上裆线的作法与直筒裤相同。

⑤ 作后脚口线。

在前烫迹线和脚口辅助线的交点向下取 0.7 cm，过点 M 和 N 及该点作向下微凸的曲线即后脚口线。

⑥ 作后腰围线和腰省。

参考腰围辅助线，过点 A 和 B 作前腰围线，使之与前中心线和侧缝线垂直。重新量取腰围尺寸，在后腰围线中心将余量做成后腰省，省长 12 cm。

⑦ 作后腰头。

在后腰围线向下 4 cm 画一条平行线为后腰头下止口线。

⑧ 作后育克。

从后腰头止口线在后侧缝线向下量取 3.5 cm，在后中心斜线向下量取 6.5 cm，连接两点作后育克下止口线。

⑨ 作后贴袋。

平行后育克下止口线下 2 cm，距后中心斜线 5 cm 确定贴袋位置，袋口宽 13 cm，高 13 cm，并在贴袋下部两端各收进 0.5 cm，并做成尖角造型。

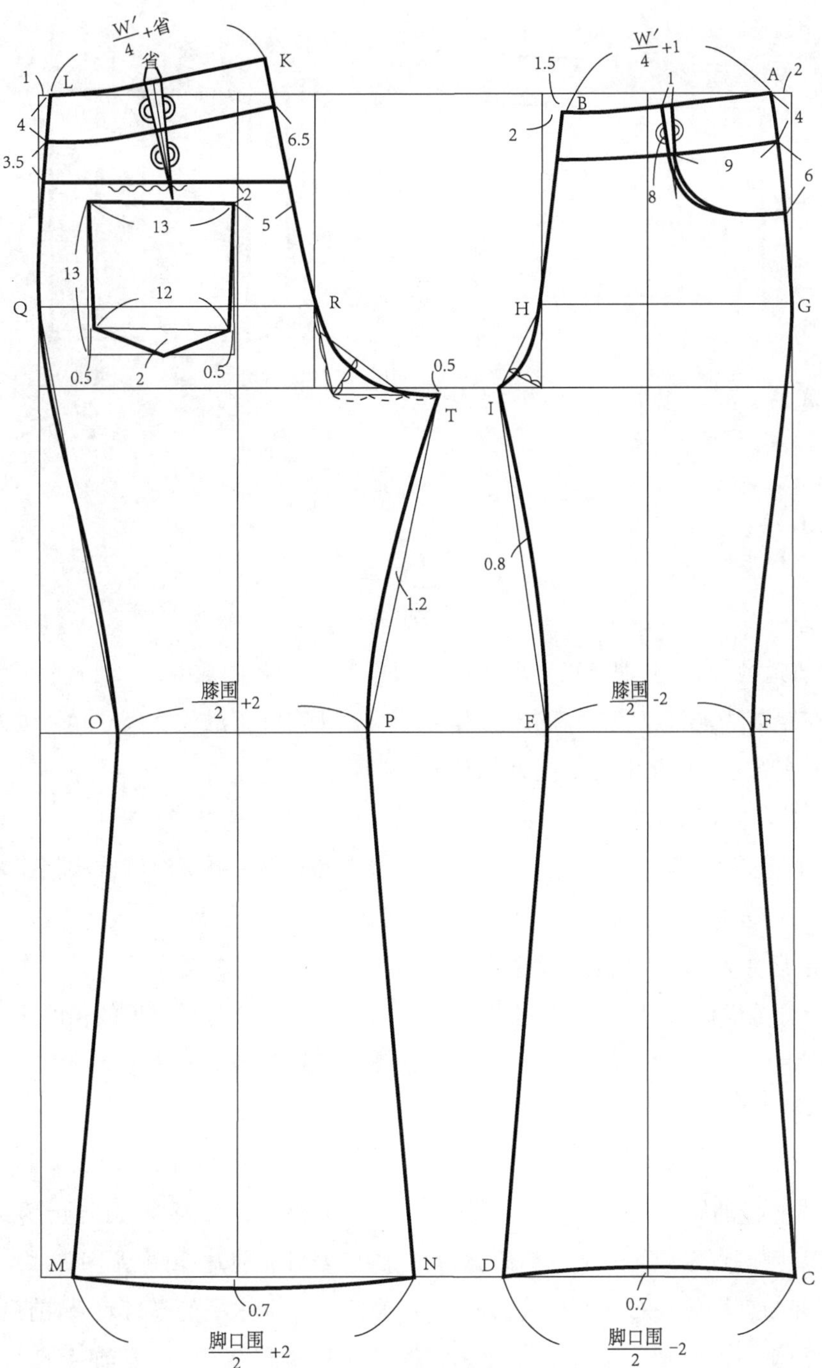

图 13-0-3　喇叭裤基本板

3. 零部件样板

（1）前门襟样板的绘制

沿前腰围线取 3 cm 为门襟贴边的宽度，平行前中心线画直线，到臀围线附近作圆顺的曲线至前中心线，约臀围线下 2 cm 为止，作前门襟贴边样板。

量取门襟贴边的长度，以宽 7 cm 作一长方形为前里襟，具体样板如图 13-0-4 所示。

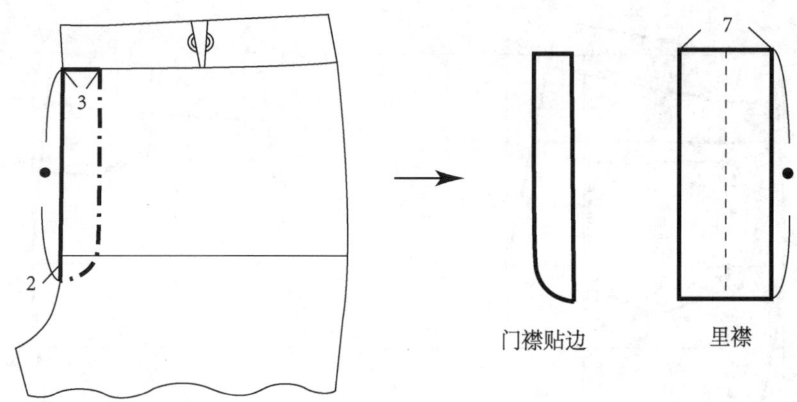

图 13-0-4 喇叭裤门襟样板

（2）前腰头样板

将前腰头处省道合并，并分别修正上下止口成圆顺的曲线，在距前中心线 1.5 cm 的地方作扣眼标记，作为右前腰头；在前中心处向外加放 3.5 cm，并在中心作纽扣标记，作为左前腰头。

（3）后腰头样板

将后腰头处省道合并，并分别修正上下止口成圆顺的曲线，沿后中心线将样板对称至右半边，形成完整的后腰头样板。

（4）后育克样板

将后育克处省道合并，并分别修正上下止口成圆顺的曲线，如图 13-0-5 所示。

（5）前片插袋样板的绘制

沿前腰围线从腰侧点量取 15 cm 为口袋宽，向下作一条竖直线为直插袋袋布的对折线，袋长 20 cm；垂直对折线作一条水平线直至外侧缝线，形成袋布的基础板。沿对折线将袋布对称，并在左半边将与袋垫布重叠的部分去除，形成插袋袋布样板。

在腰围线上，由斜插袋口向前中心量取 4 cm，在侧缝线上斜插袋口向下量取 4 cm，平行于插袋袋口作曲线形成袋垫布样板。如图 13-0-6 所示。

4. 样板的放缝

所有样板的放缝尺寸和丝缕方向如图 13-0-7 所示。

5. 喇叭裤结构分析

和直筒裤样板绘制方法相比，喇叭裤的结构设计要点如下：

（1）提高中裆位置

为了拉长膝部以下的长度比例，使裤腿上小下大的视觉效果更明显，可适当提高中裆位置，一般在臀围至脚口中点向上 5～6 cm。

（2）前高后低的脚口线

因为喇叭裤偏长，为防止裤腿堆积脚面，在脚口处形成前片缩短、后片加长，在侧面形成前高后低而非水平的脚口效果，前后的落差可以根据裤长进行变化，一般前片的上抬量为 0.5～1.5 cm。

（3）低腰裤腰头样板的处理

低腰裤腰头为了合体不再是一个长方形，而是在裤子基本板上直接截取，并将省道合并后获得，这种方法适用于所有低腰设计的裤子。

（4）裤片上止口的吃势

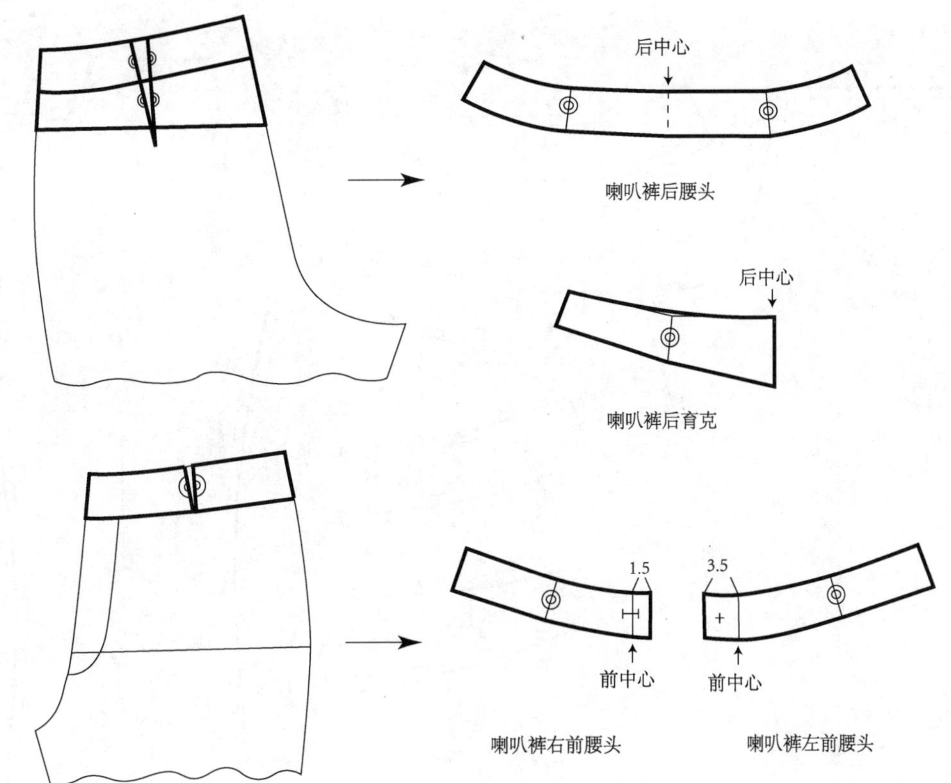

图 13-0-5　喇叭裤腰头及育克样板

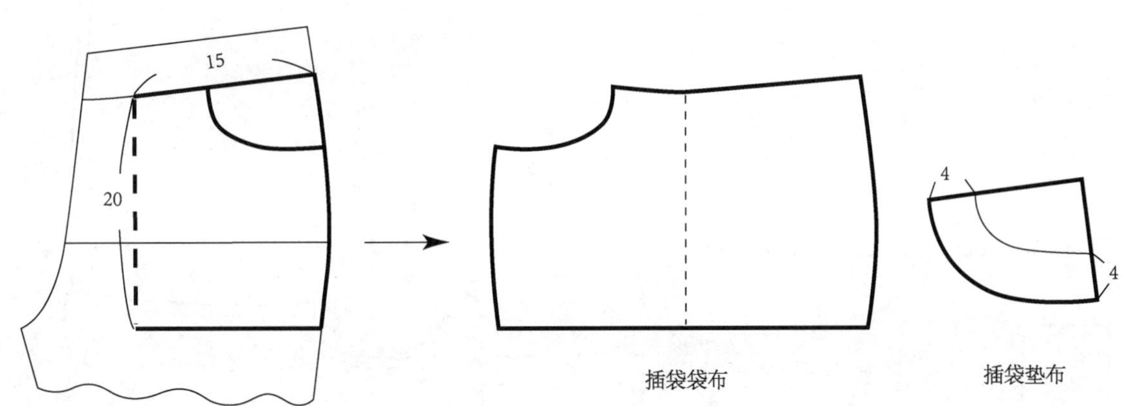

图 13-0-6　喇叭裤插袋样板

因为后腰省省尖在育克下止口线下方，在后育克完成省道合并后，下止口线比裤片上止口稍短，这个差量在缝制时形成吃势。如果腰臀差较小，且育克下止口线位置较低，也可以适当缩短后腰省长度，将省尖平移到育克下止口线上，完成省道转移后，育克下止口将和裤片上止口等长。

（5）通过插袋作前片收腰

对于前片没有省道和褶裥的款式来说，前片腰臀差量较难去除，一般除了在侧缝和前中劈掉大部分差量外，可以保留 1 cm 左右通过插袋去除，但前提是插袋袋口在长度方向形成一定的长度，这种做法既可以去除一定的腰臀差，也能使裤片插袋止口线略长于袋垫布止口线，在袋口形成一定的松量，方便口袋的使用。

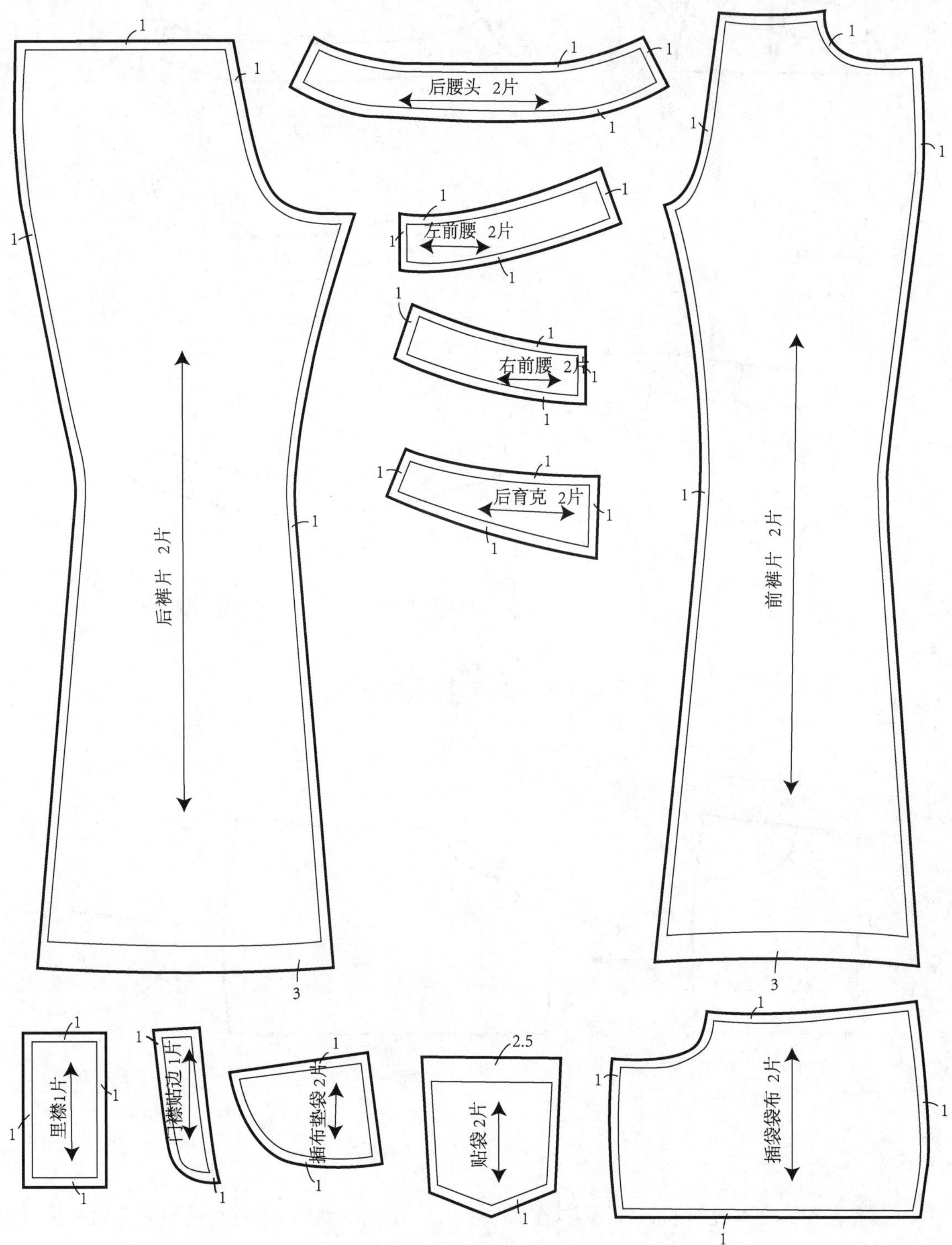

图 13-0-7 喇叭裤样板放缝

第十四章
裤子造型的综合变化与应用

第一节 荷叶边低腰喇叭裤

一、款式说明

图 14-1-1 是一款荷叶边低腰喇叭裤。裤子前面从插袋开始有荷叶边装饰，并一直延伸到后片，前片荷叶边止口巧妙地隐藏在插袋袋口线处；后面有横向分割的育克设计，并在分割线上设计了 2 个插袋；脚口偏大，整体形成喇叭形效果。

二、规格设计

荷叶边喇叭裤规格设计见表 14-1-1。

图 14-1-1 荷叶边低腰喇叭裤

表 14-1-1　荷叶边低腰喇叭裤规格表

单位：cm

部位名称	腰围	臀围	腰长	直裆长	裤长	腰头宽	中裆	脚口围
净体尺寸 H	68	90	18	24.5	—	—	—	—
加放尺寸	2	4	0	0.5	—	—	—	—
成衣尺寸 H′	70	94	18	25	105	3	42	52

三、平面结构制图

1. 基础框架的绘制

(1) 作长方形

和绘制直筒裤的基础框架方法相似，以宽为 H′/4＋1 cm、长为裤长作一个长方形为后片的基础框架；以宽为 H′/4－1 cm、长为裤长作一个长方形为前片的基础框架。前后片基础框架并排放置，间距约 20 cm。

(2) 作横裆线

从腰围辅助线向下量取直裆尺寸作水平线为横裆线。

(3) 作臀围线

从腰围辅助线向下量取腰长尺寸作水平线为臀围线。

(4) 作后中心斜线及起翘量

同直筒裤后中心斜线的作图方法，取 15∶3.5 为后中心斜度，斜线在腰围线上取 3 cm 作为起翘量。

(5) 取前后小裆宽

从后中心斜线与横裆线交点向外 H′/10 cm 在横裆线上取后小裆宽；从前中心线和横裆线交点向外 H′/20－1 cm 在横裆线上取前小裆宽。

(6) 作前后烫迹线

在横裆线上，取后横裆宽的中点并向侧缝偏移 1 cm，过该点作一条竖直线为后烫迹线；在横裆线上，取前横裆宽的中点，过中点作一条竖直线为前烫迹线。

(7) 作中裆线

取臀围线到脚口线的中点，并向上平移 5 cm，过该点作一水平线为中裆线。

2. 基本板的绘制

(1) 前裤片的轮廓线

① 根据成品尺寸确定轮廓关键点

首先，计算好裤前片的腰臀差，在腰围参考线上作合理分配。前臀围是 H′/4－1 cm＝22.5 cm，前腰围是 W′/4＋1 cm＝18.5 cm，差值4 cm。在腰围辅助线与侧缝线交点处收进 1.5 cm 取腰侧点 A，在前中心向内收进 1 cm、下降 1 cm，取前腰点 B。

然后，确定中裆尺寸，在前中裆线取中裆/2－2 cm，均匀分布在前烫迹线两边，确定内外侧缝线与中裆线交点 E 和 F。

第三，确定前裤脚口尺寸，在前脚口线取脚口/2－2 cm，均匀分布在前烫迹线两边，确定内外侧缝线与脚口线交点 C 和 D。

② 作前外侧缝线

从上而下过点 A、G、F、C 作前外侧缝线，其中中裆线以下为直线，臀围线至中裆线之间为上部微凸下部微凹的曲线。

③ 作前内侧缝线

中裆以下的部分为直线，连接 IE 并向内收进 1.2 cm，形成上段微微凹进的内侧缝线。

④ 作前上裆线

连接前腰点B和臀围线与前中心线的交点H，前裆弧线的画法与基础喇叭裤相同。

⑤ 作前脚口线

在前烫迹线和脚口辅助线的交点向上取1 cm，过点D和C及该点作向上微凸的曲线作前脚口线。

⑥ 作前腰围线

参考腰围辅助线，过点A和B作前腰围线，使之与前中心线和侧缝线垂直。

⑦ 作前腰头

在前腰围线向下3 cm画一条平行线为前腰头下止口线。

⑧ 前插袋位置及尺寸

在前腰头下止口线处取10 cm作为插袋宽度，再向下取10 cm根据款式造型作一条曲线为插袋袋垫布的下止口线。量取前腰围尺寸，在插袋袋口处取围度差作前腰省，省长8 cm。

⑨ 作前荷叶边

前腰头下止口线下6 cm作一条平行的弧形，至前插袋袋口线止。

(2) 后裤片的轮廓线

① 根据成品尺寸确定轮廓关键点

首先，连接后腰点K和腰围线与后侧缝线的交点，并在该辅助线上量取后腰围W/4－1 cm，余量约4 cm。在侧缝处收进1.5 cm定后腰侧点L，余下约2.5 cm通过做成腰省进行转移。

然后，确定后中裆尺寸，在中裆线处后烫迹线的两边分别取中裆/2＋2 cm，在中裆线上确定中裆外侧点O和中裆外侧点P。

第三，确定后裤脚口尺寸，在后脚口线取脚口/2＋2 cm，均匀分布在后烫迹线两边，确定内外侧缝线与脚口线交点M和N。

② 作后外侧缝线

从上而下分别过L、Q、O、M作后外侧缝线，其中中裆以下部分为直线，臀围线至中裆线之间为上部微凸下部微凹的曲线，其曲度比前侧缝线略大。

③ 作后内侧缝线

量取前内侧缝的长度在后裆宽处确定落裆量，约0.5 cm，记为点T。在辅助线TP的基础上向内凹进约1.5 cm作曲线，中裆线以下部分为直线。

④ 作后上裆线

后上裆线的作法与基础喇叭裤相同。

⑤ 作后脚口线

在前烫迹线和脚口辅助线的交点向下取1 cm，过点M和N及该点作向下微凸的曲线即后脚口线。

⑥ 作后腰围线和腰省

参考腰围辅助线，过点A和B作前腰围线，使之与前中心线和侧缝线垂直。重新量取腰围尺寸，在后腰围线中心将余量做成后腰省，省长10 cm。

⑦ 作后腰头

在后腰围线向下3 cm画一条平行线为后腰头下止口线。

⑧ 作后育克

从后腰头止口线在后侧缝线向下量取4 cm，在后中心斜线向下量取5 cm，连接两点作后育克下止口线。

⑨ 修正后侧缝线

量取育克下止口线处省道的大小，并在侧缝处劈掉，重新修正后外侧缝线。

⑩ 定后插袋位置及尺寸

在后育克下止口线上，距后中心斜线5 cm向侧缝方向取13 cm作为后插袋大小，垂直育克下止口线作插袋两侧，袋长13 cm，并在袋底两边作圆角。

具体基本样板如图14-1-2所示。

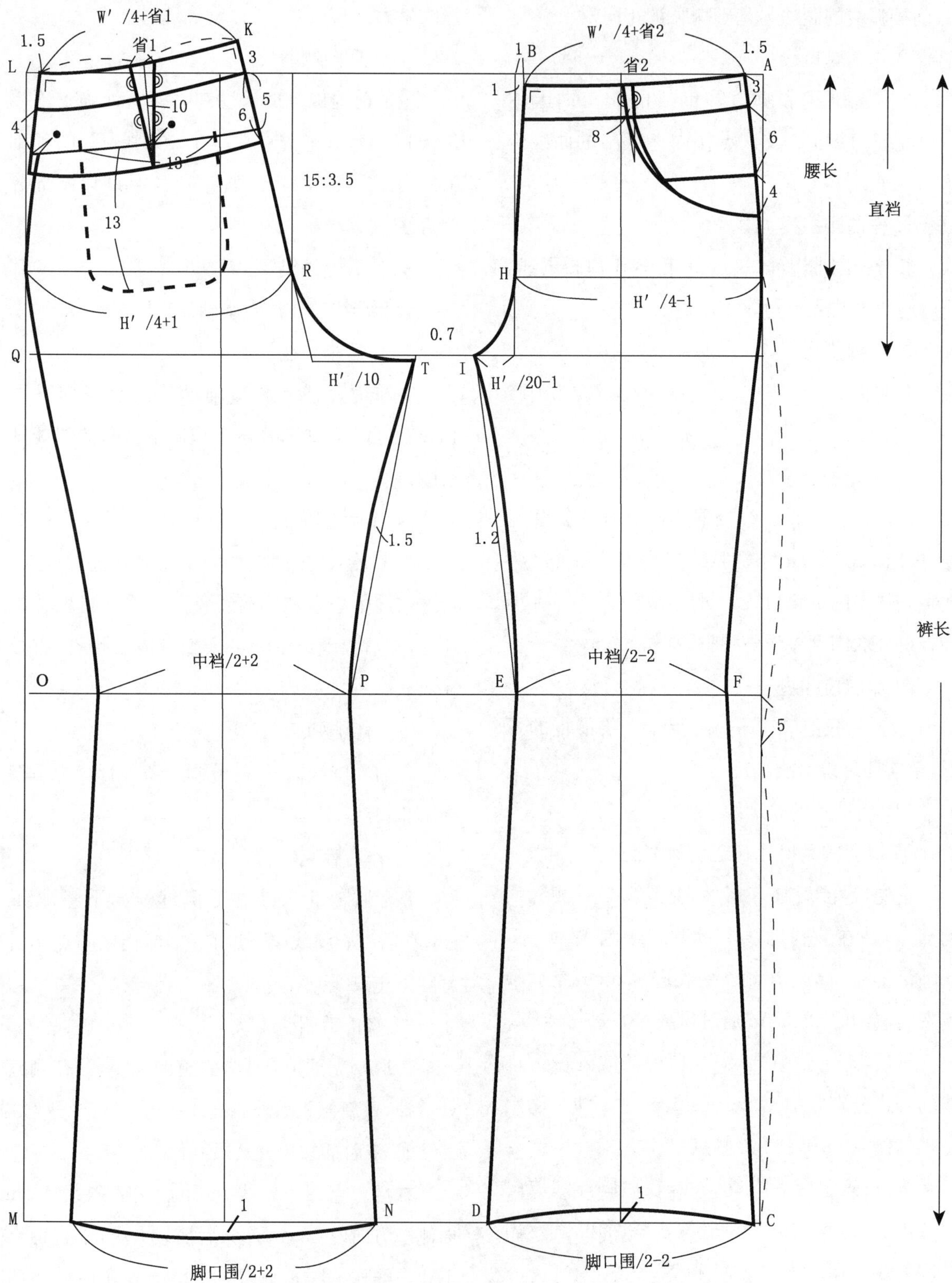

图 14-1-2　荷叶边低腰喇叭裤基本板

3. 零部件样板

(1) 前片插袋样板的绘制

在腰头下止口线上，由插袋口向前中心量取 3 cm，在侧缝线上斜插袋口向下量取 5 cm，与袋口弧形造型相近作袋垫布样板。

在腰头下止口线上，袋垫布向外 1 cm 作向下的垂线，长 25 cm，在侧缝袋垫布下止口向下 8 cm，与垂线连接，并作圆角，为插袋上层袋布样板。将袋布样板向前中心延伸，在前中心线取 6 cm，作插袋下层袋布样板。

(2) 前门襟样板的绘制

沿前腰围线取 3 cm 为门襟贴边的宽度，平行前中心线画直线，到臀围线附近作圆顺的曲线至前中心线，约臀围线下 2 cm 为止，作前门襟贴边样板。

量取门襟贴边的长度，以宽 6 cm 作一长方形为前里襟。

(3) 前腰头样板

将前腰头处省道合并，并分别修正上下止口成圆顺的曲线，在距前中心线 1.5 cm 的地方作扣眼标记，作为右前腰头；在前中心处向外加放 3 cm，并在中心作纽扣标记，作为左前腰头。

(4) 后腰头样板

将后腰头处省道合并，并分别修正上下止口成圆顺的曲线，沿后中心线将样板对称至右半边，形成完整的后腰头样板。

(5) 后育克样板

将后育克处省道合并，并分别修正上下止口成圆顺的曲线。

(6) 作后插袋样板

沿后插袋止口线在侧面及底边平行向外加放 1 cm，形成后插袋袋布样板。

(7) 作荷叶边样板

将前片荷叶边上下止口线向前中心延伸至插袋上层袋布止口线；将前后荷叶边样板合并，并于后中、侧缝及后省道合并处，在下止口线各加放 1 cm，同时修正上止口线，形成荷叶边样板。

零部件样板如图 14-1-3 所示，前后裤片样板如图 14-1-4 所示。

四、结构分析

荷叶边喇叭裤的结构设计方法与基础款喇叭裤基本相同，该款式最大的设计亮点是从前插袋袋口开始在腰头下增加了荷叶边进行装饰，为了实现这个造型，结构上主要有两点值得注意的设计：

(1) 荷叶边的尺寸

为了满足荷叶边的造型符合款式要求，首先将荷叶边前后各个部分的样板进行套取，然后合并省道，并在侧缝处进行拼接。为了使荷叶边下止口延长，与喇叭裤臀腹部形成一定的空隙，荷叶边分别在省道合并处、侧缝及后中心处加放了 1 cm，完成后的荷叶边将下摆微微外翘，形成浪漫优雅的造型风格。

(2) 插袋袋布的分割

因为荷叶边从前插袋袋口开始，所以插袋袋布采用了上下片分片的方式，在原来翻折线位置改为袋布止口，将荷叶边止口作相应延长，因为该止口位置缝头较多，为使喇叭裤内部更为光洁精致，将插袋袋布底层延伸至前中心线，能很好地将插袋及荷叶边的缝份隐藏。这种袋布的处理方式可以在很多半裙或裤子的结构中应用。

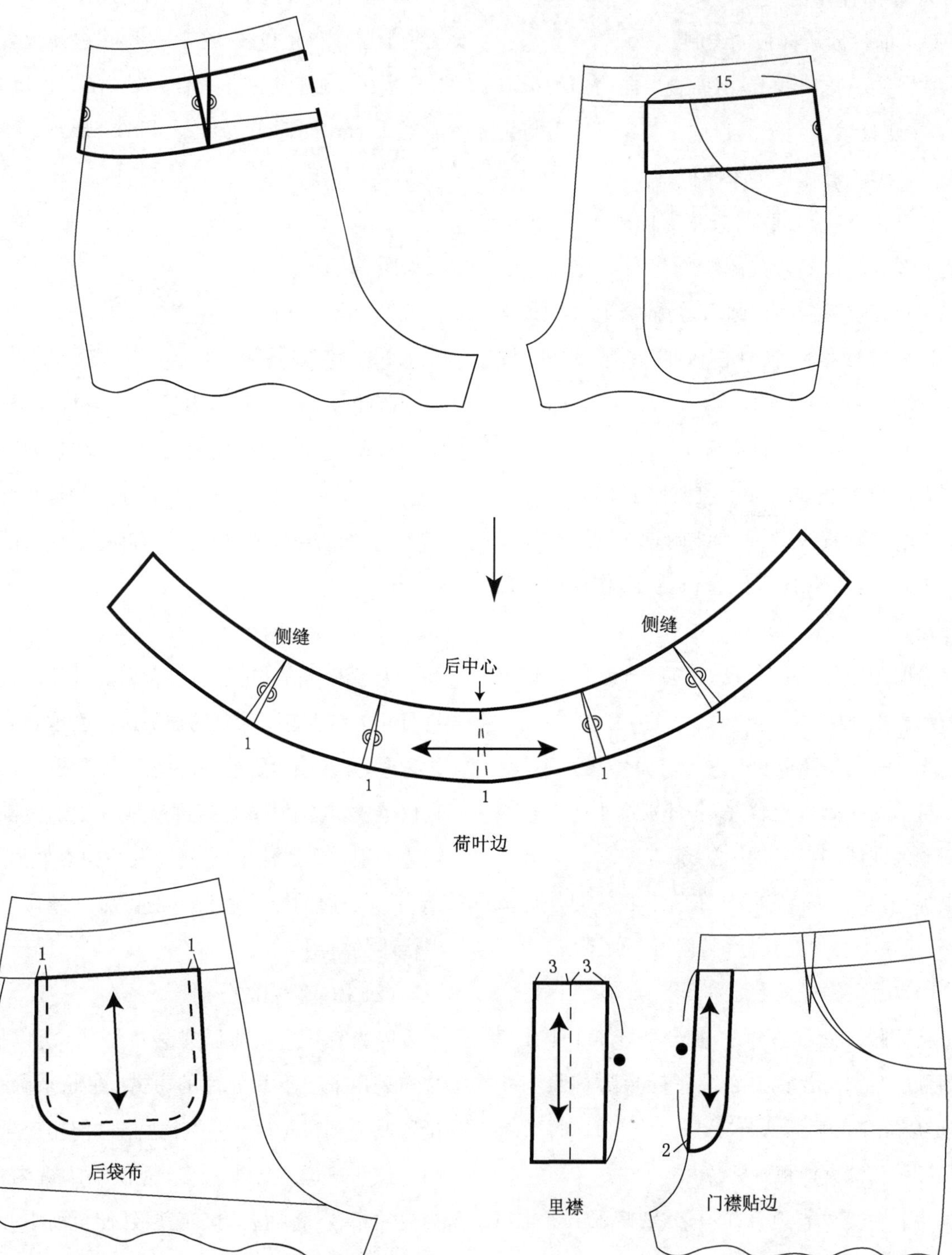
15
侧缝
后中心
侧缝
1
1
1
1
1
荷叶边
1
1
后袋布
3
3
2
里襟
门襟贴边

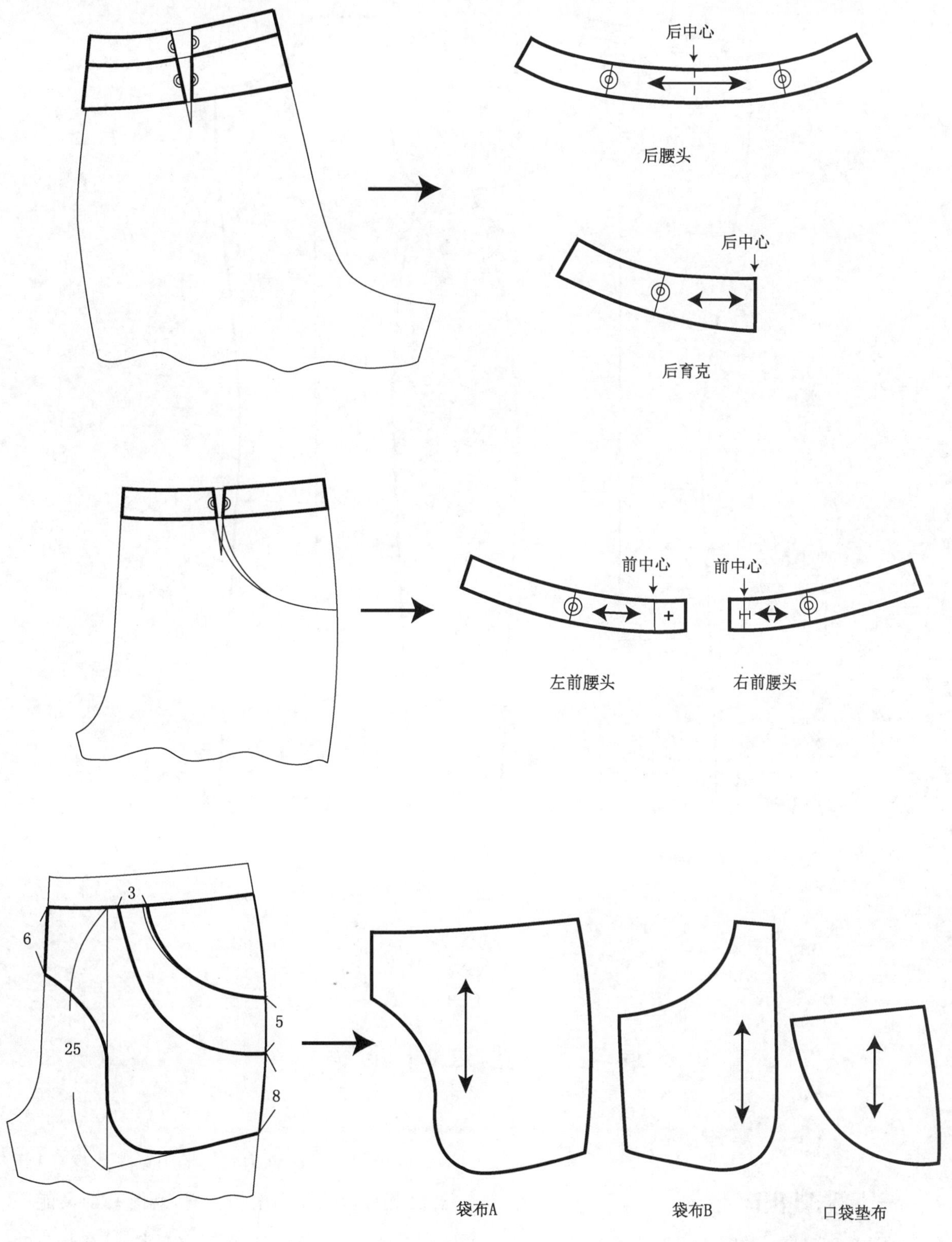

图 14-1-3　荷叶边低腰喇叭裤零部件样板

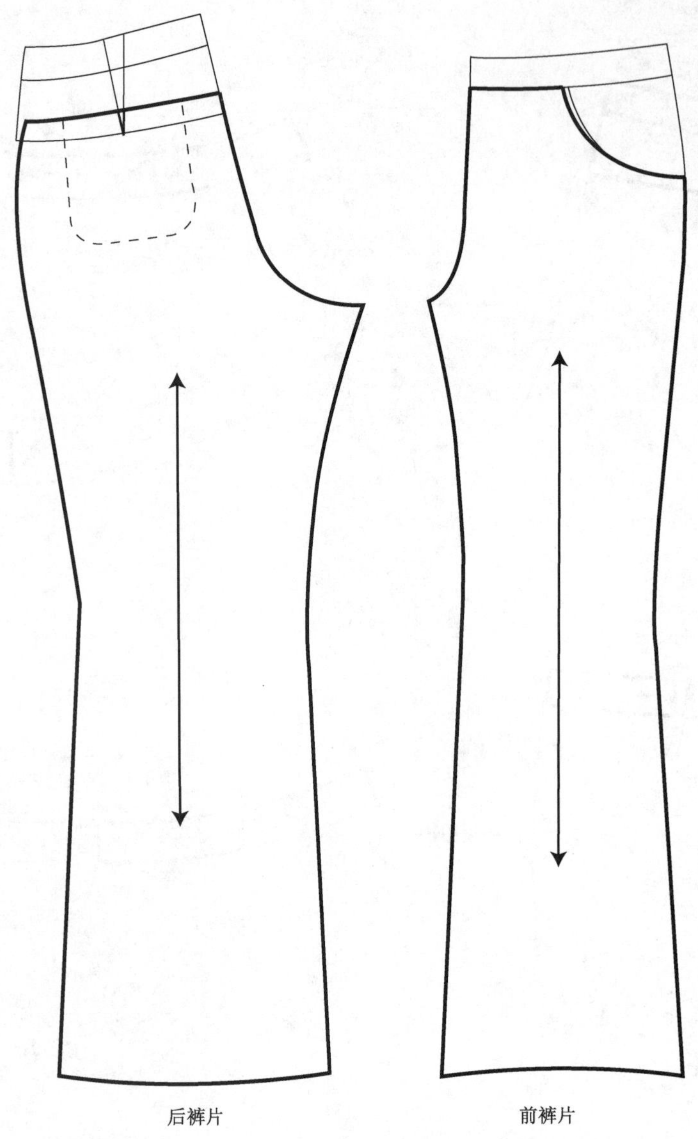

图 14-1-4 荷叶边低腰喇叭裤前后裤片样板

第二节 宽边阔腿裤

一、款式说明

图 14-2-1 是一款宽边阔腿裤。裤子前中没有门襟设计，而是在前烫迹线处增加了门襟，并采用钉扣的方式。裤子后片采用宽腰头设计，并延续到前片，在侧面增加扣襻，既能装饰又能一定程度地调节腰围。裤腿较为宽大，且在脚口处增加了双层宽贴边，增加阔腿裤的挺阔感。

图 14-2-1　宽边阔腿裤

二、规格设计(表 14-2-1)

表 14-2-1　宽边阔腿裤规格表

单位：cm

部位名称	腰围	臀围	腰长	直裆长	裤长	腰头宽	脚口围
净体尺寸 H	68	90	18	24.5	—	—	—
加放尺寸	2	6	0	1.5	—	—	—
成衣尺寸 H′	70	96	18	26	102	4	52

三、平面结构制图

1. 基础框架的绘制

(1) 作长方形

以宽为 H′/4＋1、长为裤长作一个长方形为后片的基础框架；以宽为 H′/4－1、长为裤长作一个长方形为前片的基础框架。前后片基础框架并排放置，间距约 20 cm。

(2) 作横裆线

从腰围辅助线向下量取直裆尺寸作水平线为横裆线。

(3) 作臀围线

从腰围辅助线向下量取腰长尺寸作水平线为臀围线。

(4) 作后中心斜线及起翘量

同直筒裤后中心斜线的作图方法，取 15∶3.5 为后中心斜度，斜线在腰围线上取 2.5 cm 作为起翘量。

(5) 取前后小裆宽

从后中心斜线与横裆线交点向外 H′/10 cm 在横裆线上取后小裆宽；从前中心线和横裆线交点向外 H′/20－1 cm 在横裆线上取前小裆宽。

(6) 作前后烫迹线

在横裆线上，取后横裆宽的中点并向侧缝偏移 1 cm，过该点作一条竖直线为后烫迹线；在横裆线上，取前横裆宽的中点，过中点作一条竖直线为前烫迹线。

(7) 作中裆线

取臀围线到脚口线的中点，过该点作一水平线为中裆线。

2. 基本板的绘制

(1) 前裤片的轮廓线

① 根据成品尺寸确定轮廓关键点。

首先，计算好裤前片的腰臀差，并在腰围参考线上作合理分配。前臀围是 H′/4－1 cm＝23 cm，前腰围是 W′/4＝17.5 cm，差值 5.5 cm。因为该款前片有纵向分割线和育克设计，因此分别在侧缝和分割线上去掉 2 cm，余量为省道转移到横向分割线中。在腰围辅助线上侧缝处收进 2 cm 确定前腰侧点 A。前中心处不收腰，沿前中心线下降 1 cm 确定前腰点 B。

然后，确定前裤脚口尺寸，在前脚口线取脚口/2－2 cm，均匀分布在前烫迹线两边，确定内外侧缝线与脚口线交点 C 和 D。

第三，确定前中裆尺寸，记前外侧缝辅助线和臀围线交点为 G，连接点 G 和 C，交中裆线于点 F，量取 F 至前烫迹线的距离为“○”，对称地在外侧中裆线上取相同的尺寸确定点 E。

② 作前外侧缝线。

从上而下过点 A、G、F、C 作前外侧缝线，臀围线以下的部分基本为直线。

③ 作前内侧缝线。

圆顺地连接点 I、E、D，中裆以上的部分作细微的曲线，中裆以下为直线。

④ 作前上裆线。

连接前腰点 B 和臀围线与前中心线的交点 H，前裆弧线的画法与直筒裤相同。

⑤ 作前脚口线与翻边。

连接外侧缝线与脚口线两个交点 C 和 D 即为前脚口线，向上量 14 cm 画水平线，作为脚口翻边的对折线，交内外侧缝线分别于点 V 和 U。

⑥ 作前片纵向分割线。

在腰围线前烫迹线两边各取 1 cm，向下做圆顺的弧形，在腰围线下 10 cm 以后逐渐与烫迹线重合。

⑦ 作前腰头。

首先修正前腰围线，确定与前外侧缝线和前中心线垂直；然后从侧腰点 A 沿侧缝线向下量 8 cm，作腰围线的平行线，重新确认腰围尺寸，将当前腰围尺寸与规格设计的腰围尺寸之差在前腰头中间位置作省道用于转移。

(2) 后裤片的轮廓线

① 根据成品尺寸确定轮廓关键点。

首先，连接后腰点 K 和腰围线与后侧缝线的交点，并在该辅助线上量取后腰围 W/4，余量约 3 cm。在侧缝处收进 1.5 cm，确定后腰侧点 L，多余的量作为后腰省道量。

然后，确定后裤脚口尺寸，在后脚口线取脚口/2＋2 cm，均匀分布在后烫迹线两边，确定内外侧缝线与脚口线交点 M 和 N。

第三，确定后中裆尺寸，在中裆线处后烫迹线的两边分别取“○＋2”，在中裆线上确定中裆外侧点 O 和中裆外侧点 P。

② 作后外侧缝线。

从上而下分别过 L、Q、O、M 作后外侧缝线，其中中裆以下部分为直线，臀围线至中裆线之间为上部微凸下部微凹的曲线，其曲度比前侧缝线略大。

③ 作后内侧缝线。

量取前内侧缝的长度在后裆宽处确定落当量，约 0.5 cm，记为点 T。在辅助线 TP 的基础上向内凹进约 0.7 cm 作曲线，中裆线以下部分为直线。

④ 作后上裆线。

后上裆线的作法与直筒裤相同。

⑤ 作后脚口线及翻边。

连接外侧缝线与脚口线两个交点 M 和 N 即为后脚口线，向上量 14 cm 作水平线，交内外侧缝线分别于点 X 和 W。

⑥ 作后腰头。

首先修正后腰围线，使之与外侧缝线及后中心线垂直；向下量取 8 cm 作水平线为后腰头下止口线；重新确认后腰围尺寸，余量在后腰围中心处做一个腰省，省道长 8 cm。

阔腿裤基本板如图 14-2-2 所示。

3. 零部件样板

(1) 脚口翻边样板

以脚口翻边的翻折线 UV 为对称线，按裤脚口样板向上翻折，作点 C 和 D 的对称点 C′和 D′，C 点下降 2 cm 作脚口线的平行线为翻边下止口线，C′点下降 2 cm 作脚口线的平行线为翻边上止口线。同理作后裤脚翻边样板(图 14-2-3)。

(2) 前门襟样板

前中心处腰围线向下量取 8 cm 作平行线直至分割线为止；分割线处向前中心量取 3 cm 作分割线的平行线，至腰头下止口线下 10 cm 为止；在两线相交处修正成圆角后，沿前中心线进行翻折，作前门襟及前前片贴边样板。

量取门襟贴边长度，作长度相同，宽度为 6 cm 的长方形为里襟样板。

(3) 前后腰头样板

取前片腰头，合并前腰省，并修正腰头上下止口线使其圆顺，作前腰头样板；

同理合并后腰头省道，并修正腰头上下止口线使其圆顺，以后中心线为对称线左右翻折，作后腰头样板。

(4) 腰襻样板

首先将前后腰头在侧缝处拼合，距前腰头分割线处 4 cm，在腰头中心平行腰头上下止口线作腰襻；距后中心线 10 cm 及 14 cm 分别定纽扣位置，腰襻在第一颗纽扣边缘作尖角设计，零部件样板如图 14-2-4 所示。

(5) 修正裤片脚口线

将脚口线平行上抬 2 cm 形成前后裤片下止口线，如图 14-2-5 所示。

四、结构分析

此款阔腿裤的结构设计方法与基础款直筒裤基本相同，最大的设计亮点有两个，一是去掉了前中心门襟，在分割线处增加了对称的双门襟设计；二是脚口采用了宽翻边的设计。为了实现这两个设计点，结构上主要通过以下方式实现。

(1) 对称双门襟设计

门襟的设计方法与前中心门襟方法基本相同，通过贴边和里襟来实现。因为该款阔腿裤在前中心是连腰设计，因此将前中心腰贴边和门襟贴边结合起来形成一体。这种贴边设计方法在无腰款前中心门襟的款式中也可以使用。

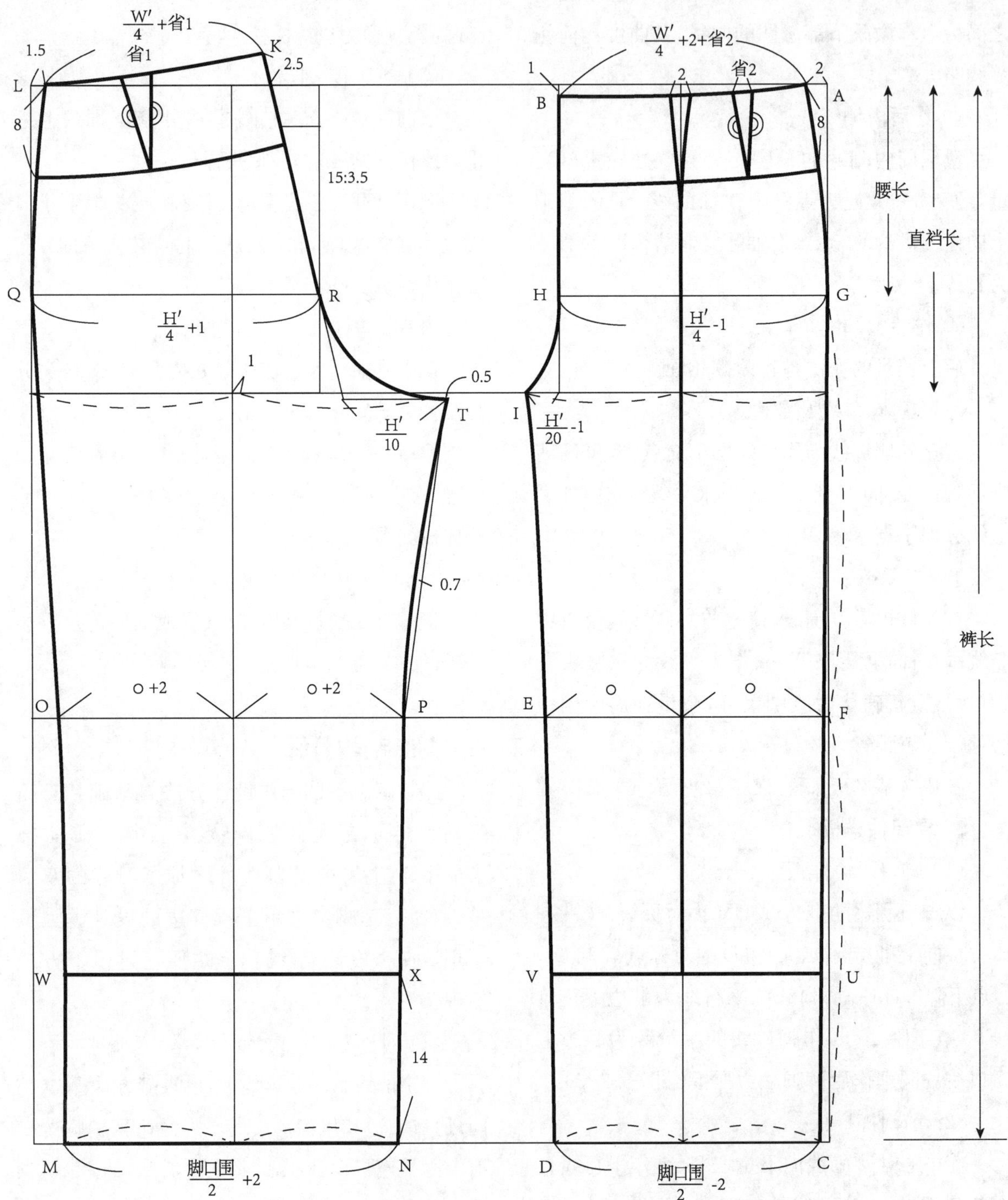

图 14-2-2 宽边阔腿裤基本板

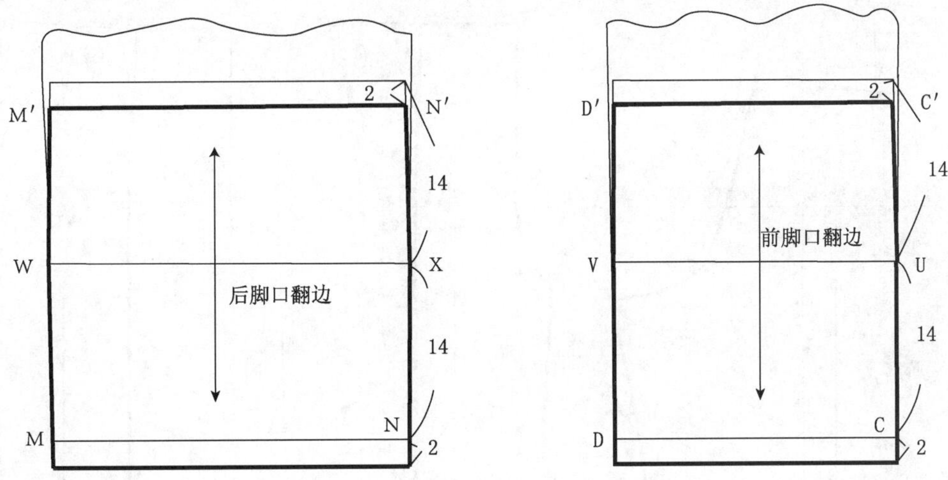

图 14-2-3　宽边阔腿裤翻折边样板

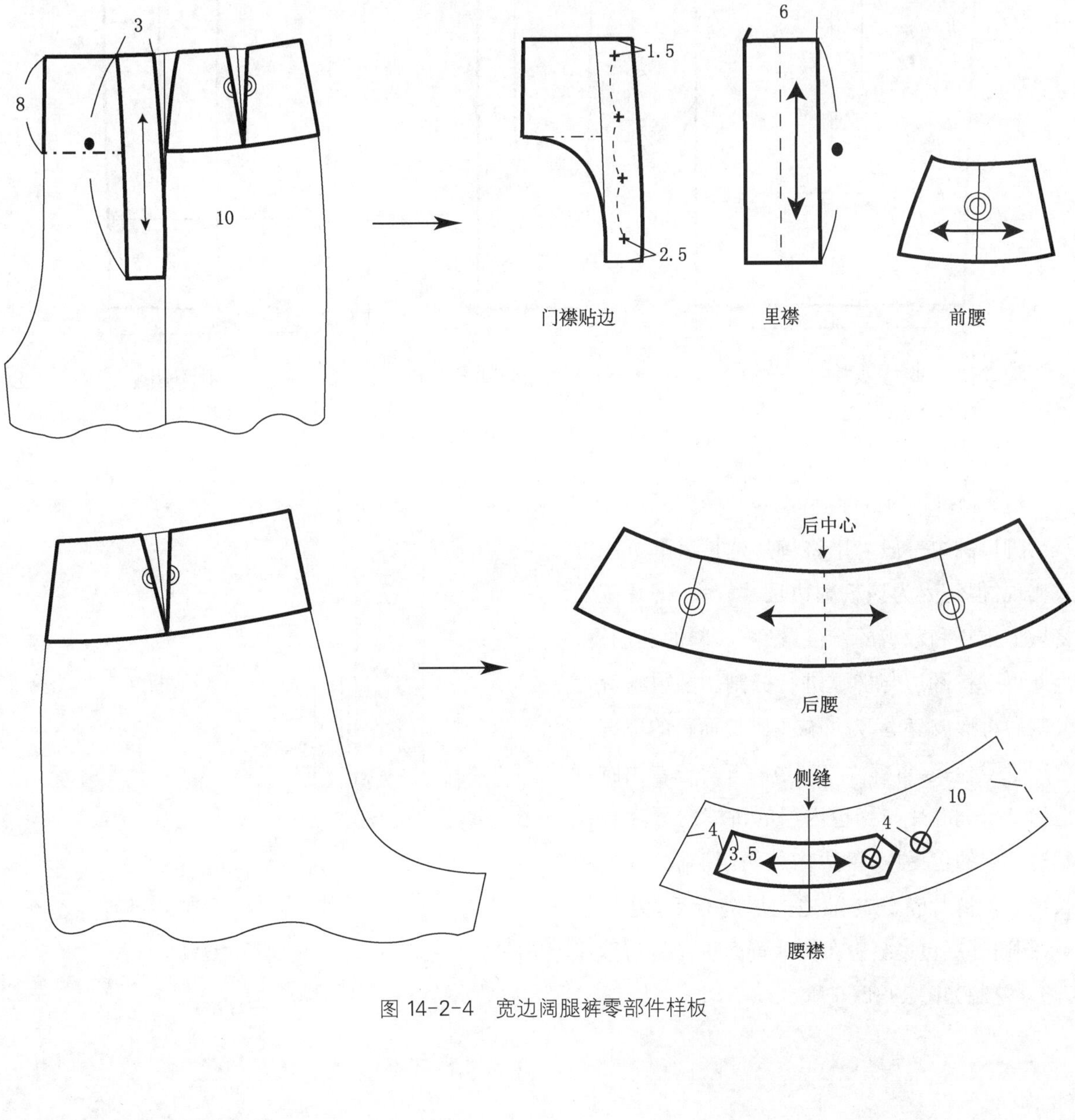

图 14-2-4　宽边阔腿裤零部件样板

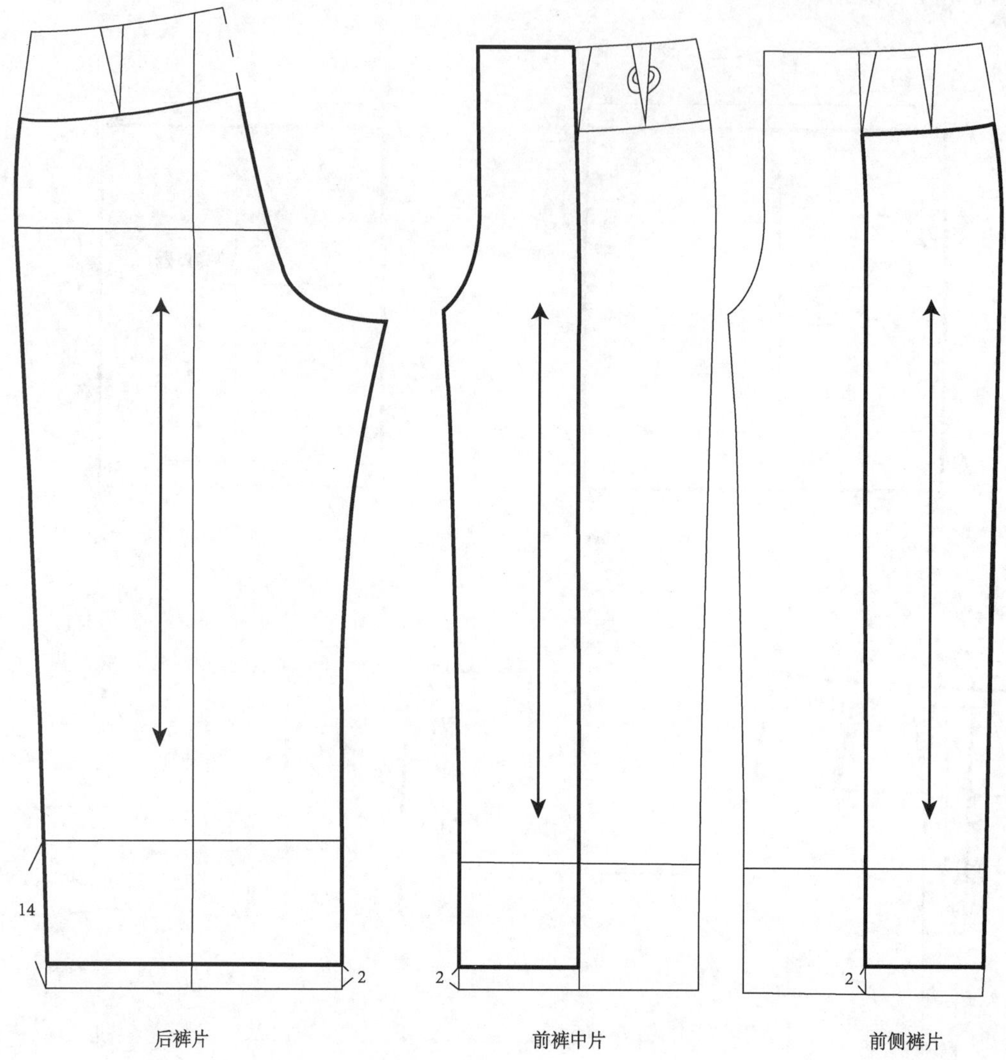

图 14-2-5　宽边阔腿裤裤片样板

(2) 脚口翻边设计

脚口翻边一般采用将裤片延长后翻折的方式实现,但是因为该款翻边尺寸较大,裤片延长将增加排料和裁剪的难度,影响面料的利用率,因此可以将翻边与裤腿进行分割。翻边与裤片分割后将形成缝份,为了减少脚口面料的厚度并合理隐藏缝头,将裤片与翻边的缝合位置由脚口上抬 2 cm,裤片与翻边内层的拼缝向下隐藏在翻边外层的包裹中,翻边内外两层形成 4 cm 的长度差。裤片首先与翻边内层缝合后,缝份朝下,翻边外层包裹缝份在裤片背面折光后与裤片缝合,缝制如图 14-2-6 所示。

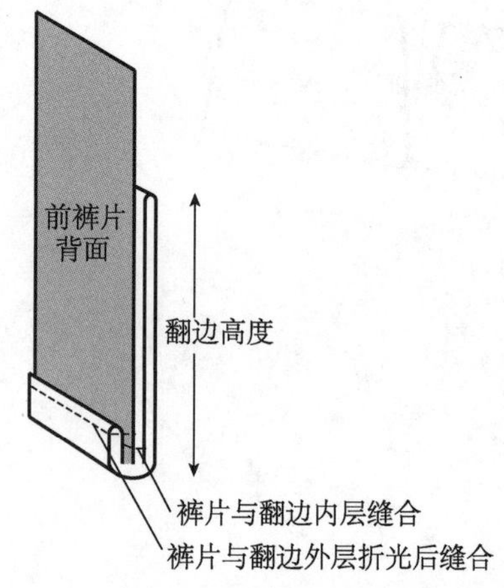

图 14-2-6　裤脚翻边缝制示意图

第三节 工字褶直筒裤

一、款式说明

图 14-3-1 是一款无腰设计的工字褶直筒裤，裤脚在中裆以下进行了分割，并在脚口加入了工字褶插片，通过拉链对脚口尺寸进行调节。

二、规格设计

本款式前裤腿处增加了插片，设计尺寸为 12 cm，表 14-3-1 中的脚口围尺寸不包含插片宽度，为拉链扣合后的裤腿尺寸。

表 14-3-1 插片直筒裤规格表

单位：cm

部位名称	腰围	臀围	腰长	直裆长	裤长	腰头宽	脚口围
净体尺寸 H	68	90	18	24.5	—	—	—
加放尺寸	0	4	0	0.5	—	—	—
成衣尺寸 H′	68	94	18	25	100	4	46

图 14-3-1 工字褶直筒裤

三、平面结构制图

1. 基础框架的绘制

(1) 作长方形

以宽为 H′/4+1、长为裤长作一个长方形为后片的基础框架；以宽为 H′/4－1、长为裤长作一个长方形为前片的基础框架，前后片基础框架并排放置，间距约 20 cm。

(2) 作横裆线

从腰围辅助线向下量取直裆尺寸作水平线为横裆线。

(3) 作臀围线

从腰围辅助线向下量取腰长尺寸作水平线为臀围线。

(4) 作后中心斜线及起翘量

同直筒裤后中心斜线的作图方法，取 15∶3.5 为后中心斜度，斜线在腰围线上取 3 cm 作为起翘量。

(5) 取前后小裆宽

从后中心斜线与横裆线交点向外 H′/10 cm 在横裆线上取后小裆宽；从前中心线和横裆线交点向外 H′/20－1 cm 在横裆线上取前小裆宽。

(6) 作前后烫迹线

在横裆线上，取后横裆宽的中点并向侧缝偏移 0.5 cm，过该点作一条竖直线为后烫迹线；在横裆线上，取前横裆宽的中点，过中点作一条竖直线为前烫迹线。

(7) 作裤腿横向分割线

取臀围线到脚口线的中点向下量取 3 cm，过该点作一水平线为分割线。

2. 基本板的绘制

(1) 前裤片的轮廓线

① 根据成品尺寸确定轮廓关键点。

首先，计算好裤前片的腰臀差，并在腰围参考线上作合理分配。前臀围是 H′/4－1 cm＝22.5 cm，前腰围是 W′/4＝17 cm，差值 5.5 cm。因为该款前片有插袋，可将腰省转移至袋口，在前腰围辅助线上侧缝收进 1.5 cm 定前腰侧点 A，前中收进 1 cm 并下降 1 cm 定前腰点 B，余量用于省道转移。

其次，确定前裤脚口尺寸，在前脚口线取脚口/2－2 cm，均匀分布在前烫迹线两边，确定内外侧缝线与脚口线交点 C 和 D。

第三，在横向分割线上取和脚口相同的尺寸，定点 E 和 F。

② 作前外侧缝线。

从上而下过点 A、G、F、C 作前外侧缝线，FC 段为直线，臀围线以下的部分基本为直线。

③ 作前内侧缝线。

直线连接 IE，向内收进 0.5 cm 左右作内侧缝线上段，下段 ED 为直线。

④ 作前上裆线。

连接前腰点 B 和臀围线与前中心线的交点 H，前裆弧线的画法与直筒裤相同。

⑤ 作插袋袋口线。

首先修正前腰围线，确定与前外侧缝线和前中心线垂直；前烫迹线两边均匀取省 1.5 cm，省长 10 cm，前腰侧点向下量取 14 cm，与省尖连直线作插袋袋口线。

(2) 后裤片的轮廓线

① 根据成品尺寸确定轮廓关键点。

首先，连接后腰点 K 和腰围线与后侧缝线的交点，并在该辅助线上量取后腰围 W/4，余量约 3 cm。在侧缝处收进 1 cm，确定后腰侧点 L，多余的量作为后腰省道量。

然后，确定后裤脚口尺寸，在后脚口线取脚口/2+2 cm，均匀分布在后烫迹线两边，确定内外侧缝线与脚口线交点 M 和 N。

第三，横向分割线上取和脚口相同的尺寸，定点 O 和 P。

② 作后外侧缝线。

从上而下分别过 L、Q、O、M 作后外侧缝线，OM 段为直线，臀围线以下的部分基本为直线，在横裆线附件呈细微的S型，曲度比前外侧缝略大。

③ 作后内侧缝线。

因此款内侧缝线较平直，前后长度差几乎为零，因此无需落当量。在辅助线TP的基础上向内凹进约1 cm作曲线，中裆线以下部分为直线。

④ 作后上裆线。

后上裆线的作法与直筒裤相同。

⑤ 作后腰头。

首先修正后腰围线，使之与外侧缝线及后中心线垂直；向下量取6 cm作平行线为后腰头下止口线；重新确认后腰围尺寸，余量在后腰围中间做一个腰省，省道长12 cm。

工字褶直筒裤基本板如图14-3-2所示。

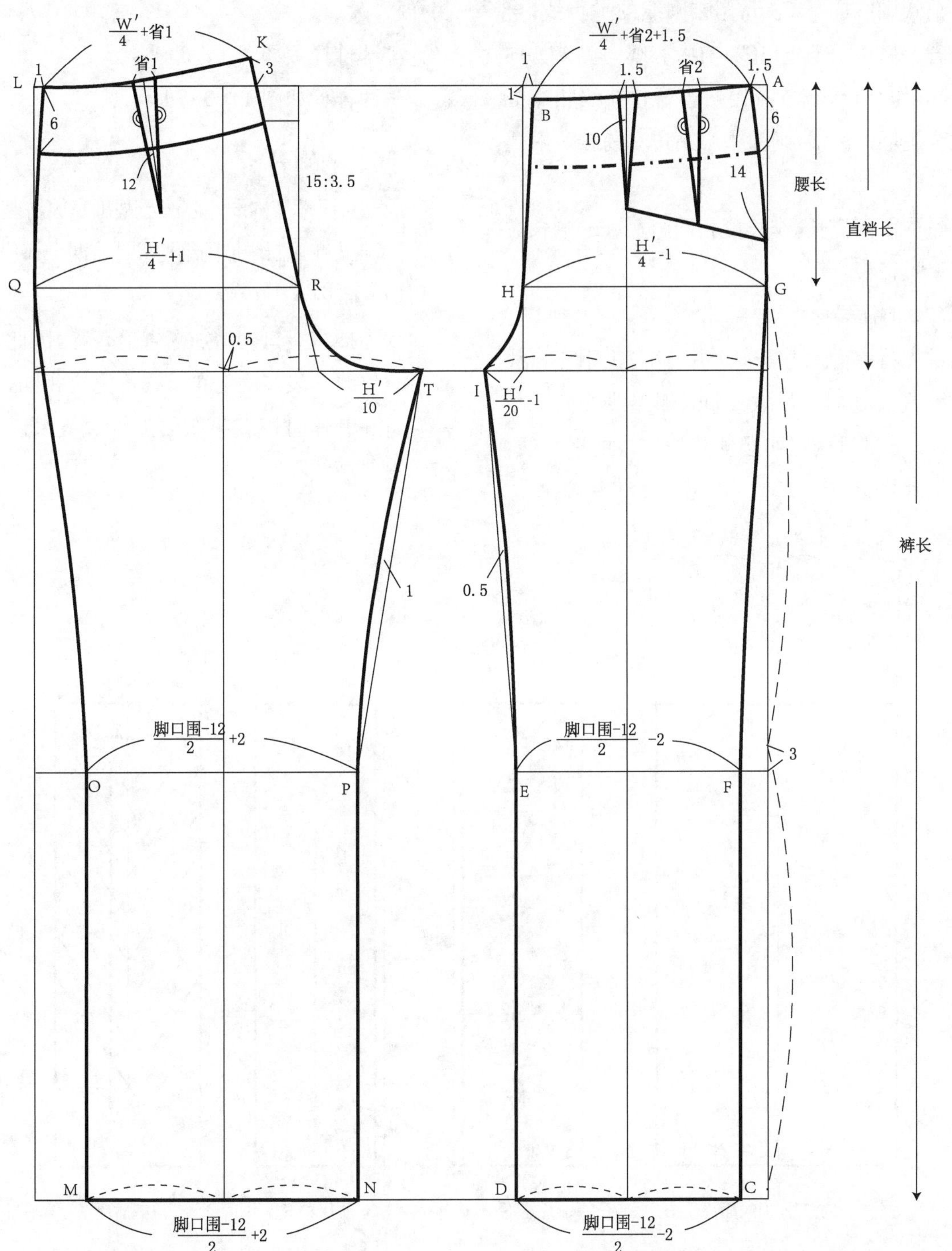

图 14-3-2　工字褶直筒裤基本样板

3. 零部件样板

(1) 脚口插片样板

在烫迹线处分别向两边量取 0.75 cm 画内外侧缝线的平行线，作前片下段样板。

同下段内外侧缝线长，以宽 12 cm 作长方形为插片样板。

(2) 前门襟及前腰贴边样板

前腰围线向下 6 cm 作腰围线的平行线，合并腰省并修正上下止口线；前中心线向侧缝方向量 3 cm 作平行线，与前腰贴边下止口线相交处修改为圆顺的曲线，则前中心贴边和前腰头贴边形成一体。

量取前门襟长，作长度相同、宽 6 cm 的长方形为里襟样板。

(3) 前插袋样板

首先将前侧片上腰省合并，修正上下止口线后在腰围线处向外量取 4 cm，侧缝线处向下量取 5 cm，分别过两点作腰侧片止口线的平行线，作前侧片样板。

腰围线上从插袋口向前中心方向量取5 cm、向下 25 cm 画竖直线，为袋布的翻折线；作该线的垂线直至外侧缝线，沿袋布翻折线将袋布翻折，作插袋袋布样板。

(4) 后腰头样板

套取后腰头，合并后腰省后修正后腰头上下止口线，以后中心线为翻折线吗，作完整的后腰头样板。

零部件样板如图 14-3-4 所示。

裤片样板如图 14-3-5 所示。

四、结构分析

此款直筒裤结构设计方法与基础直筒裤基本相同，因其款式变化而增加的结构设计有两个部分：

(1) 插袋

因为插袋袋口处增加了省道转移，因此袋垫布上止口线与袋布的上止口线不完全相同，这点差异将在制作时按袋垫布的上轮廓线来修正袋布的上轮廓线。

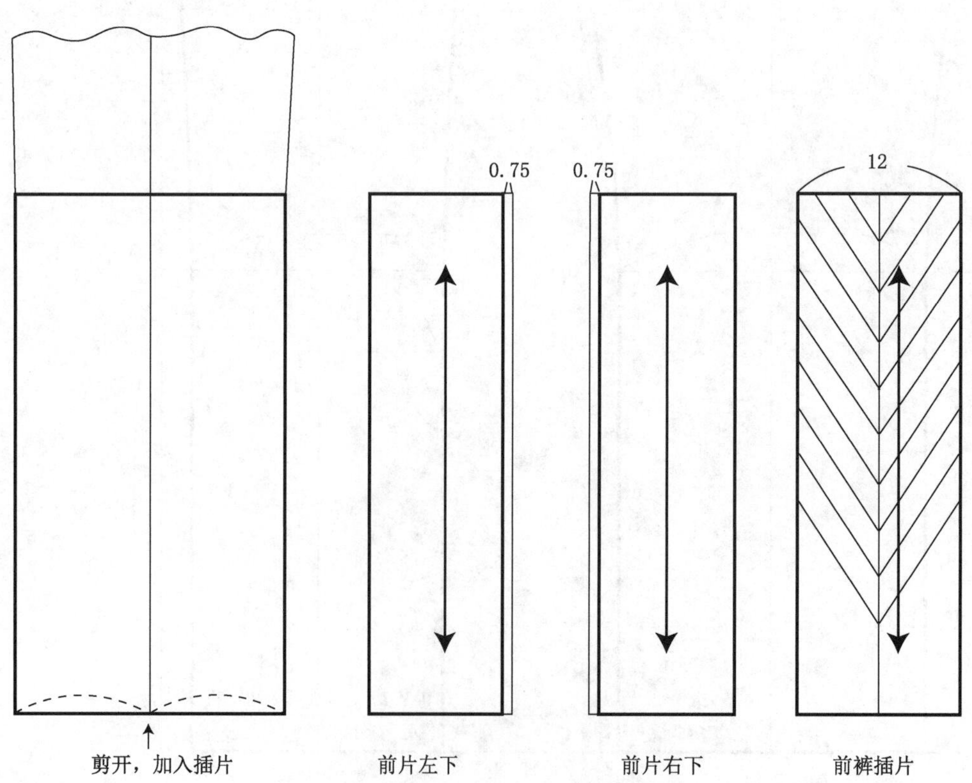

图 14-3-3 工字褶直筒裤裤腿插片样板

(2) 脚口插片

脚口的插片通过拉链进行开合，因为拉链缝合后有一定的宽度，一般为 1.2～1.5 cm，因此这个宽度要在裤片前中心处减去，以保证脚口尺寸。

插片除了长方形还可以有多种形状，比如扇形、梯形等，具体形状尺寸可以根据需要进行选择；插片的拼接方式除了拉链外还可以直接与裤片缝合，或通过增加门襟的方式实现。

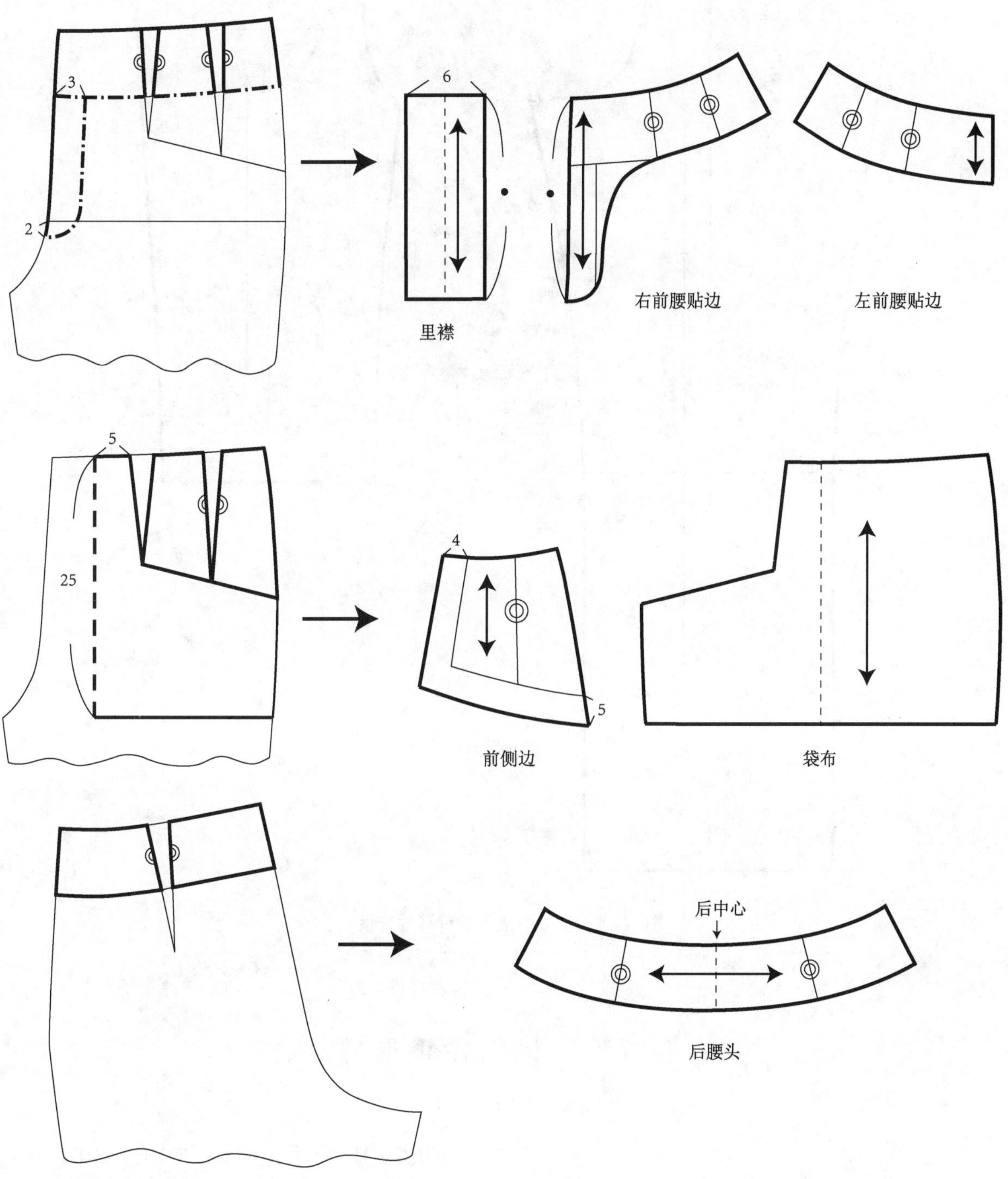

图 14-3-4 工字褶直筒裤零部件样板

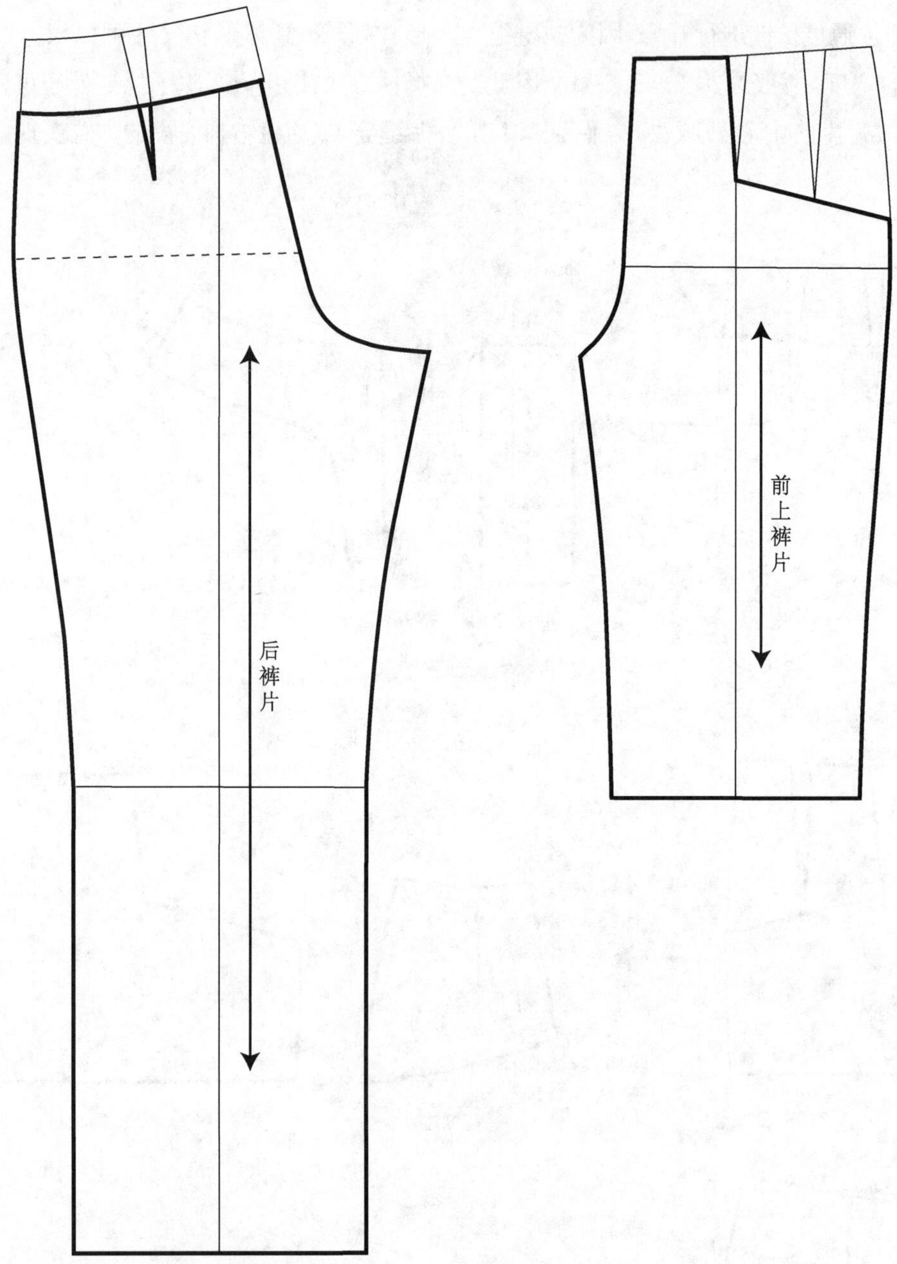

图 14-3-5 工字褶直筒裤裤片样板

第四节 偏门襟锥形裤

一、款式说明

图 14-4-1 为偏门襟锥形裤。裤子采用无腰头偏门襟设计，前片有 4 个折向前中的单向褶，并车缝明线进行固定和装饰，侧面为斜插袋。裤子为宽腰头设计和单嵌挖袋。

图 14-4-1　偏门襟锥形裤

二、规格设计(表 14-4-1)

表 14-4-1　偏门襟锥形裤规格表

单位：cm

部位名称	腰围	臀围	腰长	直裆长	裤长	脚口围	翻边宽
净体尺寸 H	68	90	18	24.5	—	—	—
加放尺寸	0	14	0	2.5	—	—	—
成衣尺寸 H′	68	104	18	27	90	34	3

三、平面结构制图

1. 基础框架的绘制

(1) 作长方形

和绘制基础锥形裤的基础框架方法相似，分别以宽为 H′/4、长为裤长作两个相同的长方形为前后片的基础框架，两长方形之间间距约 20 cm。

(2) 作横裆线

从腰围辅助线向下量取直裆尺寸作水平线

为横裆线。

(3) 作臀围线

从腰围辅助线向下量取腰长尺寸作水平线为臀围线。

(4) 作后中心斜线及起翘量

同直筒裤后中心斜线的作图方法，取 15 : 3.5 为后中心斜度，斜线在腰围线上取 2.5 作为起翘量。

(5) 取前后小裆宽

从后中心斜线与横裆线交点向外 H′/10 cm 在横裆线上取后小裆宽；从前中心线和横裆线交点向外 H′/20−1 cm 在横裆线上取前小裆宽。

(6) 作前后烫迹线

在横裆线上，取后横裆宽的中点并向侧缝偏移 1 cm 取点，过该点作一条竖直线为后烫迹线；在横裆线上，取前横裆宽的中点，过中点作一条竖直线为前烫迹线。

2. 基本板的绘制

(1) 前裤片的轮廓线

① 根据成品尺寸确定轮廓关键点。

首先计算好裤前片的腰臀差，并在腰围参考线上作合理分配。前臀围是 H′/4=26 cm，前腰围是 W′/4=17.25 cm，差值 8.75 cm。因为该款式在前片有 2 个单向褶，所以侧缝处收进 1.5 cm 记腰侧点为 A，前中心线与腰围辅助线交点记为前中点 B，余量用于褶裥。

然后确定前裤脚口尺寸，在前脚口线取脚口/2−2 cm，均匀分布在前烫迹线两边，确定内外侧缝线与脚口线交点 C 和 D。

② 作前外侧缝线。

从上而下过点 A、G、C 作前外侧缝线，臀围线以下部分作细微的曲线使之与脚口线垂直。

③ 作前内侧缝线。

连接 ID 作前内侧缝线，同外侧缝的作法，作细微的曲线使之与脚口线垂直。

④ 作前上裆线。

首先连接 AB，并由前中点 B 向外延长 7 cm 作偏门襟止口点，然后根据款式需要做 S 型曲线，在臀围线与前中心交点处逐渐与前中心线重合，小当弧线作法与基础款锥形裤相同。

偏门襟止口点向下、向内量取 1.5 cm 作扣眼标记，以前中心线为对称轴再作纽扣标记。

⑤ 作前腰围线及工字褶。

前烫迹线处向前中心方向量取腰围差量的一半作第 1 个褶裥，往侧缝方向量取 3 cm 作第 2 个褶裥，宽度与第 1 个形同；在两个褶裥正下方臀围线上取 2 cm 分别作直线，腰围线下量取 7 cm 作明线标记。

⑥ 定斜插袋位置及尺寸。

腰侧点向下量取 15 cm，腰围线上量取 3 cm，作有细微曲度的斜插袋袋口。

(2) 后裤片的轮廓线

① 根据成品尺寸确定轮廓关键点。

首先连接后腰点 K 和腰围线与后侧缝线的交点，并在该辅助线上量取后腰围 W′/4，余量约 4.5 cm，侧缝处收进 1.5 cm 确定后腰侧点 L，余量作为后腰省道量。

然后确定后裤脚口尺寸，在后脚口线取脚口/2+2 cm，均匀分布在后烫迹线两边，确定内外侧缝线与脚口线交点 M 和 N。

② 作后外侧缝线。

从上而下分别过 L、Q、M 作后外侧缝线，同前外侧缝的作法，臀围线以下部分作细微的曲线使之与脚口线垂直，且曲度较前片略大。

③ 作后内侧缝线。

因此款前后内侧缝线都比较平直，长度差几乎为零，因此无需落当量。连接 TN 作细微的曲线使之与脚口线垂直。

④ 作后上裆线。

后上裆线的作法与基础锥形裤相同。

⑤ 作后腰头。

根据款式在后腰点 K 向下量取 2.5 cm，腰围线上量取 3.5 cm，连直线作后腰头上止口线；后中心线上再向下 7 cm，后腰侧点向下量取 6 cm，连直线作后腰头下止口线。

⑥ 作单嵌挖袋。

从腰围辅助线向下量取 10 cm，作后腰头下止口线的平行线，挖袋长 13 cm，距后中心线 5 cm。

⑦ 作后腰省。

取挖袋中点为省尖点，过该点向上作挖袋的垂线直至后腰围线，取后腰围差为省道宽度作后腰省。

⑧ 修正后腰围线。

闭合省道后重新修正后腰围曲线，可通过调节省道大小再次确认后腰围长。

偏门襟锥形裤基本板如图 14-4-2 所示。

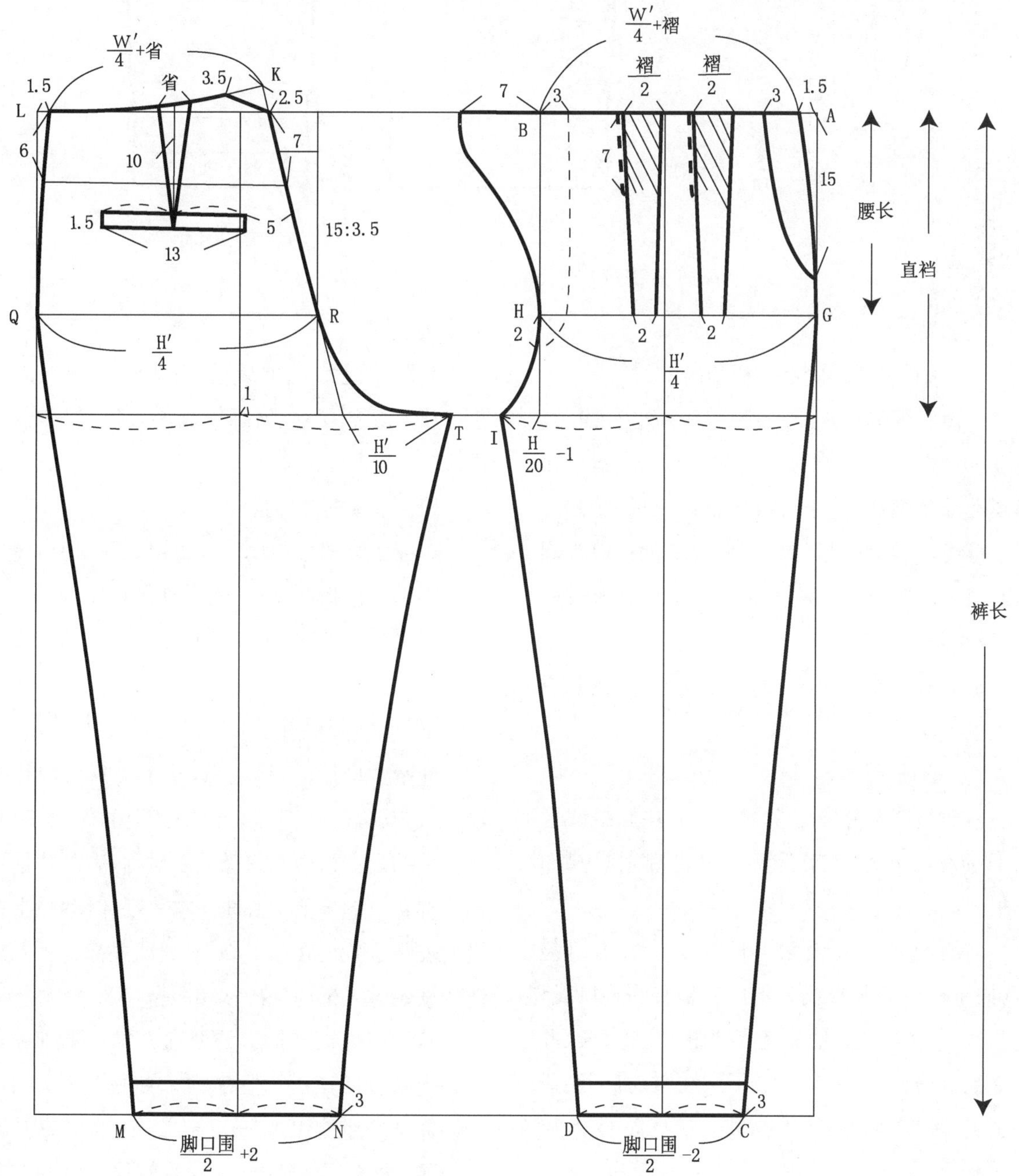

图 14-4-2　偏门襟锥形裤基本样板

3. 零部件样板

(1) 脚口翻边

脚口翻边宽 3 cm,采用直接延长裤片的方式作脚口翻边。首先脚口线下 3 cm 作其平行线为翻折线,翻折线下 3 cm 作水平线为翻边与脚口线的重叠线,然后将翻边按款式进行折叠,根据原有的内外侧缝线修正翻边部分的内外侧缝线。翻边在脚口处的缝份可根据款式要求进行设计,一般为 2～3 cm。样板及示意图如图 14-4-3 所示。

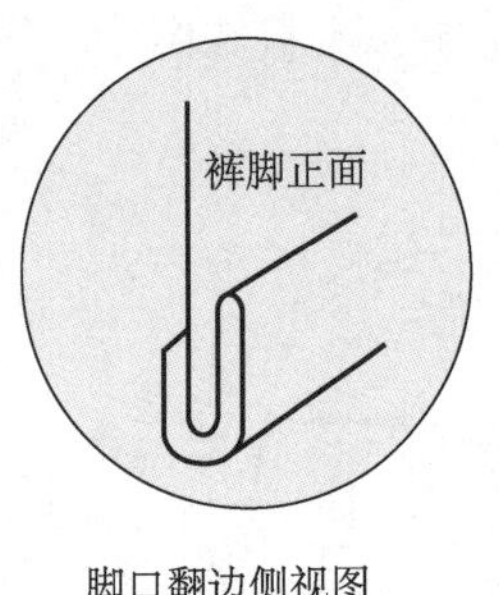

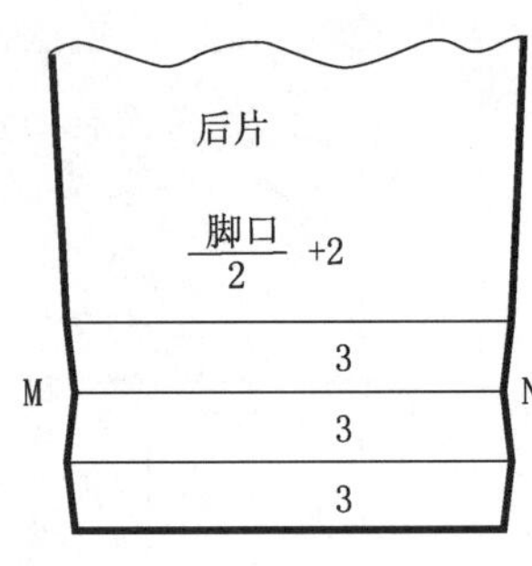

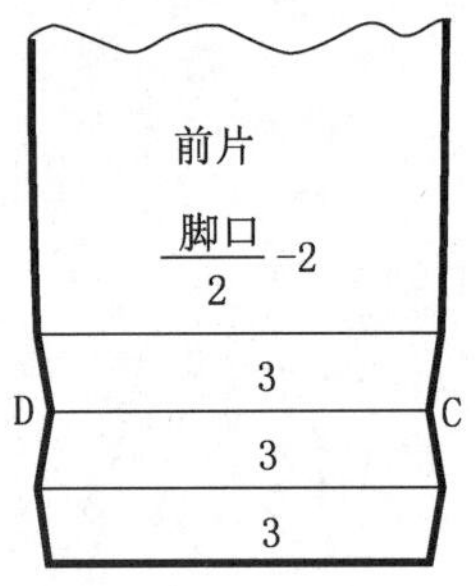

图 14-4-3 偏门襟锥形裤脚口翻边样板

(2) 前门襟及前腰贴边样板

前腰围线向下 6 cm 作腰围线的平行线,合并腰省并修正上下止口线,沿前中心线进行翻转得到右前片贴边;前中心线向侧缝方向量 3 cm 作平行线,与前腰贴边下止口线相交处修改为圆顺的曲线,则前中心贴边和前腰头贴边形成一体,为左前片贴边。

量取前门襟长,作长度相同、宽 6 cm 的长方形为里襟样板。

(3) 斜插袋样板

斜插袋口向前中心量取 4 cm,在侧缝线上向下量取 5 cm,平行于斜插袋袋口做袋垫布样板。

前腰围线上从腰侧点量取 13 cm 为口袋宽,向下作一条竖直线为斜插袋袋布的止口线,袋长 23 cm;与侧缝处袋垫布下止口连直线,并在交点处作圆角,为斜插袋下层袋布;将下层袋布进行翻转,沿袋口线修正,为斜插袋上层袋布。

(4) 后腰头样板

套取后腰头,合并后腰省后修正后腰头上下止口线,以后中心线为翻折线,作完整的后腰头样板。

(5) 单嵌挖袋样板

单嵌挖袋的结构设计方法详见基础锥形裤。

零部件样板如图 14-4-4 所示。

裤片样板如图 14-4-5 所示。

四、结构分析

此款锥形裤的设计亮点在于前片偏门襟的设计,这款偏门襟并非真正意义上的偏门襟,只是左右前片在前中心门襟处不对称,右前片前中心上部止口超出前中心线向左片延伸,本质上拉链的安装位置还在前中心处,因此里襟样板及拉链的安装方式都与基础款相同。

这种门襟在结构上的处理方式与基础款最大的差别有两点:一是右前片前中心轮廓线的造型完全按照款式要求设计;二是右前片贴边与右前腰贴边结合,形成一体,左前片腰贴与常规无腰款结构设计方法相同。

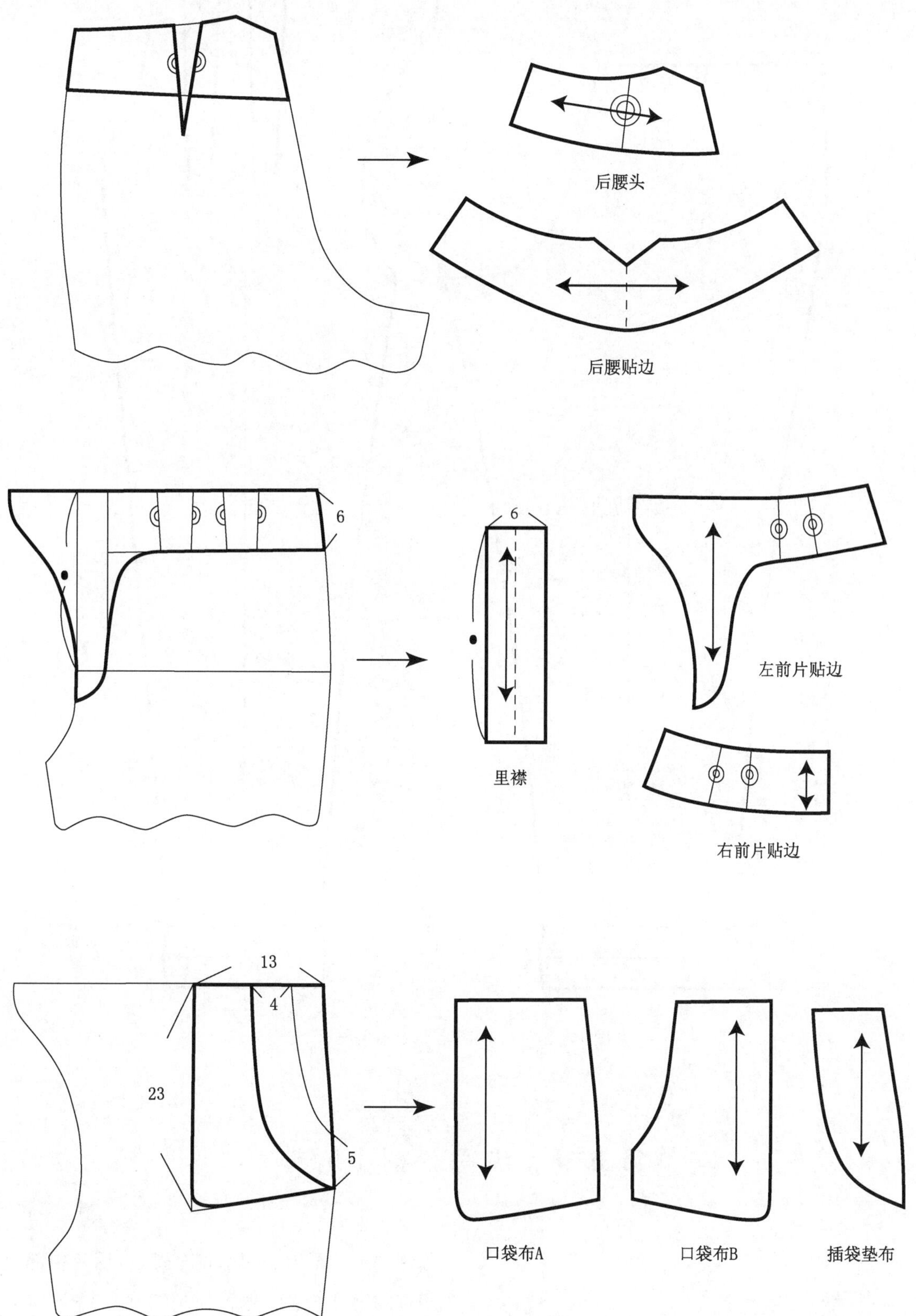

图 14-4-4　偏门襟锥形裤零部件样板

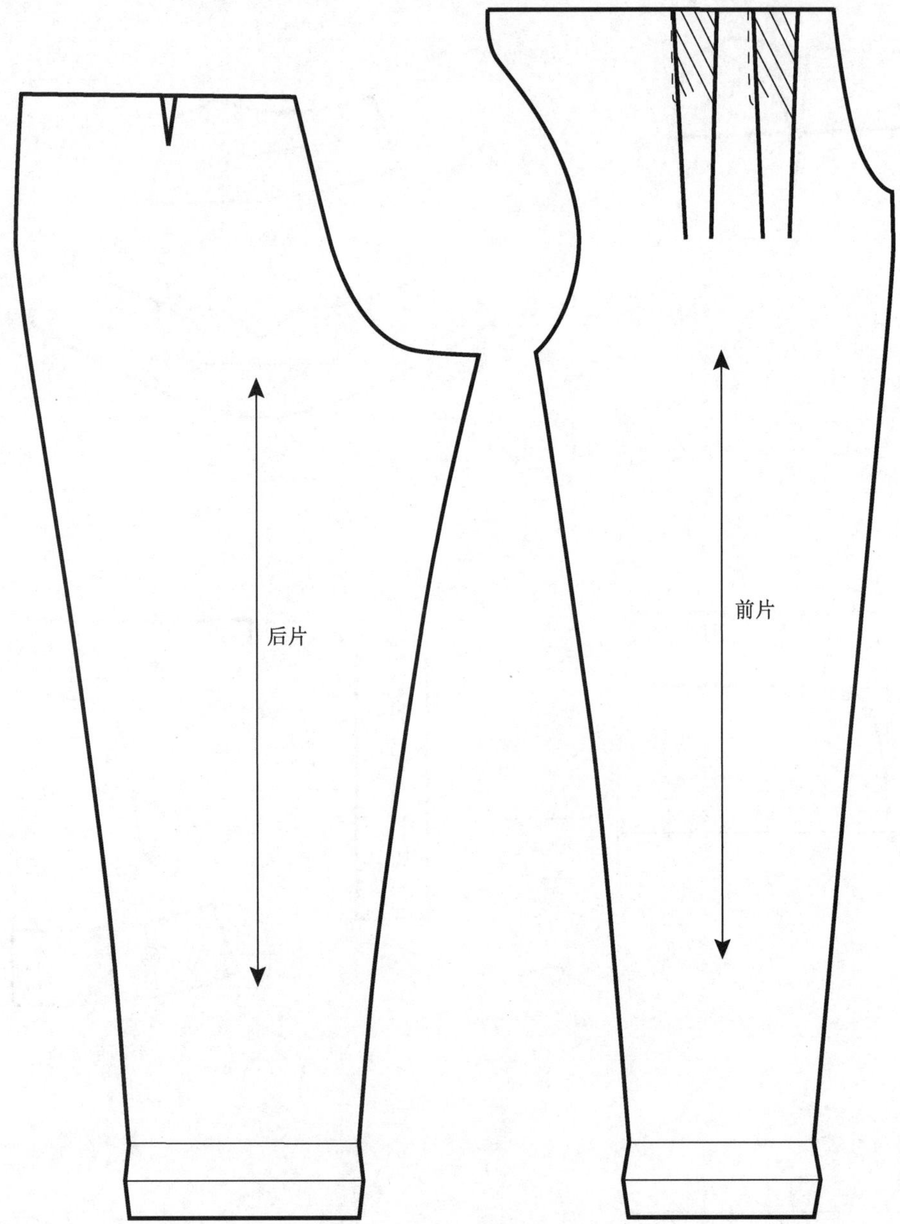

图 14-4-5 偏门襟锥形裤裤片样板

第五节 纵向分割小脚裤

一、款式说明

图 14-5-1 为一款正腰位纵向分割小脚裤。裤子腰部合体，臀部宽松，脚口收紧，形成较为明显的橄榄型外观。裤子从后腰部作不规则弧形分割并延伸至前面中部直至脚口，后片中部也有相应的纵向分割，两条分割线在中臀部形成相交。裤子整体造型流畅，不规则的纵向分割线通过明线设计强调了干练硬朗的风格。

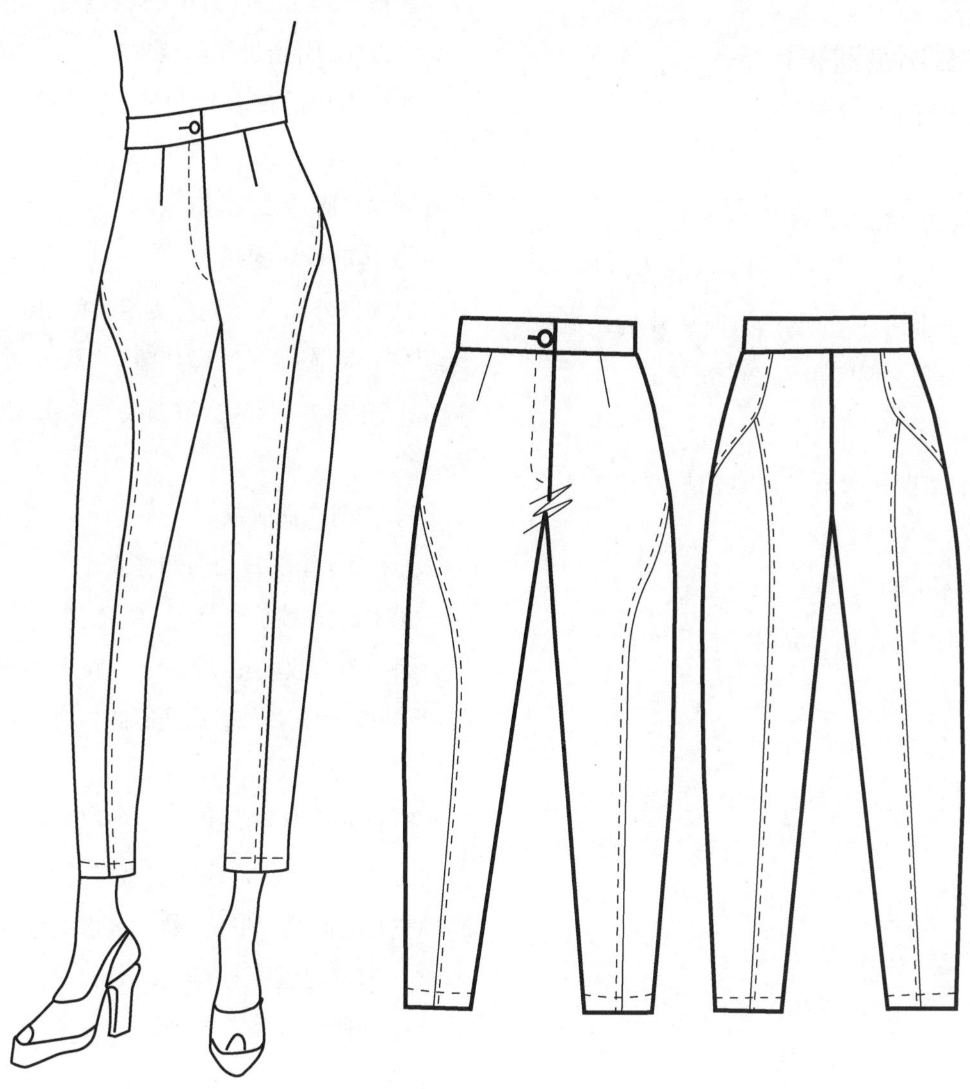

图 14-5-1　纵向分割小脚裤

二、规格设计

因为此款是正腰设计，表 14-5-1 中裤长包含了腰头宽，所以作图时裤长要减去腰头宽。因为腰头样板不需要在裤样上获取，所以表 14-5-1 中的直裆尺寸不包含腰头宽。

表 14-5-1　纵向分割小脚裤规格表

单位：cm

部位名称	腰围	臀围	腰长	直裆长	裤长	脚口围	腰头宽
净体尺寸 H	68	90	18	24.5	—	—	—
加放尺寸	2	12	0	1.5	—	—	—
成衣尺寸 H′	70	102	18	26	90	32	4

三、平面结构制图

1. 基础框架的绘制

(1) 作长方形

和绘制基础锥形裤的基础框架方法相似，分别以宽 H′/4＋1 cm、H′/4－1 cm，长为裤长－4 cm 作两个相同的长方形作为前后片的基础框架，两个长方形之间间距约 20 cm。

(2) 作横裆线

从腰围辅助线向下量取直裆尺寸作水平线为横裆线。

(3) 作臀围线

从腰围辅助线向下量取腰长尺寸作水平线为臀围线。

(4) 作后中心斜线及起翘量

同直筒裤后中心斜线的作图方法，取 15∶3.5为后中心斜度，斜线在腰围线上取 2.5 作为起翘量。

(5) 取前后小裆宽

从后中心斜线与横裆线交点向外 H′/10 cm 在横裆线上取后小裆宽；从前中心线和横裆线交点向外 H′/20－1 cm 在横裆线上取前小裆宽。

(6) 作前后烫迹线

在横裆线上，取后横裆宽的中点并向侧缝偏移 1 cm 取点，过该点作一条竖直线为后烫迹线；在横裆线上，取前横裆宽的中点，过中点作一条竖直线为前烫迹线。

2. 基本板的绘制

(1) 前裤片的轮廓线

① 根据成品尺寸确定轮廓关键点。

首先计算好裤前片的腰臀差，并在腰围参考线上作合理分配。前臀围是 H′/4－1 cm＝24.5 cm，前腰围是 W′/4＝17.5 cm，差值 7 cm。因为该款式在前片有一个省道，所以在侧缝处收进 2.5 cm取腰侧点 A，前中心收进 2 cm 并下降 2 cm 取为点 B，余量作前腰省。

然后确定前裤脚口尺寸，在前脚口线取脚口/2－2 cm，均匀分布在前烫迹线两边，确定内外侧缝线与脚口线交点 C 和 D。

② 作前外侧缝线。

取脚口外侧点 C 到外侧缝辅助线的中点，记为点 C′，CC′的距离记为“●”。从上而下过点 A、G、C′作前外侧缝线，臀围线下 4 cm 以下部分为直线。

③ 作前内侧缝线。

连接 ID 作平直的内侧缝线。

④ 作上裆线。

因为前中收腰量比较大，连接 BH 作微凸曲线，小裆弧形作法同基础锥形裤。

⑤ 作分割线。

根据款式中分割线的造型从臀围线下 4 cm 处到前烫迹线与脚口线的中点作反 S 型分割线；脚口中心处向侧缝取值“●”，过该点作分割线的另一边，线条造型与刚画的线条相近。

⑥ 作腰围线及前腰省。

首先过 AB 作前腰围线，确定与前外侧缝线和前中心线垂直；在前烫迹线处往侧缝方向量腰围线长度差作腰省，省道与前腰围线基本垂直，长 10 cm；闭合省道后再次修正腰围线。

(2) 后裤片的轮廓线

① 根据成品尺寸确定轮廓关键点。

首先连接后腰点 K 和腰围线与后侧缝线的交点，并在该辅助线上量取后腰围 W/4，余量约 4.5 cm，侧缝处收进 2 cm 确定后腰侧点 L，余量作为分割线处收腰量。

然后确定后裤脚口尺寸，在后脚口线取脚口围/2＋2 cm，均匀分布在后烫迹线两边，确定内外侧缝线与脚口线交点 M 和 N。

② 作后外侧缝线。

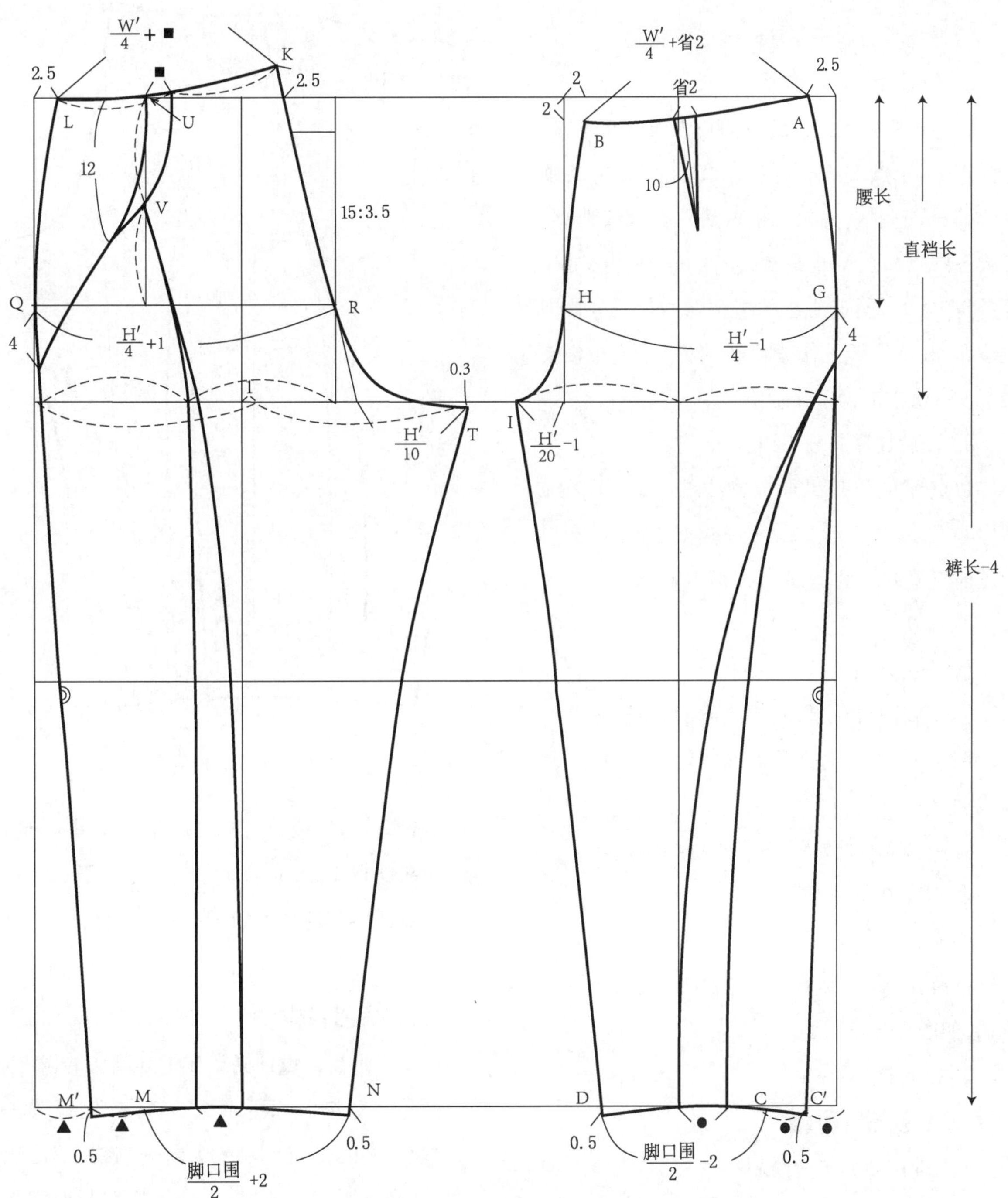

图 14-5-2 纵向分割小脚裤基本样板

取脚口外侧点 M 到外侧缝辅助线的中点，记为点 M′，MM′的距离记为“▲”。从上而下过点 L、Q、M′作前外侧缝线，臀围线下 4 cm 以下部分为直线。

③ 作后内侧缝线。

因此款前后内侧缝线都比较平直，长度差较小，取落当量 0.3 cm。连接 TP，在上半部分作微凹的曲线。

④ 作后上裆线。

后上裆线的作法与基础锥形裤相同。

⑤ 作后片斜向分割线。

在腰围线中点向侧缝方向量取腰围长度差,记为点 U,过点 U 向下作臀围线的垂线,并将垂线二等分,记中点为 V。根据后片分割线造型,过腰围中点和点 V 至臀围线下 4 cm 外侧缝处作反“S”型曲线,同该曲线的造型,过点 U 至臀围线下 4 cm 外侧缝处作分割线的另一边,在腰围线下 12 cm 左右两条弧形重叠。

⑥ 作后片纵向分割线。

过点 V 向下作纵向分割线的一边,线条向后中心微凸,并逐渐与后烫迹线重叠;在后脚口中点向侧缝方向量取“▲”,过该点同分割线的造型作另一边。

⑦ 作脚口线。

将前后内外侧缝线向下适当延伸约 0.3 cm,将脚口线修正为微凹的曲线,分别与内外侧缝线垂直。

完成的基本板如图 14-5-2 所示。

⑧ 分割线的修正。

将前后片在外侧缝处从臀围线下 4 cm 到脚口进行拼合,修正两条斜向分割线,使线条圆顺流畅,如图 14-5-3 所示。

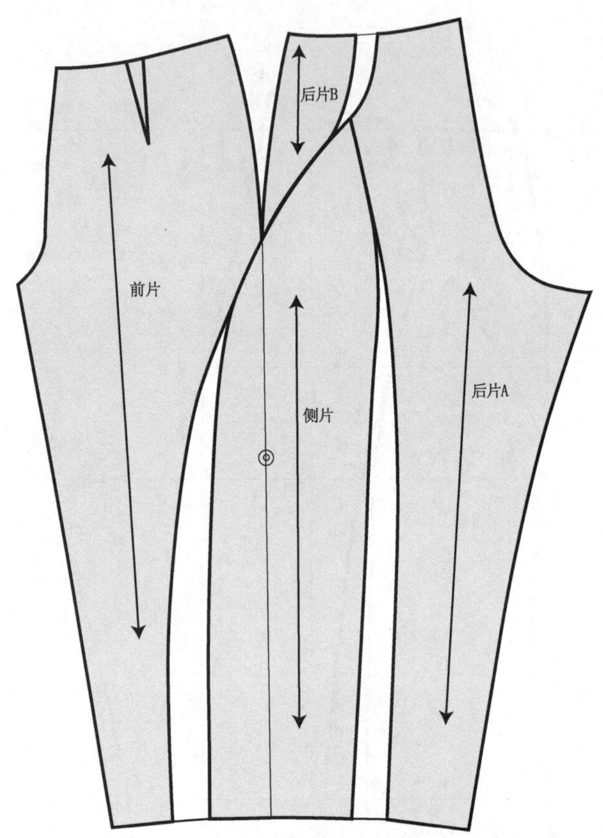

图 14-5-3 纵向分割线的修正

三、零部件样板

(1) 前门襟样板的绘制

沿前腰围线取 3 cm 为门襟贴边的宽度,平行前中心线画直线,到臀围线附近作圆顺的曲线至前中心线,约臀围线下 2 cm 为止,作前门襟贴边样板。量取门襟贴边的长度,以宽 7 cm 作一长方形为前里襟。

(2) 腰头样板

因为是正腰位设计,腰头宽 4 cm,腰围 70 cm,在腰头右侧向外延伸 3.5 cm 作为搭门量。在距腰头止口 1.5 cm 的地方分别作扣眼和纽扣位置。具体零部件样板如图 14-5-4 所示。

四、结构分析

这款锥形裤的设计亮点在于分割线的设计,前后裤片在臀围线以下形成一体,外侧缝线消失,取而代之的是前后片的纵向分割线,使形成了“三开身”的结构。对于这种结构在制作样板时主要注意以下几点:

① 首先按照常规的结构设计方法制作基本板,然后将前后片在合并处拼合,进而将前后连接的分割线进行修正。所以在制作基本板的时候也可以只画轮廓线并定位几个基准点,具体的分割线在前后片合并以后再作。

② 因为小脚口的脚口尺寸与横裆尺寸差较大，常规的前后两片设计是将差量在前后侧缝线处去除，因为三片式的设计，原外侧缝的差量要平移到前后分割线上去掉。因此在样板设计时，将外侧缝线向辅助线偏移，因此增加的脚口尺寸在分割线上去除，可以避免裤腿布纹过斜，增加缝制难度和裤子的保型性。

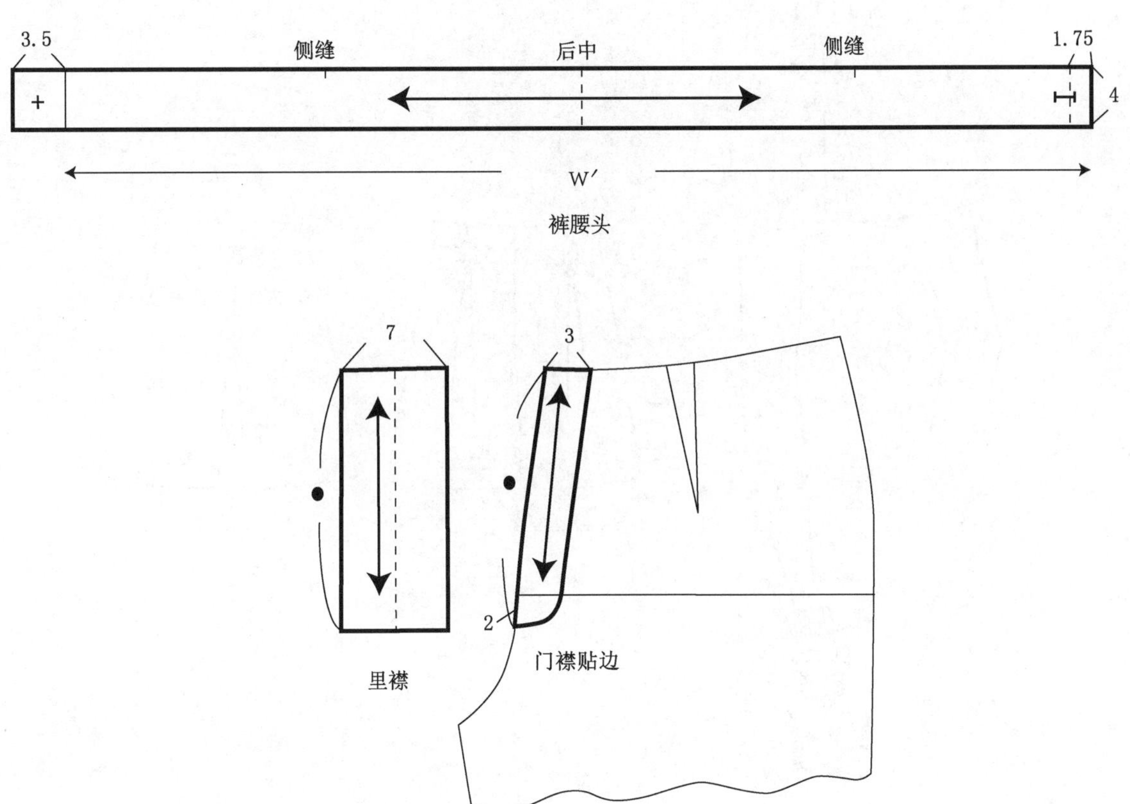

图 14-5-4　纵向分割小脚裤零部件样板

第六节　高腰箱形短裤

一、款式说明

图 14-6-1 所示是一款高腰箱形短裤。裤子采用无腰头设计，前片有 2 个工字褶，在腰围进行固定，并通过腰襻进行装饰；后片有 2 个长腰省，后中心腰襻既有装饰作用又可以适当调节腰围。

二、规格设计

本款式为高腰设计，规格表 14-6-1 中的裤长包括高腰部分，但直裆尺寸从正腰位计量，不包括高腰尺寸。因为前片有两个大尺寸工字褶，但仅在腰部固定，所以臀围尺寸包括了工字褶量，在下面的基本样板中制图用的臀围尺寸则去掉了褶量。

图 14-6-1 高腰箱形短裤

表 14-6-1 高腰箱形短裤规格表

单位：cm

部位名称	腰围	臀围	腰长	直裆长	裤长	脚口围
净体尺寸 H	68	90	18	24.5	—	—
加放尺寸	2	18	0	2.5	—	—
成衣尺寸 H′	70	108	18	27	50	66

三、平面结构制图

1. 基础框架的绘制

(1) 作长方形

和绘制基础锥形裤的基础框架方法相似，分别以宽为 H′－12/4－1 cm、H′－12/4＋1 cm，长为裤长－5 cm 作两个相同的长方形为前后片的基础框架，两长方形直接间距约 20 cm。

(2) 作高腰线

在腰围辅助线上 5 cm 作平行线。

(3) 作横裆线

从腰围辅助线向下量取直裆尺寸作水平线为横裆线。

(4) 作臀围线

从腰围辅助线向下量取腰长尺寸作水平线为臀围线。

（5）作后中心斜线及起翘量

同直筒裤后中心斜线的作图方法，取 15：3.5 为后中心斜度，斜线在腰围线上取 2 作为起翘量。

（6）取前后小裆宽

从后中心斜线与横裆线交点向外 H′－12/10 cm在横裆线上取后小裆宽；从前中心线和横裆线交点向外 H′－12/20－1 cm 在横裆线上取前小裆宽。

（7）作前后烫迹线

在横裆线上，取后横裆宽的中点并向侧缝偏移 1 cm 取点，过该点作一条竖直线为后烫迹线；在横裆线上，取前横裆宽的中点，过中点作一条竖直线为前烫迹线。

2. 基本板的绘制

（1）前裤片的轮廓线

① 根据成品尺寸确定轮廓关键点。

首先计算好裤前片的腰臀差，并在腰围参考线上作合理分配。前臀围是 H′－12/4－1 cm＝23 cm，前腰围是 W′/4＝17.5 cm，差值 5.5 cm。因为该款式在前片有 1 个工字褶，可将所有差值作褶量，因此侧缝及前中处都无需收腰。前中心线与腰围辅助线交点下降 0.5 cm。

然后确定前裤脚口尺寸，在前脚口线取脚口/2－2－6 cm，均匀分布在前烫迹线两边。

② 作前内外侧缝线。

作前外侧缝及内侧缝线，线条基本为直线。

③ 作前上裆线。

作前裆线，前裆弧线的画法与直筒裤相同。

④ 作前腰围线及工字褶。

向上 5 cm 作腰围辅助线的平行线为腰围线，修正使之与前中心线和侧缝线垂直。

⑤ 定工字褶位置及大小。

高腰线上前烫迹线向前中心量取 1.5 cm 后，向侧缝量取腰围尺寸差作为工字褶大小。

（2）后裤片的轮廓线

① 根据成品尺寸确定轮廓关键点。

作后腰围辅助线，并在该辅助线上量取后腰围 W′/4，余量约 3.5 cm，侧缝处收进 2 cm，余量作为后腰省道量。

确定后裤脚口尺寸，在后脚口线取脚口/2＋2 cm，均匀分布在后烫迹线两边。

② 作后内外侧缝线。

作后外侧缝线，臀围线以下基本为直线。

③ 作后内侧缝线。

因此款前后内侧缝线都比较平直，长度差几乎为零，因此无需落当量。连接内侧缝辅助线，向内收进约 0.3 cm 作内侧缝线使之与脚口线基本垂直。

④ 作后上裆线。

后上裆线的作法与直筒裤裤相同。

⑤ 作后腰围线。

在正腰位上修正腰围辅助线，使之与后中心线与侧缝线垂直；取后腰围辅助线中点，在中点两边均匀地取腰围差值作后腰省，省长 8 cm。

向上 5 cm 作腰围辅助线的平行线为后腰围线，后中心线向上延伸与之相交；交点向下量取 2 cm，向侧缝方向量取 2.5 cm，直线连接两点，作后腰中心造型线；后腰围线侧缝处收腰 1.5 cm 后与外侧缝线连接，将后腰省中线延长至后腰围线，保持后腰围尺寸为 W′/4＋0.5 cm，取长度差作省道宽，并完成省道。

⑥ 作双嵌挖袋。

过省尖点作后腰围线的平行线，以省尖为中点定挖袋位置，挖袋长 12 cm。

⑦ 修正后腰围线。

闭合省道后重新修正后腰围曲线，可通过调节省道大小再次确认后腰围长。

高腰箱形短裤基本样板如图 14-6-2 所示。

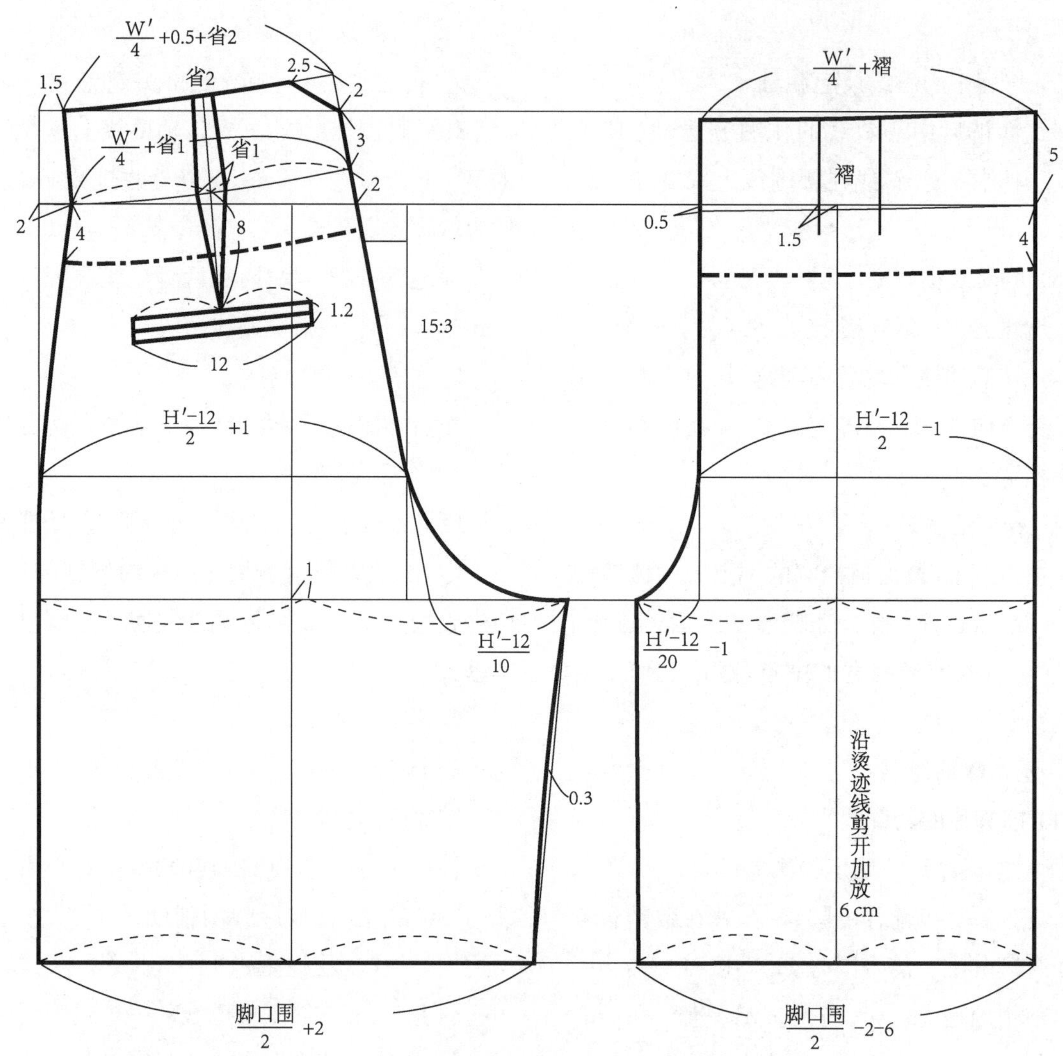

图 14-6-2　高腰箱形短裤基本样板

(3) 前裤片褶裥样板

套取前裤片样板，沿烫迹线剪开平行加放 6 cm，按原褶裥标记作工字褶型，在前腰围线下 4 cm 和 6 cm 作缝合标记，如图 14-6-3 所示。

3. 零部件样板

(1) 前门襟样板

沿前腰围线取 3 cm 为门襟贴边的宽度，平行前中心线画直线，到臀围线附近作圆顺的曲线至前中心线，约臀围线下 1 cm 为止；量取门襟贴边的长度，以宽 6 cm 作一长方形为前里襟。

(2) 前腰贴边样板

腰围辅助线下 4 cm 画平行线做前腰贴边样板。

(3) 后腰贴边样板

后腰围线辅助线下 4 cm 画平行线，与后腰省相交，则近侧缝部分为后腰贴边 B；取后中心部分以后中心线为翻折线对称作后腰贴边 A。

(4) 后腰襻样板

以后正腰位线为对称线，腰省处取 5 cm，后中心线上取 3 cm，分别连接上下两点并作向内微凹的曲线使之与后中心线垂直，将曲线延长 4 cm 作长 1. 5 cm 的三角形，完成后腰襻样板。

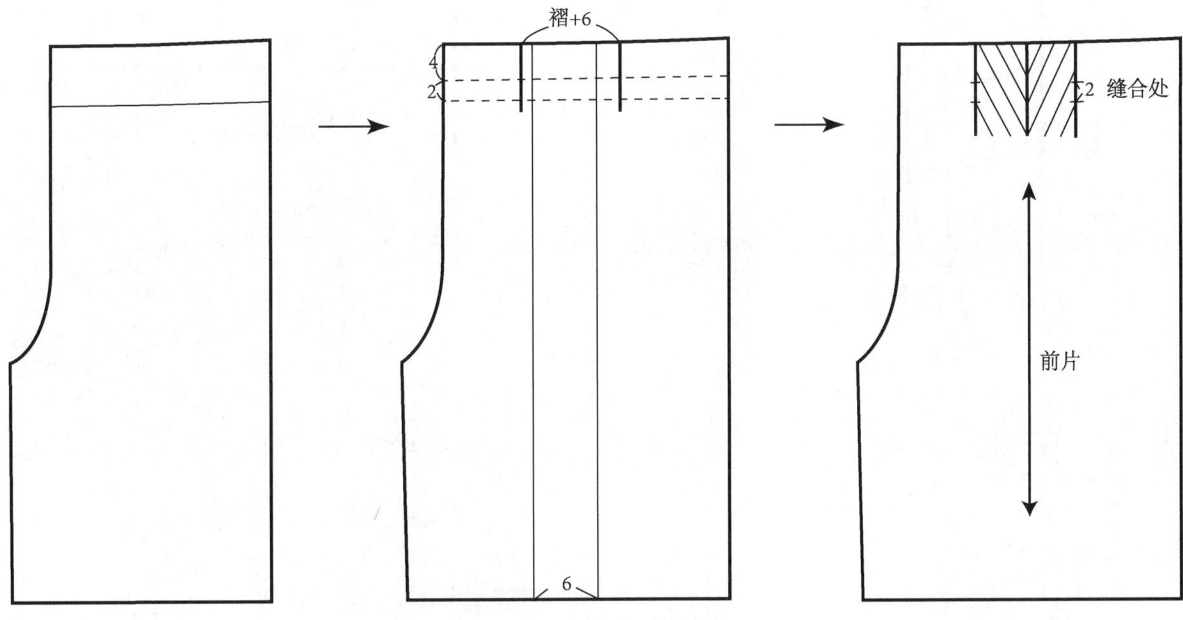

图 14-6-3 前裤片的修正

(5) 前腰襻样板

腰襻宽 2 cm、长 6 cm，分别在前腰围线缝迹线上下各取 1.5 cm，下端向下延长 1 cm 作尖角。

(6) 双嵌挖袋样板

后片双嵌挖袋样板作法详见基础款直筒裤的作法。

零部件样板如图 14-6-4 所示。

四、结构分析

这款箱形短裤的设计亮点在于高腰及工字褶的设计，工字褶尺寸较大，一般在 8 cm 以上，从基本板中可以计算得知这款褶裥宽约 11.5 cm。因为褶裥折叠后会减小围度尺寸的实际效果，因此在作基本板时臀围尺寸应适当减去部分褶裥尺寸，这样获得的前后片轮廓会与款式更为吻合，待样板轮廓完成后再通过剪开拉开的方式补充褶量。

超过正腰位的设计都称为高腰，其高度有较大差异，这款设计在正腰位上 5 cm，属于较为常见的高腰款式，因为腰围线以上人体围度逐渐增大，所以当腰围较高时应适当加放上止口的尺寸。在这个款式中，因为前片是褶裥设计，且上止口褶裥没有缝合，围度尺寸具有一定的弹性，所以腰围上止口尺寸和正腰位尺寸相同；后片是合体造型，所以上止口尺寸比正腰位尺寸大 0.5 cm，这一点是通过在侧缝加放和减小省道量来完成的。

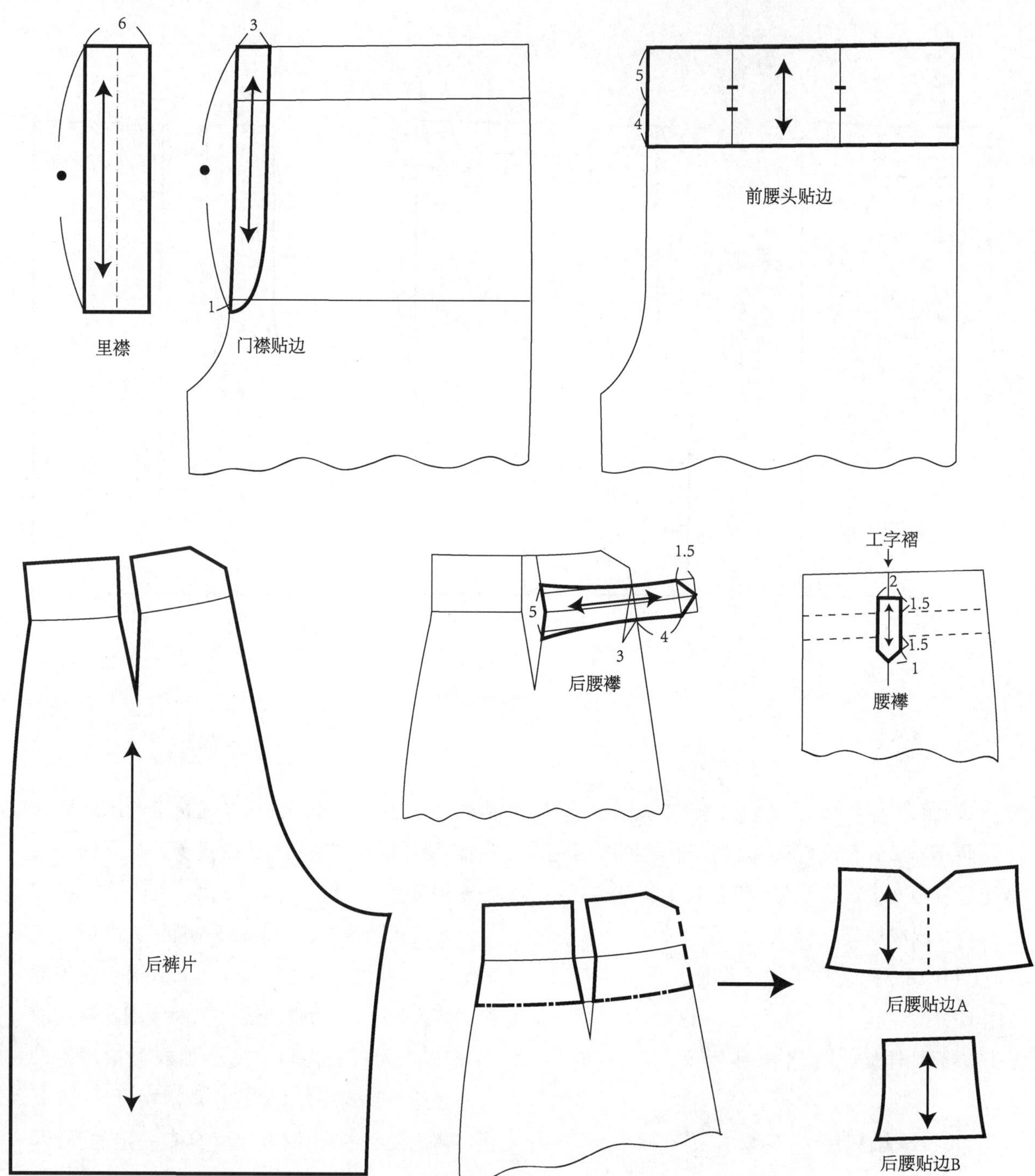

图 14-6-4 高腰箱形短裤零部件样板

第七节　连腰工装五分裤

一、款式说明

图 14-7-1 是一款有纵向分割设计的连腰工装五分裤，裤长至膝盖以下，裤子前后片均有纵向分割线设计，前片为连腰，侧片有单嵌条挖袋；后片通过横向分割形成腰头，并在分割线上有两个带盖立体贴袋；脚口大小适中，形成直筒造型。

图 14-7-1　连腰工装五分裤

二、规格设计（表 14-7-1）

表 14-7-1　连腰工装五分裤规格表

单位：cm

部位名称	腰围	臀围	腰长	直裆长	裤长	脚口围
净体尺寸 H	68	90	18	24.5	—	—
加放尺寸	2	8	0	1.5	—	—
成衣尺寸 H′	70	98	18	26	58	58

三、平面结构制图

1. 基础框架的绘制

(1) 作长方形

以宽为 H′/4+1、长为裤长作一个长方形为后片的基础框架;以宽为 H′/4-1、长为裤长作一个长方形为前片的基础框架。前后片基础框架并排放置,间距约 20 cm。

(2) 作横裆线

从腰围辅助线向下量取直裆尺寸作水平线为横裆线。

(3) 作臀围线

从腰围辅助线向下量取腰长尺寸作水平线为臀围线。

(4) 作后中心斜线及起翘量

同直筒裤后中心斜线的作图方法,取 15 : 3.5 为后中心斜度,斜线在腰围线上取 2.5 cm 作为起翘量。

(5) 取前后小裆宽

从后中心斜线与横裆线交点向外 H′/10 cm 在横裆线上取后小裆宽;从前中心线和横裆线交点向外 H′/20-1 cm 在横裆线上取前小裆宽。

(6) 作前后烫迹线

在横裆线上,取后横裆宽的中点并向侧缝偏移 1 cm,过该点作一条竖直线为后烫迹线;在横裆线上,取前横裆宽的中点,过中点作一条竖直线为前烫迹线。

2. 基本板的绘制

(1) 前裤片的轮廓线

① 根据成品尺寸确定轮廓关键点

首先计算好裤前片的腰臀差,并在腰围参考线上作合理分配。前臀围是 H′/4-1 cm=23.5 cm,前腰围作 W′/4+1 cm=18.5 cm,差值 5m。在前腰围辅助线上侧缝收进 1.5 cm 定前腰侧点 A,前中收进 1 cm 并下降 1 cm 定前腰点 B,余量用于纵向分割线处收腰。

然后确定前裤脚口尺寸,在前脚口线取脚口/2-3cm,均匀分布在前烫迹线两边,确定内外侧缝线与脚口线交点 C 和 D。

② 作前外侧缝线

定外侧缝辅助线与脚口线的交点为 C′,从上而下过点 A、G、C′作前外侧缝线,GC′为直线,取 CC′长为“▲”。

③ 作前内侧缝线

直线连接 ID,向内略微作弧线使之与脚口线垂直。

④ 作前上裆线

连接前腰点 B 和臀围线与前中心线的交点 H,前裆弧线的画法与直筒裤相同。

⑤ 作前腰围线

连接 AB 作前腰围线,使之与前中心线和侧缝线垂直。

⑥ 作前分割线

臀围线上前烫迹线向侧缝量取 2 cm,过该点作烫迹线的平行线,分别与腰围线及脚口线相交,脚口线相交处向侧缝量取“▲”作为脚口去除量,腰围线相交处均匀取腰围差◆作为收腰量,作前分割线。

⑦ 作横向分割线

横裆线下 13 cm 作水平线为前片横向分割线。

⑧ 定前挖袋位置及尺寸

首先合并前分割线后修正前腰围线,腰围线上 A 点向前中量取 5 cm 取点,臀围线上侧缝向前中方向量取 3 cm 取点,直线连接两点,该线上腰围线向下量取 9.5 cm 定挖袋上端,袋长 14 cm,袋宽 2 cm。

(2) 后裤片的轮廓线

① 根据成品尺寸确定轮廓关键点

首先连接后腰点 K 和腰围线与后侧缝线的交点,并在该辅助线上量取后腰围 W/4-1 cm,

余量约 4.5 cm。在侧缝处收进 1.5 cm，确定后腰侧点 L，多余的量作为后分割线处收腰量。

然后确定后裤脚口尺寸，在后脚口线取脚口围/2+3 cm，均匀分布在后烫迹线两边，确定内外侧缝线与脚口线交点 M 和 N。

② 作后外侧缝线

取外侧缝线辅助线与脚口线的交点为 M′，从上而下分别过 L、Q、O、M′ 作后外侧缝线，OM′段为直线，取 MM′为“●”。

③ 作后内侧缝线

因此款内侧缝线较平直，前后长度差几乎为零，无需落裆。直线连接 TN，向内略微作弧线使之与脚口线垂直。

④ 作后上裆线

后上裆线的作法与直筒裤相同。

⑤ 作后腰围线

连接 KL 作后腰围线，使之与后中心线和侧缝线垂直。

⑥ 作后分割线

将脚口尺寸五等分，取第二个等分点与腰围线中点连直线并与臀围线相交，腰围线中点处均匀取腰围差“★”作为收腰量，脚口处在第二个等分点向侧缝量取“●”作为去除量，作后分割线。

⑦ 作后腰头

后中心线处取 6 cm，侧缝处取 12 cm 连一条直线，在该直线中段向上约 1 cm 处作一条向上弯曲的弧形为后腰头下止口线。

⑧ 定立体贴袋的位置及尺寸

侧缝处后腰头下止口线向下 3 cm 作一水平线，距侧缝 3 cm 处定袋盖位置，袋盖宽 14 cm，水平向上倾斜约 1 cm，袋盖高 5 cm，并作圆角设计；袋盖上止口向下 2 cm 定口袋位置，袋口宽 13 cm，两侧分别比袋盖缩进 0.5 cm，贴袋高 14 cm，并在下角作圆角设计。

连腰工装五分裤基本板如图 14-7-2 所示。

3. 零部件样板

（1）前门襟及腰头贴边

前腰围线向下 6 cm 作腰围线的平行线，合并分割线并修正上下止口线作右前腰贴边；前中心线向侧缝方向量 3 cm 作平行线，与前腰贴边下止口线相交处修改为圆顺的曲线，则前中心贴边和前腰头贴边形成一体作左前腰贴边。

量取前门襟长，作长度相同、宽 6 cm 的长方形为里襟样板。

（2）作前挖袋

前烫迹线向前中量取 2 cm 作挖袋翻折对称线，口袋深至臀围线下 3 cm，套取挖袋样板，沿翻折线将其翻折，根据挖袋位置确定止口线。

作长 14 cm，宽 6 cm 为袋垫布样板；作长 14 cm，宽 4 cm 为袋口样板。

（3）后腰头及贴边样板

分别套取后腰头样板的两部分，沿后中心翻折后修正上下止口线作后腰头 A；合并缝线后修正后腰头 B 的上下止口线；将后腰头 A 和 B 样板合并作后腰头贴边。

（4）立体贴袋

套取袋盖样板，沿侧边和下止口向内 0.8 cm 作明线标记；取袋盖宽的中点并作垂线，在明线标记上 1.5 cm 作扣眼位置。

套取口袋样板，取袋口宽的中点并作垂线，沿垂线将样板剪开后水平拉开 6 cm 作工字褶量，在工字褶两边量取 0.8 cm 作明线标记，修正上下止口线。

零部件样板如图 14-7-3 所示，裤片样板如图 14-7-4 所示。

四、结构分析

这款五分裤有较多的结构设计点，例如前片无腰头、纵向分割、横向分割、单嵌挖袋、立体贴袋等，其中比较突出的有纵向分割线和立体贴袋，主要结构设计要点如下：

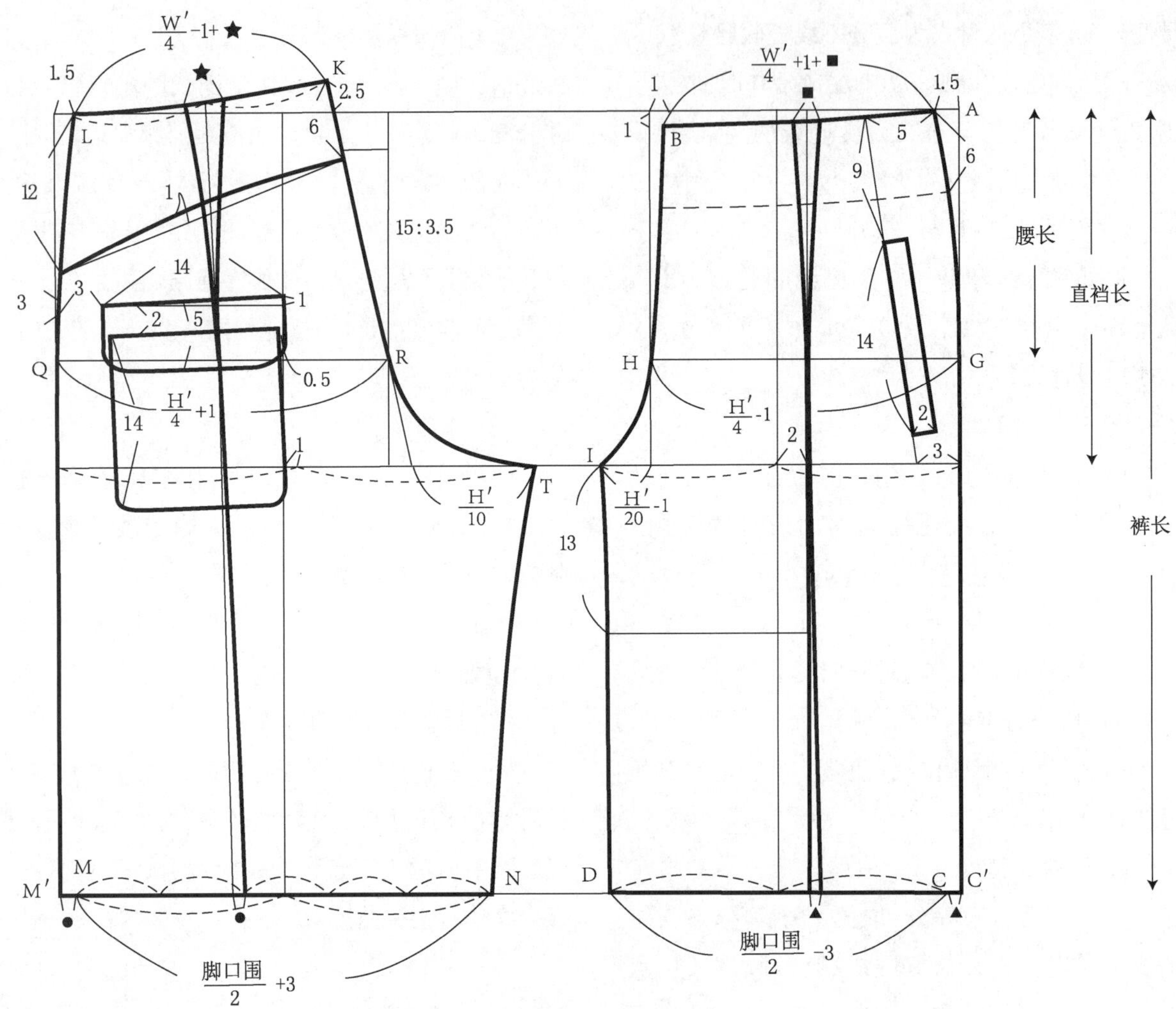

图 14-7-2　连腰工装五分裤基本样板

（1）纵向分割线的位置及造型

从款式可以看出这款五分裤整体呈直筒造型，不论是外侧缝还是分割线都基本为竖直状态，为实现这种外观采取了三点措施：一是裤脚口的前后偏分量比其他裤型更大，即前片脚口尺寸为脚口围/2－3 cm，后片脚口尺寸为脚口围/2＋3 cm，这样做的目的主要是为了增大后脚口尺寸，尽量保持外侧缝线竖直；二是考虑到后片收腰量较大，且腰围和脚口尺寸有一定的差量，所以分割线采取了上小下大略微倾斜的设计，以保证在立体上呈现竖直的外观效果；三是内外侧缝线在臀围线以下都采用竖直线，将脚口处的差量转移至分割线上。

（2）立体贴袋

立体贴袋是工装设计的重要元素，立体贴袋主要有两种方式：一是通过平面作褶裥实现口袋立体；二是通过增加侧边形成口袋立体。该款式的立体贴袋是第一种，在平贴袋的基础上通过剪开补充褶裥量的方式达到立体效果，补充的褶裥量可以上下均等，也可以上下宽度不同，具体尺寸也因款式不同有一定的差异。

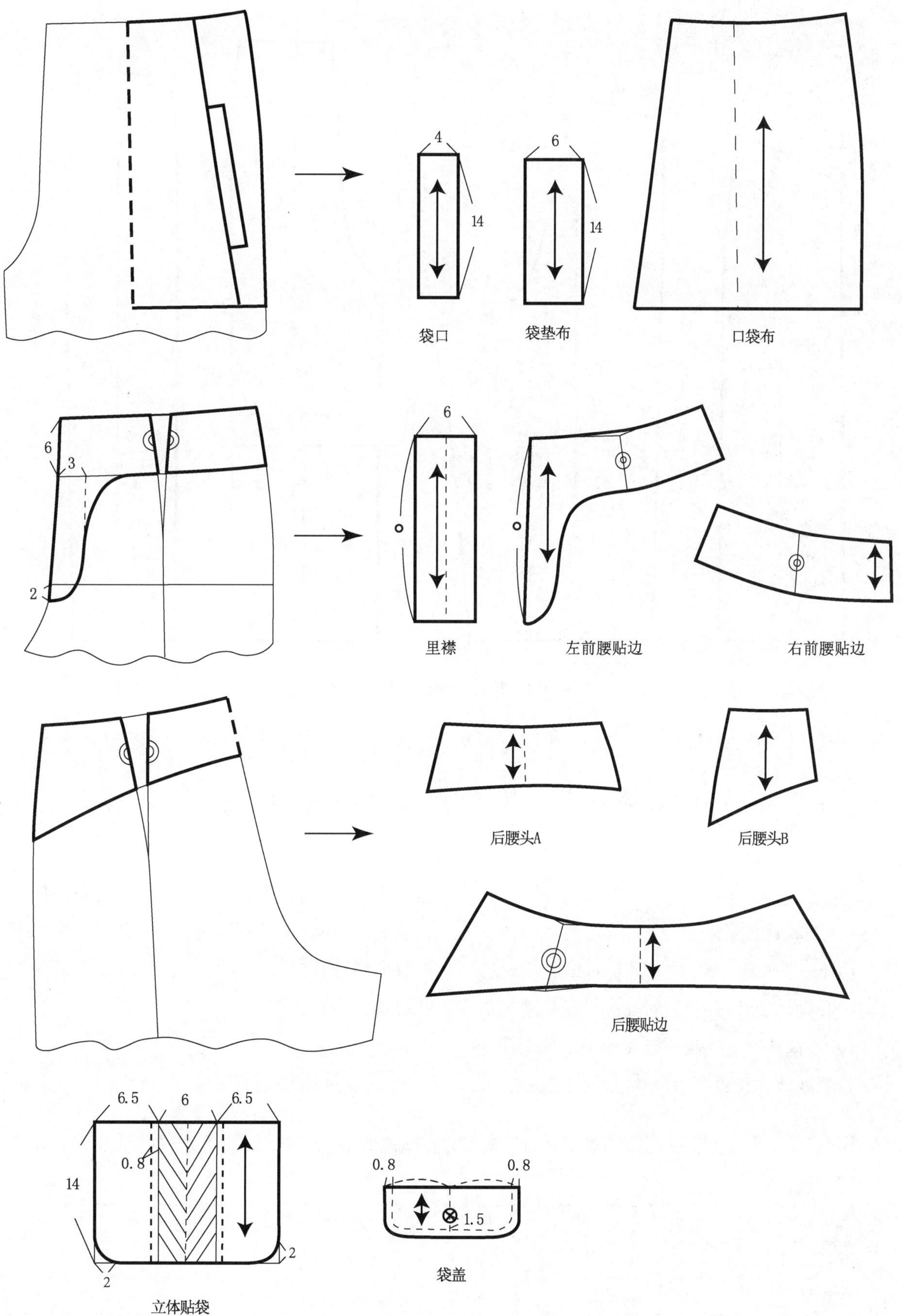

图 14-7-3　连腰工装五分裤零部件样板

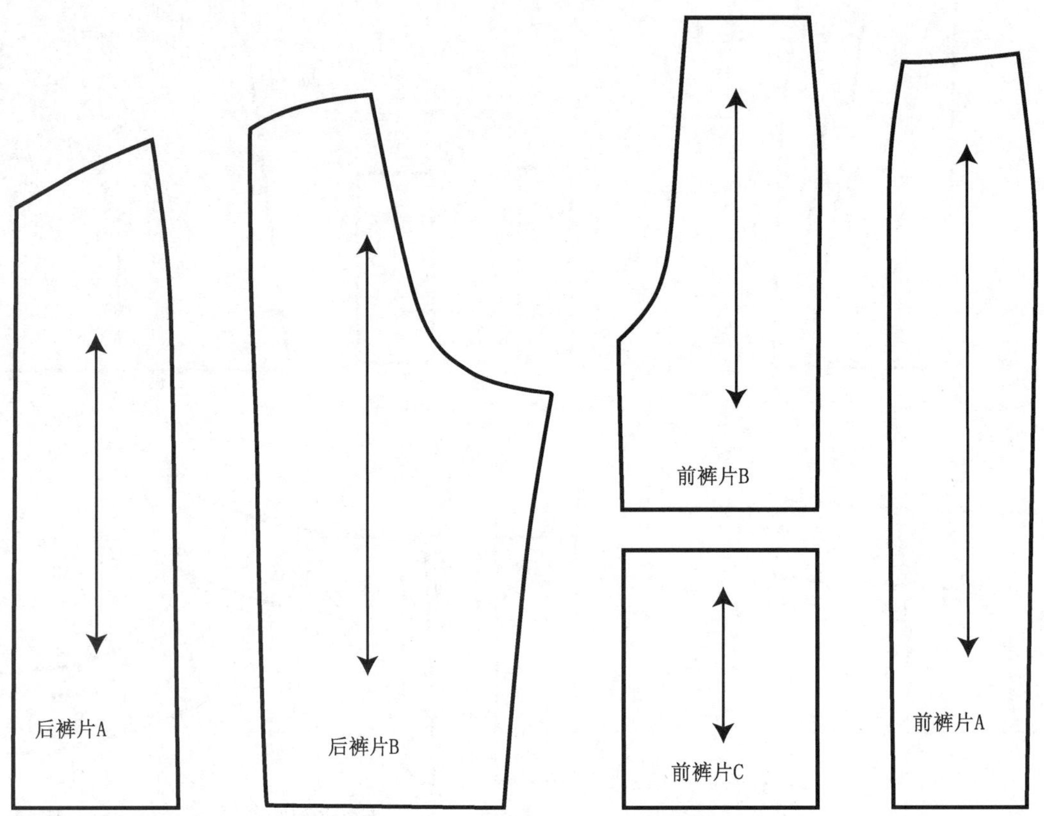

图 14-7-4　连腰工装五分裤裤片样板

第八节　叠门襟九分阔腿裤

一、款式说明

图 14-8-1 是一款叠门襟九分阔腿裤，裤子在前中心设计插片，并通过对插片进行折叠形成门襟，并不像平常的裤装一样在前中或分割线处形成拉链或纽扣扣合的门襟；因为前中有较大的折叠量，所以侧缝线明显向前，后片在臀部形成斜线分割，并延伸至侧缝上，后中心腰头采用了罗纹面料，使腰围尺寸有一定弹性，穿着更为方便舒适。

二、规格设计（表 14-8-1）

表 14-8-1　叠门襟九分阔腿裤规格表

单位：cm

部位名称	腰围	展开腰围	臀围	直裆长	裤长	脚口围	腰头宽
净体尺寸 H	68	—	90	24.5	—	—	—
加放尺寸	2	—	30	10.5	—	—	—
成衣尺寸 H′	70	90	120	34	85	62	4

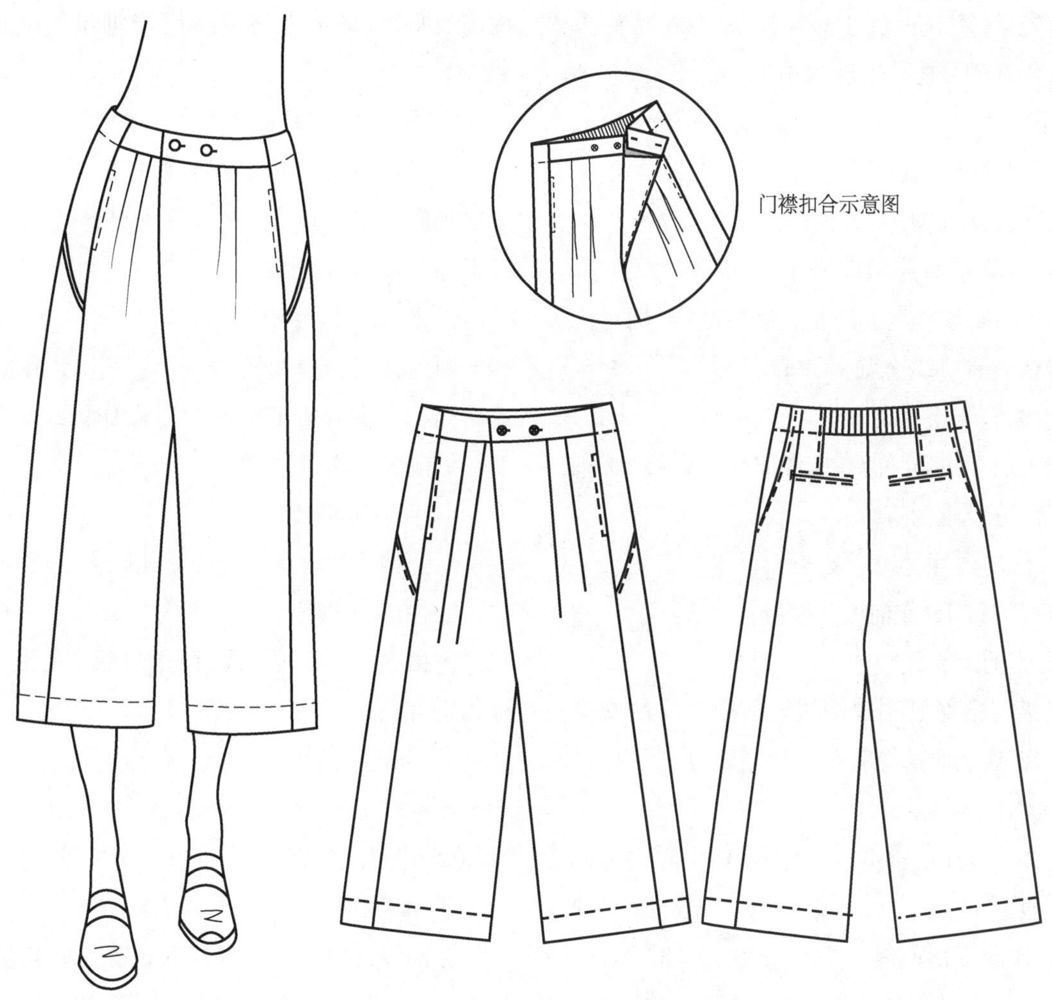

图 14-8-1　叠门襟九分阔腿裤

三、平面结构制图

1. 基础框架的绘制

(1) 作长方形

以宽为 H′/4+2 cm、长为裤长作一个长方形为后片的基础框架；以宽为 H′/4−2 cm、长为裤长作一个长方形为前片的基础框架。前后片基础框架并排放置，间距约 20 cm。

(2) 作横裆线

从腰围辅助线向下量取直裆尺寸作水平线为横裆线。

(3) 作臀围线

将直裆三等分，过第二个等分点作水平线为臀围辅助线。

(4) 作后中心斜线及起翘量

取 15∶2 为后中心斜度，斜线在腰围线上取 2 cm 作为起翘量。

(5) 取前后小裆宽

从后中心斜线与横裆线交点向外 H′/10 cm 在横裆线上取后小裆宽；从前中心线和横裆线交点向外 H′/20 cm 在横裆线上取前小裆宽。

(6) 作前后烫迹线

在横裆线上，取后横裆宽的中点并向侧缝偏移 1.5 cm，过该点作一条竖直线为后烫迹线；在横裆线上，取前横裆宽的中点，过中点作一条竖直线为前烫迹线。

2. 基本板的绘制

(1) 前裤片的轮廓线

① 根据成品尺寸确定轮廓关键点。

首先，计算好裤前片的腰臀差，并在腰围参考线上作合理分配。前臀围是 H′/4－2 cm＝28 cm，前腰围作 W′/4＝17.5 cm，差值 10.5 cm。侧缝不作收腰，在前中收进 2.5 cm 定前腰点 B，余量用于腰部褶裥。

然后，确定前裤脚口尺寸，在前脚口线取脚口/2－4 cm，均匀分布在前烫迹线两边，确定内外侧缝线与脚口线交点 C 和 D。

② 作前外侧缝线。

从上而下过点 A、G、C 作前外侧缝线，臀围线以下部分基本为直线。

③ 作前内侧缝线。

直线连接 ID 作前内侧缝线。

④ 作前上裆线。

连接前腰点 B 和臀围线与前中心线的交点 H，前裆弧线的画法与直筒裤相同。

⑤ 作前腰围线。

连接 AB 作前腰围线，使之与前中心线和侧缝线垂直。

⑥ 作腰部褶裥。

腰围线上从侧缝量取 5 cm 作第一个褶裥，第二个褶距第一个 2.5 cm，分别取前腰围差量的一半作褶量，在臀围线上两个褶的正下方分别取 1.5 cm 作褶的两边，并标识折叠方向。

⑦ 作前腰头。

腰围线向下 4 cm 作其平行线为腰头下止口线。

⑧ 作直插袋。

侧缝线上腰头下止口下 2 cm 定直插袋位置，袋口长 13 cm。

⑨ 修正脚口线。

将内外侧缝线适当延长并修正脚口线，使之与侧缝线垂直。

(2) 后裤片的轮廓线

① 定后脚口尺寸。

在后脚口线取脚口/2＋4 cm，均匀分布在前烫迹线两边，确定内外侧缝线与脚口线交点 N 和 M。

② 作后外侧缝线。

腰围处外侧缝不收腰，腰侧点向下分别过臀围线和侧缝交点 Q 及 M 作后外侧缝线，臀围线以下部分基本为直线。

③ 作后内侧缝线。

因此款内侧缝线较平直，前后长度无差，无需落裆。直线连接 TN，向内略微作弧线使其斜度与外侧缝线相近。

④ 作后上裆线。

后上裆线的作法与直筒裤相同。

⑤ 作后腰围线。

连接 KL 作后腰围线，使之与后中心线和侧缝线垂直。

⑥ 作后分割线。

腰围线上侧缝向后中量取 7.5 cm，向下量取 30 cm 根据款式作一条曲线为分割线。

⑦ 作后腰省。

分割线处向后中心量取 7.5 定省道位置，省道 1.5 cm，长 11.5 cm，基本与腰围线垂直。

⑧ 定作后腰头罗口尺寸。

后腰头向下 4 cm 作其平行线为后腰头下止口线；后腰围尺寸为 W′/4＋5 cm＝22.5 cm，其中 5 cm 为前门襟折叠的补充量，从后中心量取 7.5 cm 为后腰头中心处罗口的未拉伸尺寸，裤片在腰头下止口线上的余量作为抽褶量。

⑨ 定双嵌挖袋位置及尺寸。

过后腰省省尖点作省道的垂线，挖袋长 12 cm，宽 1.2 cm，以省尖为挖袋长的第一个三等分点确定挖袋位置。

⑩ 修正脚口线。

同前脚口线的修正方法，适当延长内外侧缝线，脚口线作弧线，使之与侧缝线垂直。

叠门襟九分阔腿裤基本板如图 14-8-2 所示。

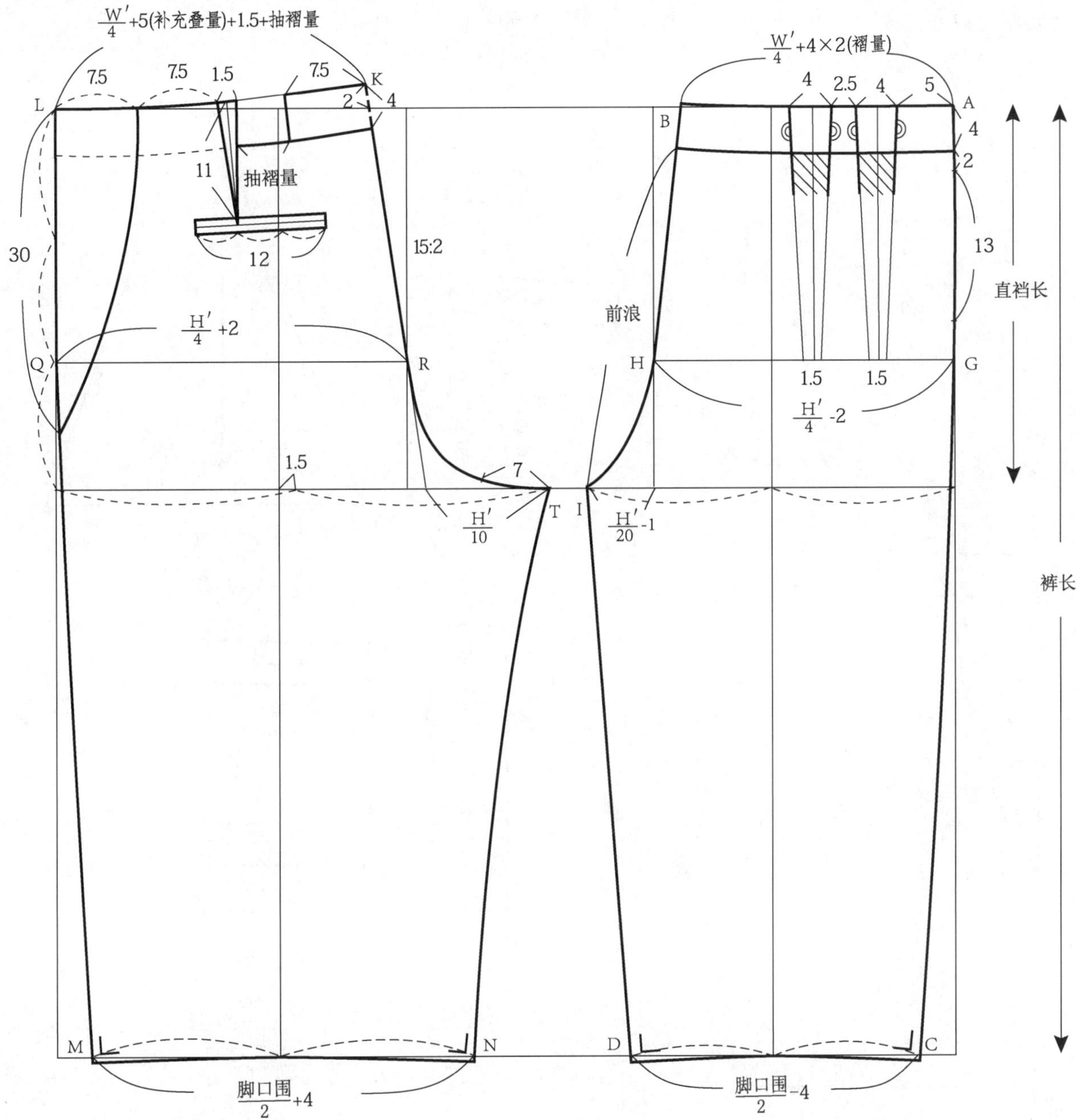

图 14-8-2　叠门襟九分阔腿裤基本板

3. 零部件样板

(1) 前中心插片样板

首先量取前裤片前浪长，前中心插片为三角形，插片宽 30 cm，作其垂直中线，在中心线上找一点使三角形侧边长为前浪＋7 cm，在后裤片后裆弧线处量取 7 cm 作插片缝合止口。

(2) 前腰头样板

合并腰部褶裥，修正上下止口线，在距前中心 1.5 cm 处定第一颗纽扣位置，间隔 7 cm 定第二颗纽扣位置。

(3) 直插袋样板

直插袋作法同直筒裤中直插袋作法。

(4) 后腰头罗纹及贴边样板

后中心腰头为罗纹材质，取罗纹长 15 cm、宽 4 cm；套取后腰头侧缝至后腰省的部分为后腰头贴边样板。

零部件样板见如图 14-8-3 所示，裤片样板如图 14-8-4 所示。

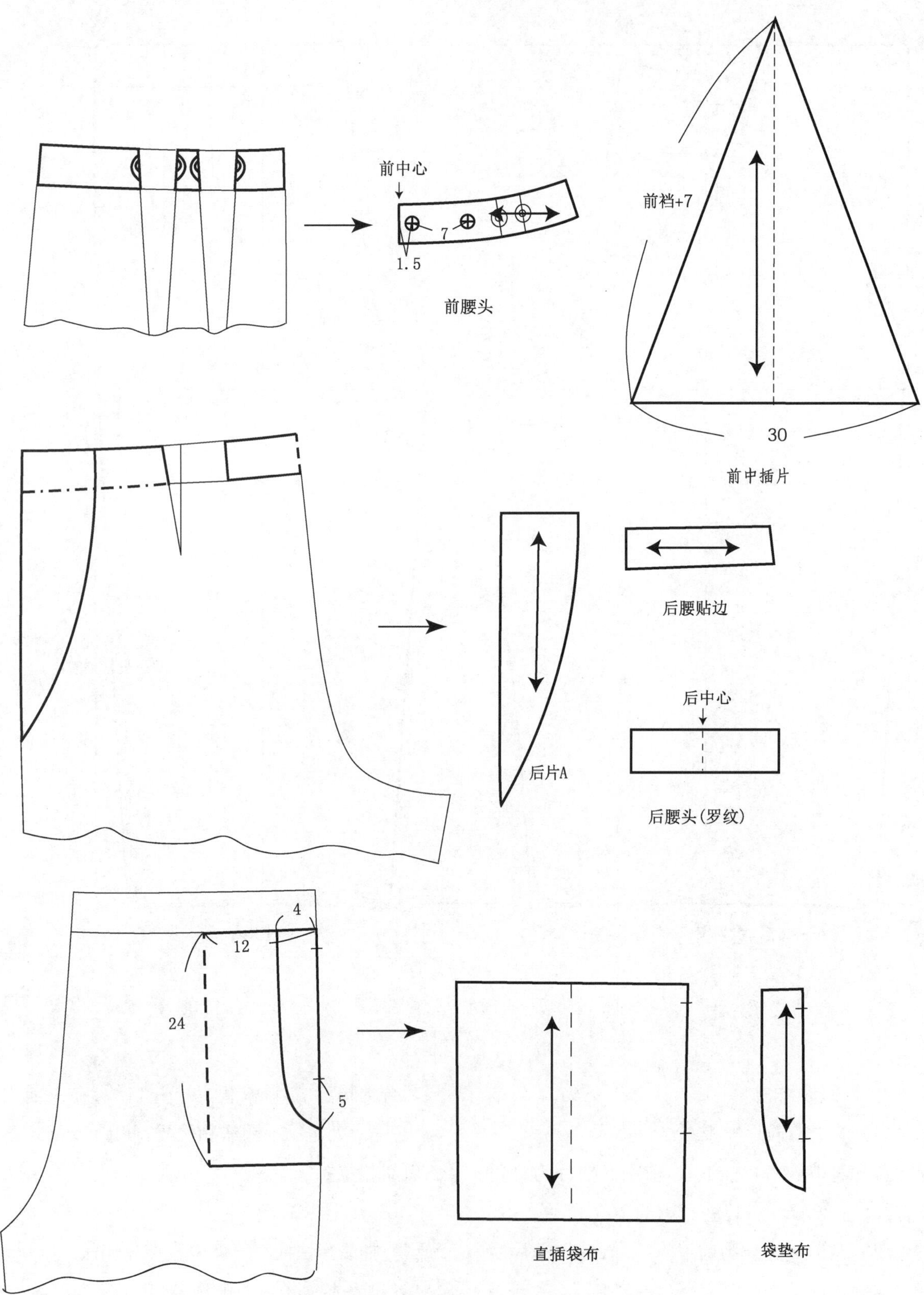

图 14-8-3 叠门襟九分阔腿裤零部件样板

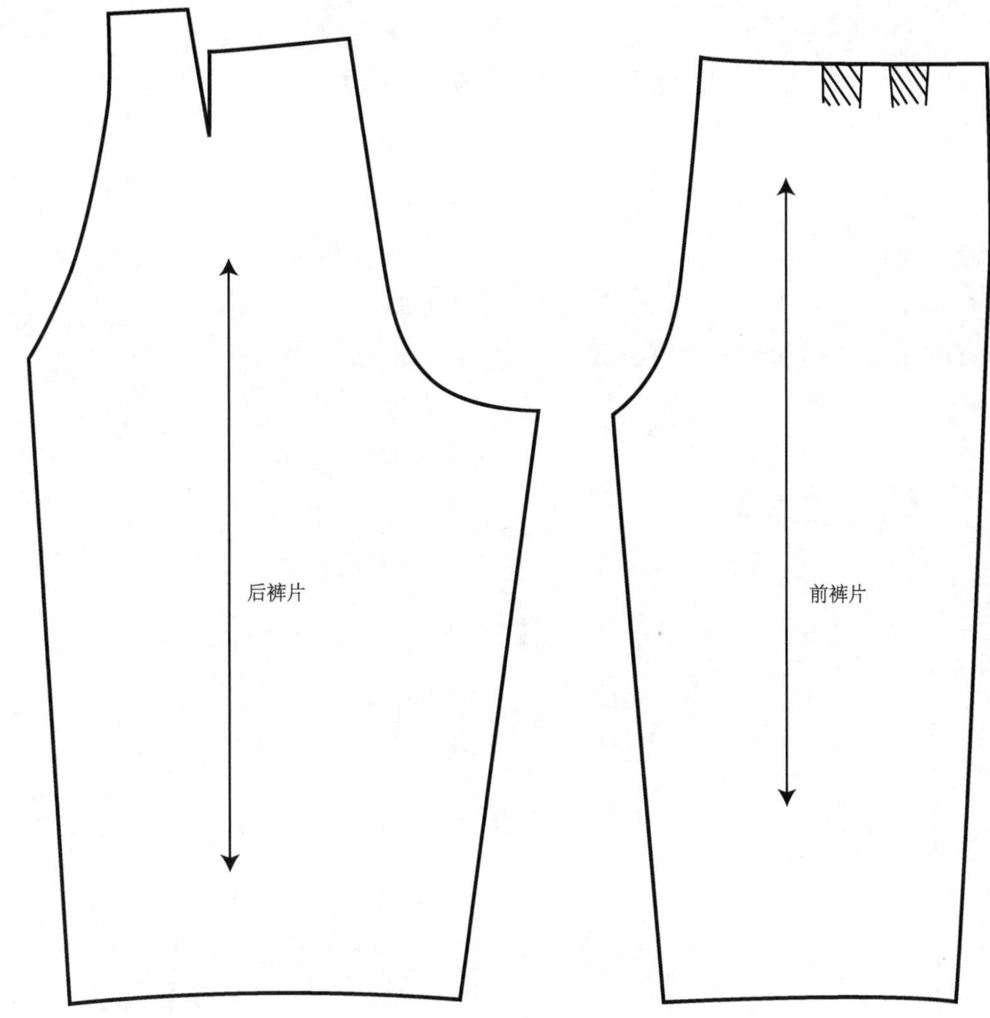

图 14-8-4 叠门襟九分阔腿裤裤片样板

四、结构分析

这款九分阔腿裤主要有以下几个结构设计点：

（1）前中心折叠门襟设计

不同于大多数裤装的门襟设计，此款通过在前中心增加插片，通过左右折叠的方式来制作门襟，这种设计方式使腰围交叠量为 10 cm，所以在样板制作时后腰围补充 5 cm；臀围处的交叠主要通过插片进行弥补；插片宽度则为交叠量的 3 倍，前中心的折叠实际从腰部开始一直延续到横裆，因此插片的长度跨过前横裆并向后横裆延伸，因为后片无折叠，所以延伸量不易过多，以免穿着时拼接线外露，这里在后横裆处取值 7 cm 是通过样品测试得到的结果。

（2）侧缝线前移

从款式图前片中可以清晰地看出侧缝前移明显，所以在臀围分配上后臀围为 H′/4＋2，前臀围为 H′/4－2，此外因为叠门襟的缘故，前片有部分重叠，使得实际的前后臀围差更大。

（3）变化丰富的腰部

本款式的腰部有三种变化形式，前片采用低腰头设计，侧面采用连腰设计，后中腰部运用了罗纹面料的弹性效果，裤片后中根据罗纹尺寸进行收缩，可以更大程度的调节腰围，满足穿着舒适的需要。

第九节　偏门襟落裆裤

一、款式说明

图 14-9-1 所示是一款偏门襟落裆裤。裤子前后片都没有中心分割线，而是分别在前后进行纵向分割，在前片分割线处设计了门襟。裤长在脚踝以上，采用克夫设计，裤脚通过褶皱形成灯笼裤外形。

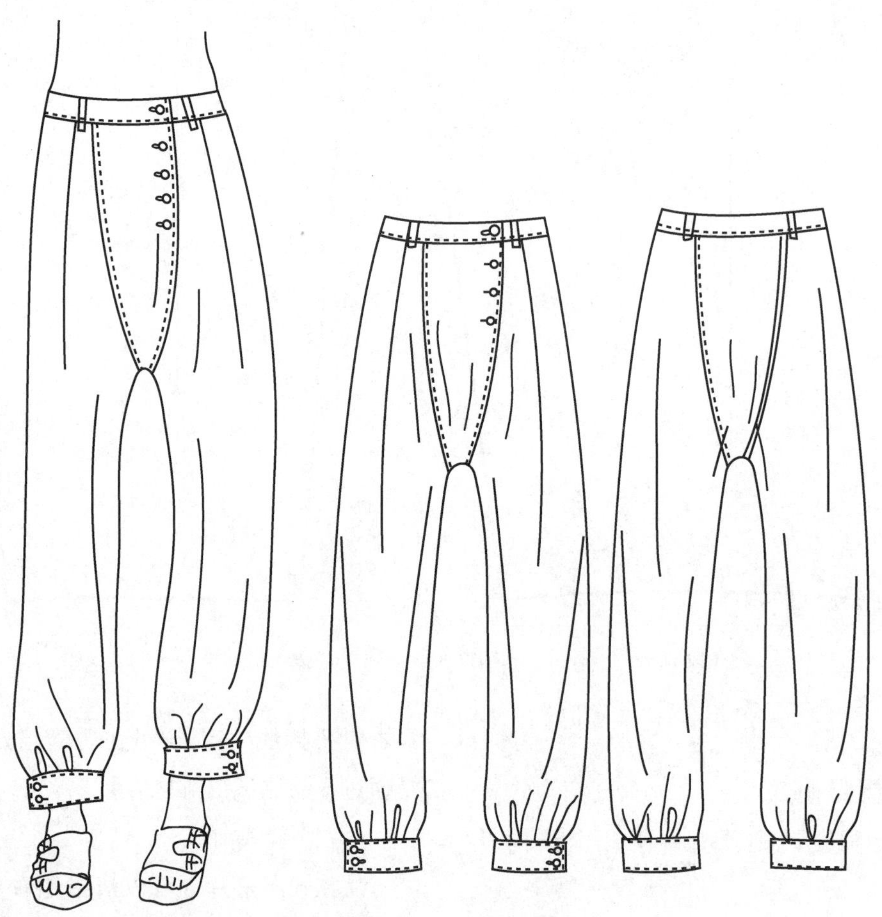

图 14-9-1　偏门襟落裆裤

二、规格设计（表 14-9-1）

表 14-9-1　偏门襟落裆裤规格表

单位：cm

部位名称	腰围	臀围	直裆长	腰头宽	裤长	脚口围	脚口克夫
净体尺寸 H	68	90	24.5	—	—	—	—
加放尺寸	1	12	8.5	—	—	—	—
成衣尺寸 H′	69	102	33	3.5	90	48	32

三、平面结构制图

1. 基础框架的绘制

(1) 作长方形

和绘制直筒裤的基础框架方法相似，分别以前宽为 H′/4－1，后宽为 H′/4＋1 长为裤长－5 cm作两个相同的长方形为前后片的基础框架，两长方形直接间距约 20 cm。

(2) 作横裆线

从腰围辅助线向下量取直裆尺寸作水平线为横裆线。

(3) 作臀围线

将直裆三等分，过第二个等分点画水平线作臀围辅助线。

(4) 作后中心斜线及起翘量

同直筒裤后中心斜线的作图方法，取 15∶1.5 为后中心斜度，与腰围辅助线和横裆线相交。

(5) 取前后小裆宽

从前中心线和横裆线交点向外 0.15H′/2－1 cm 在横裆线上取前小裆宽，记为点 I；从后中心斜线与横裆线交点向外 0.15H′/2 在横裆线上取后小裆宽，记为点 T。

(6) 作前后烫迹线

分别过前后臀围中点作竖直线为前后烫迹线。

2. 基本板的绘制

(1) 前裤片的轮廓线

① 作前中心对称线。

直线连接前中心与腰围辅助线交点和点 I，并向上延伸 2.5 cm，记为前中心点 B；臀围线上直线与前中心辅助线的距离记为“▲”。

② 定前脚口线。

取前脚口尺寸为 1.5 脚口/2－1 cm，均匀分布在前烫迹线两边，确定内外侧缝线与脚口线交点 C 和 D。

③ 作内前外侧缝。

腰围辅助线上侧缝处收进 1.5 cm，记为点 A，自上而下过点 A、G、C 作前外侧缝线，线条臀围线以下部分平直；连接 ID 并向内 2.5 cm 作曲线使之与脚口基本垂直，为前内侧缝线。

④ 作前腰围线。

连接 AB 作前腰围线使之与前中心对称线和外侧缝线垂直。

⑤ 作前分割线。

腰围线上前中处量取 10 cm，前内侧缝线上 I 点向下量取 3 cm，直线连接两点，向侧缝方向量取 2 cm 根据款式作前中片的外止口线。

前腰围尺寸为 W′/4＝17.25，测量当前腰围尺寸，在腰围线上分割线处量取差量后作前侧片的外止口线，线条造型与之前画的分割线相近，且在臀围线上与之距离为“▲”。

(2) 后裤片轮廓线

① 作后中心对称线。

直线连接后中心斜线与腰围辅助线交点和点 T，并向上延伸 3.5 cm，记为后中心点 K；臀围线上直线与前中心辅助线的距离记为“●”。

② 定后脚口线。

取前脚口尺寸为 1.5 脚口/2－1 cm，均匀分布在后烫迹线两边，确定内外侧缝线与脚口线交点 M 和 N。

③ 作内前外侧缝。

后片内外侧缝线的作法与前片相同，腰围线上侧缝处收进 1.5 cm 后作后外侧缝线；连接 ID 并向内 2.5 cm 作曲线为后内侧缝线。

④ 作后腰围线。

连接 LK 作后腰围线使之与后中心对称线和外侧缝线垂直。

⑤ 作后分割线。

腰围线上后中处量取 11 cm，后内侧缝线上 T 点向下量取 3 cm，直线连接两点，向侧缝方向量取 2 cm 根据款式作后中片的外止口线；

后腰围尺寸为 W′/4＝17.25 cm，在腰围线上分割线处量取差量后作前侧片的外止口线，线条造型与之前画的分割线相近，且在臀围线上与之距离为“●”。

偏门襟落裆裤基本板如图 14-9-2 所示。

3. 裤片样板的修正和零部件样板

(1) 后分割线的修正

分别套取后中片和后侧片，因为斜度差异，两条分割线有一定的长度差，将两条分割线从内侧缝线处开始拟合直至腰围线，保持前中点和前侧点不变，重新修正腰围线。

(2) 后腰头及腰襻样板

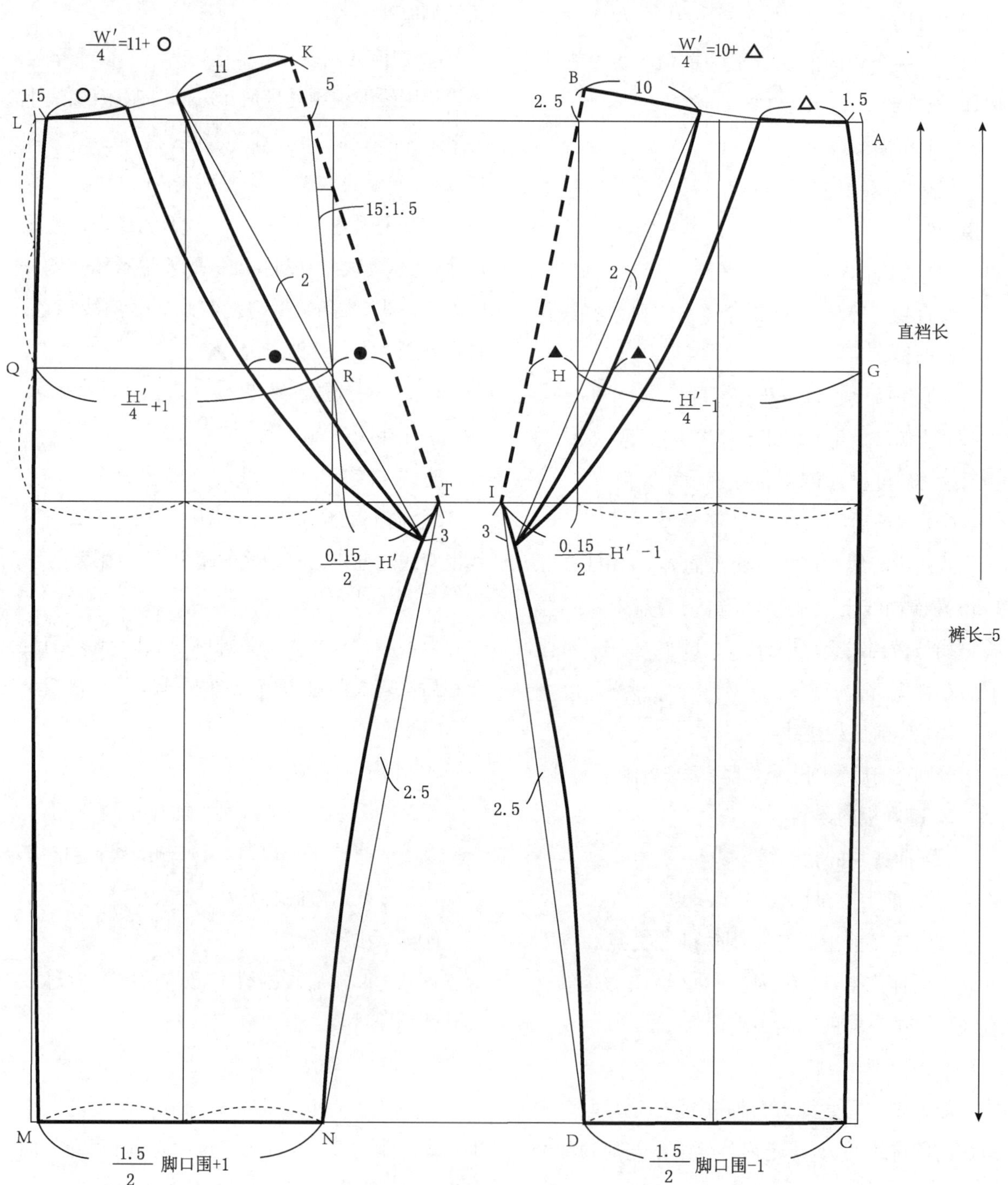

图 14-9-2 偏门襟落裆裤基本板

后腰围线修正后，保持后中片和后后片拟合的状态，腰围线下 3.5 cm 作其平行线为后腰头下止口线，沿后中心对称线翻折后作后腰头。

腰围线上距分割线 1 cm 处定腰襻位置，腰襻长 4.5 cm，宽 1 cm。

（3）后中片样板

将后中片沿对称线翻折，直线连接下止口两点，按分割线将后中片与侧片重新拟合，使内侧缝处不重叠，下止口两点连线向上 1 cm 左右根据内侧缝曲线修正前中片下止口线。

（4）前片分割线的修正

前片分割线及腰头、腰襻的作法同后片。

（5）前中片样板

首先将前中片沿对称线翻折，并拉开一定距离使其下止口与后片相等，同后片的作法完成前中片样板。

（6）前门襟样板

沿前片外止口 3 cm 作平行线至臀围线为止，作门襟贴边样板，上止口向上 1.5 cm 定第一个扣眼位置，距下止口 2 cm 定第四个扣眼位置，均匀地取中间两个扣眼位置；量取贴边外止口长度，作等长、宽 6 cm 的长方形为里襟样板。

（7）脚口克夫样板

以宽 5 cm、长为脚口尺寸作长方形，延长 3 cm 为叠门量。

裤片及零部件样板如图 14-9-3 所示。

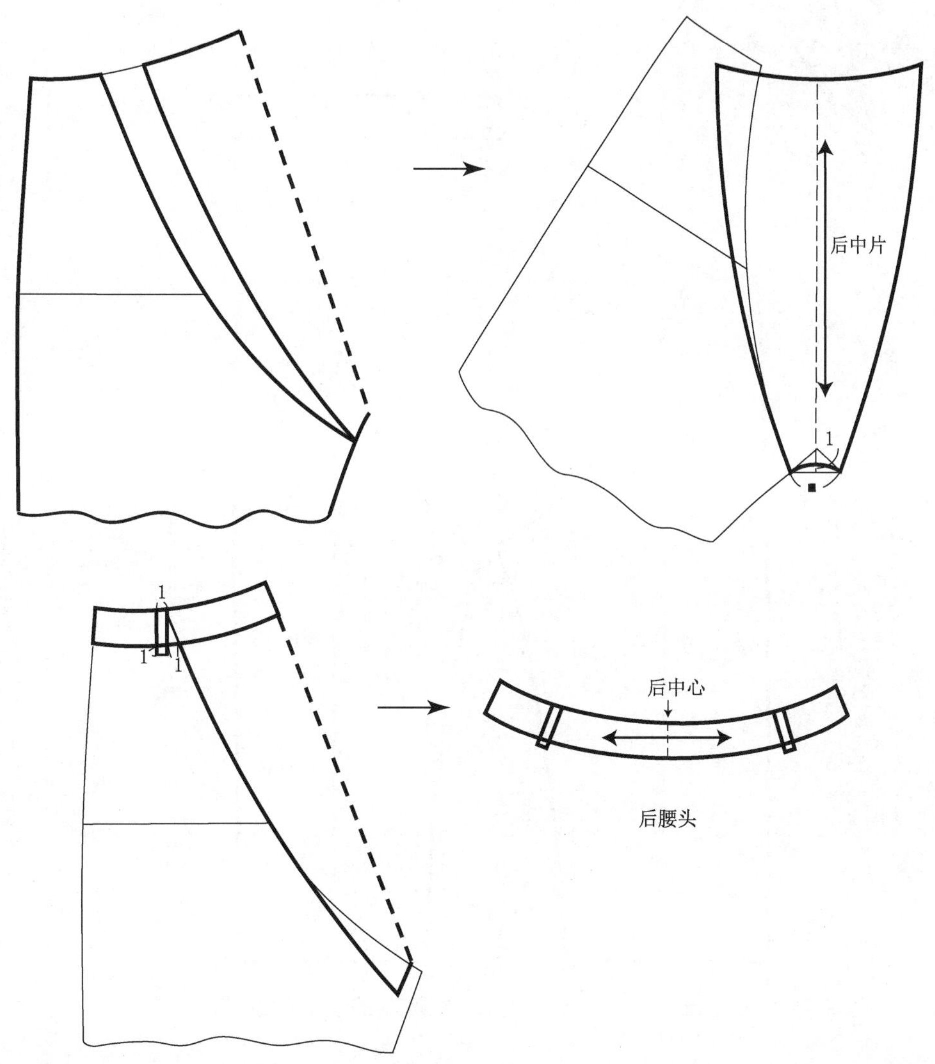

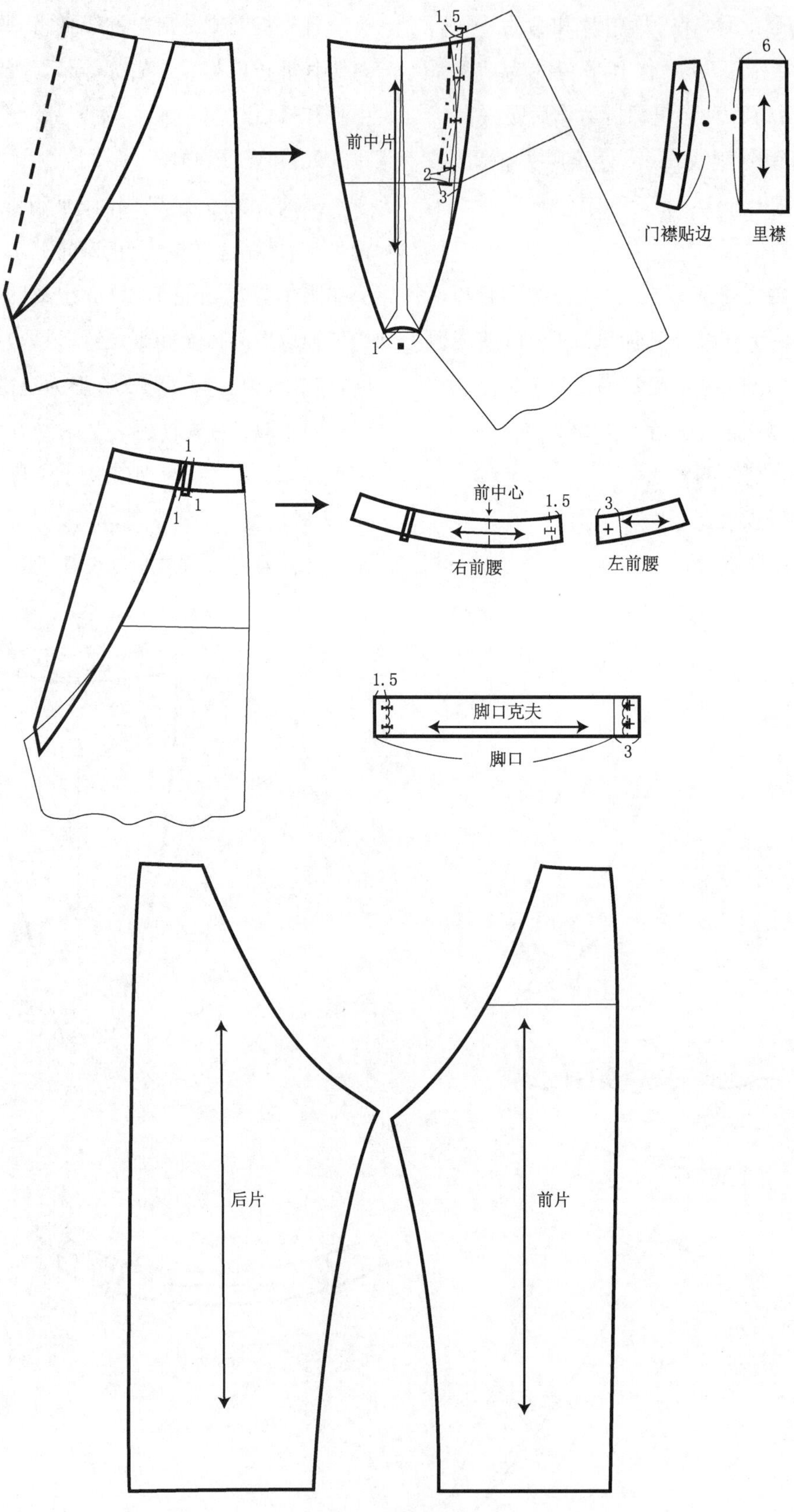

图 14-9-3 偏门襟落裆裤裤片及零部件样板

四、结构分析

落裆裤最大的特点是裆部明显降低，不同的款式裆部位置有较大差异，当裆部足够低时裤子的穿着体验与半裙相近，运动便利性较差。

从款式可以看出该款落裆裤裆位与人体裆部的间隙并不是很大，腰臀部的松量也适中，是一款较为合体的落裆裤。其最核心的设计要点是前后中心线的消失，由此造成的前后中心线缩短，为了一定程度地改善穿着舒适性和运动便利性，结构设计时主要通过以下三点实现：

① 规格设计中直裆尺寸远大于常规裤裆的直裆尺寸。

② 上抬前后腰节点来弥补前后中心线的长度，在样板制作时前中心上抬 2.5 cm，后中心上抬 5 cm。

③ 因为不存在前后小裆曲线，前后片的横裆差异远远小于常规裤裆结构，因而前后横裆尺寸分配时几乎无差异，后横裆仅比前横裆大 1 cm，但横裆总尺寸与常规横裆尺寸相同。

第十节　马　　裤

一、款式说明

马裤，顾名思义是专为骑马设计的裤装。由于运动的需要，传统马裤在款式上具有臀、裆及大腿部位宽松，小腿部位收紧的特点，这主要是因为面料没有弹性，只有通过尺寸上的放松使骑手运动舒适。因为功能性面料的出现，现代马裤已经很少采用上宽下紧的设计，传统马裤造型更多地是作为一种时尚款式，宣扬运动文化，鼓励女性坚韧不羁的精神。

图 14-10-1 的马裤采用传统的上松下紧造型，腰围适中，臀围直至膝盖部位宽松，小腿处收紧形成绑腿的效果，上下部分的衔接通过抽褶实现，这一设计也增强了膝盖部位的运动舒适性。马裤在臀部、裆部直至大腿内侧也有分割，因为这些部位是骑马时摩擦最多的部位，因此传统马裤会采用皮革等耐磨材质，现代设计中也可以通过绗缝进行加固和装饰。

二、规格设计(表 14-10-1)

表 14-10-1　马裤规格表

单位：cm

部位名称	腰围	臀围	直裆长	腰头宽	裤长	脚口围
净体尺寸 H	68	90	24.5	—	—	—
加放尺寸	2	8	2.5	—	—	—
成衣尺寸 H′	70	98	27	6	90	32

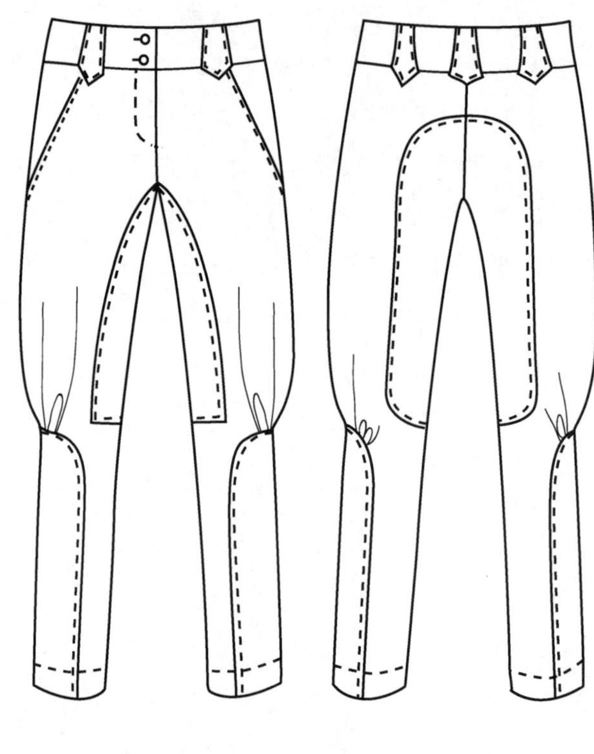

图 14-10-1 马裤

三、平面结构制图

1. 基础框架的绘制

(1) 作长方形

分别以前宽为 H′/4－1 cm，后宽为 H′/4＋1 cm，长为裤长作两个相同的长方形为前后片的基础框架，两长方形之间间距约 20 cm。

(2) 作横裆线

从腰围辅助线向下量取直裆尺寸作水平线为横裆线。

(3) 作臀围线

从腰围辅助线向下量取直裆尺寸作水平线为臀围线。

(4) 作后中心斜线及起翘量

取 15∶3.5 为后中心斜度，与腰围辅助线和横裆线相交，起翘 2.5 cm。

(5) 取前后小裆宽

从前中心线和横裆线交点向外 H′/20－1 cm 在横裆线上取前小裆宽，记为点 I；从后中心斜线与横裆线交点向外 H′/10 在横裆线上取后小裆宽，记为点 T。

(6) 作前后烫迹线

过前横裆中点作前烫迹线，取后横裆中点偏向侧缝 1 cm 作后烫迹线。

2. 基本板的绘制

(1) 前裤片的轮廓线

① 根据成品尺寸确定轮廓关键点。

因为翘臀差较大，所以前腰围尺寸取 W′/4＋1＝18.5 cm，前臀围是 H′/4－1＝24.5 cm，差值 6 cm。在侧缝处收进 2 cm，作点 A，留 1.5 cm 作为腰省进行省道合并和吃势，余量在前中心收进，前中收进后下降 1 cm，作点 B。

然后确定前裤脚口尺寸，在前脚口线取脚口/2－2 cm，均匀分布在前烫迹线两边，确定内外侧缝线与脚口线交点 C 和 D。

② 定中裆缝线。

取臀围线到脚口线的中点，向下 5 cm 作一条水平线。

③ 作内外侧缝线。

过脚口 C、D 点向上作竖直线与中裆线相交，分别向外侧加放 1.5 cm 后定点 E、F，直线连接 ED 和 FC。

直线连接 IE，向内收进约 0.5 cm 作曲线与 ED 连接为前内侧缝线。

F 点水平向外加放 4 cm 后过点 A、G 作前外侧缝线，线条在臀围线以下平直。

④ 作前上裆线。

因为前中收腰量比较大，连接 BH 作微凸曲线，小裆弧形作法同基础锥形裤。

⑤ 作前腰头。

过 AB 作前腰围线，确定与前外侧缝线和前中心线垂直；向下量取 6 cm 作腰围线的平行线为前腰头下止口线；在前烫迹线处作腰省，省宽 1.5 cm，省长 8 cm。

⑥ 定插袋位置及尺寸。

前腰头下止口线侧面量取 5 cm，外侧缝线向下量取 15 cm，直线连接作斜插袋袋口线。

⑦ 作内侧分割线。

中裆线 E 点向上量取 1.5 cm 后作水平线，长 5 cm，前小裆弧形上量取 5 cm，连接两点作与前内侧缝线弧度相近的曲线。

⑧ 作脚口分割线。

脚口线上前烫迹线向内侧缝量取 1 cm，向上作直线并逐渐向中裆线靠近直至外侧缝形成圆顺的曲线。

(2) 后裤片的轮廓线

① 根据成品尺寸确定轮廓关键点。

连接后腰点 K 和腰围线与后侧缝线的交点，并在该辅助线上量取后腰围 W′/4－1，余量约 4.5 cm，侧缝处收进 1.5 cm 作后腰侧点 L，余量作为腰省量用于后面的转移。

在后脚口线取脚口/2＋2 cm，均匀分布在后烫迹线两边，确定内外侧缝线与脚口线交点 M 和 N。

② 作内外侧缝线。

同前片的做法过脚口 M、N 点向上作竖直线，在中裆线交点分别向外侧加放 1.5 cm 后定点 O、P，直线连接 OM 和 PN。

直线连接 TP，向内收进月 1.5 cm 作曲线与 PN 连接为后内侧缝线；O 点水平向外加放 5 cm 后作后外侧缝线。

③ 作后上裆线。

量取内外侧缝线长度差，取落当量约 0.7 cm，直线连接 KR，小裆弧形作法同基础锥形裤。

④ 作后腰头。

同前片作法，腰围线下 6 cm 作后腰头后止口线。

⑤ 作后分割线。

后中心线上腰头止口线向下 6 cm 作止口线的平行线，交烫迹线后延伸 1.5 cm；后内侧缝线上 P 点向上量取 1.5 cm，烫迹线上过中裆线向上量取 2.5 cm，分别直线连接三点形成分割线的辅助线。沿辅助线作后分割线，在交点处作圆角。

⑥ 作脚口分割线。

同前片的作法，在脚口线上后烫迹线向外侧缝量取 1.5 cm，向上作直线并逐渐向中裆线靠近直至外侧缝形成圆顺的曲线。

⑦ 作后腰省。

将后腰围线三等分，在第一个等分点取省道 1 cm，长 6 cm；以第二个等分点为省道侧边，取腰省余量为省道宽，省道与腰围线垂直，取与后分割线的交点为省尖。

完成的马裤基本板如图 14-10-2 所示。

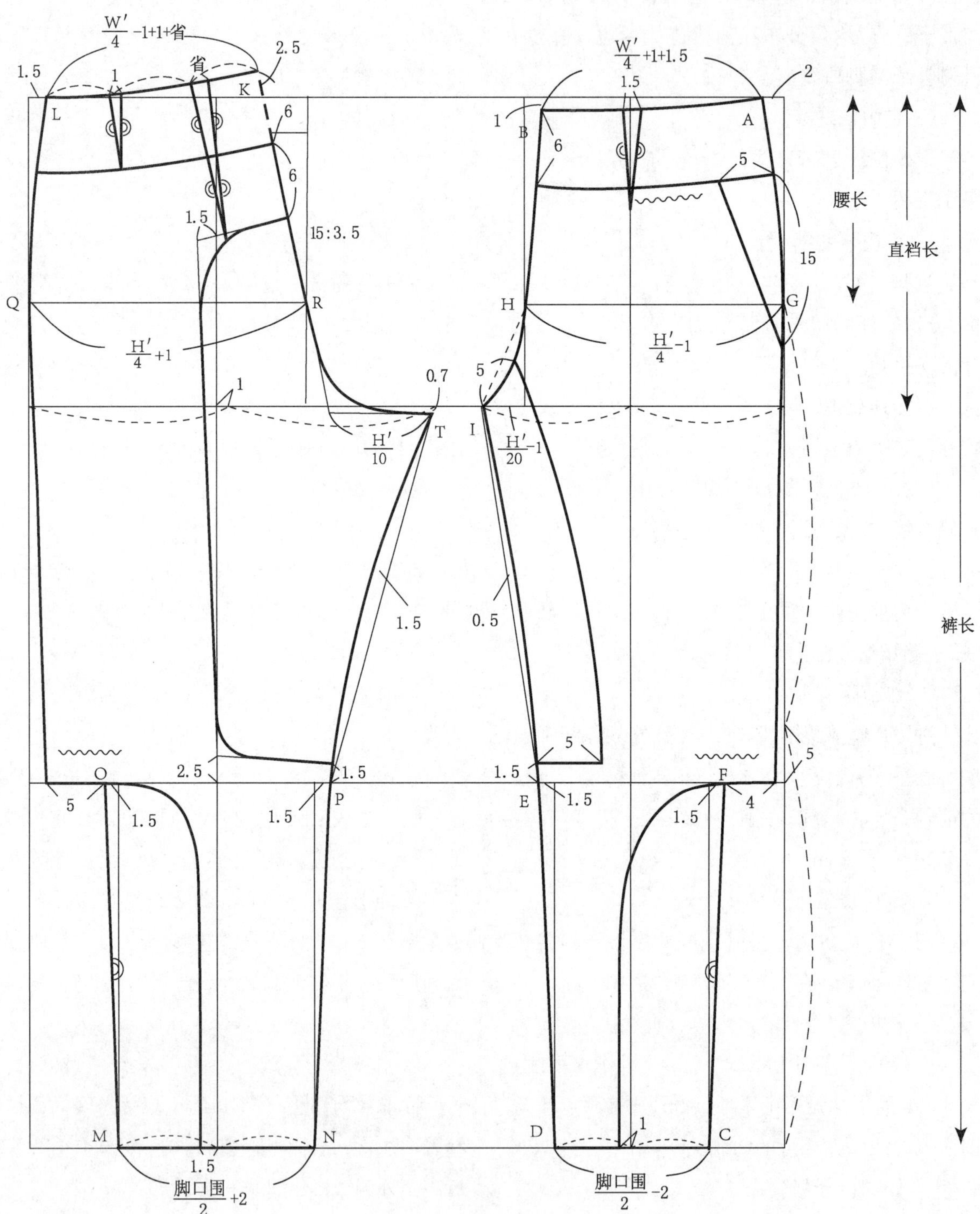

图 14-10-2 马裤基本样板

四、样品修正及零部件样板

(1) 修正裤片

套取后裤片，合并腰省并修正上下止口线，作后裤片样板；分别套取前后脚口样板，在外分割线处拼合，修正脚口及上部弧形，作脚口样板。

(2) 前门襟样板

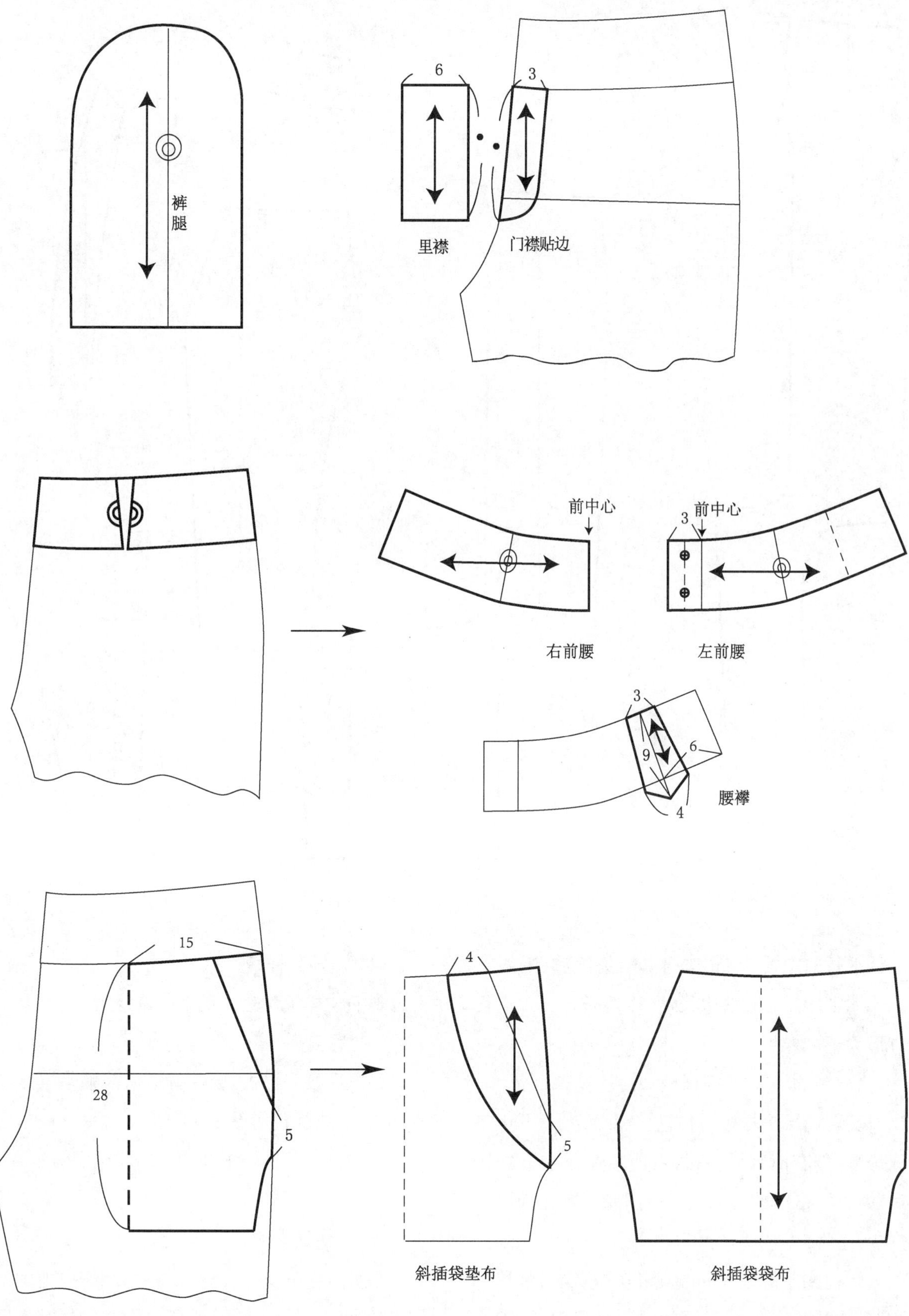
裤腿
6
3
里襟
门襟贴边
前中心
前中心
3
右前腰
左前腰
3
9
6
4
腰襻
15
28
5
4
5
斜插袋垫布
斜插袋袋布

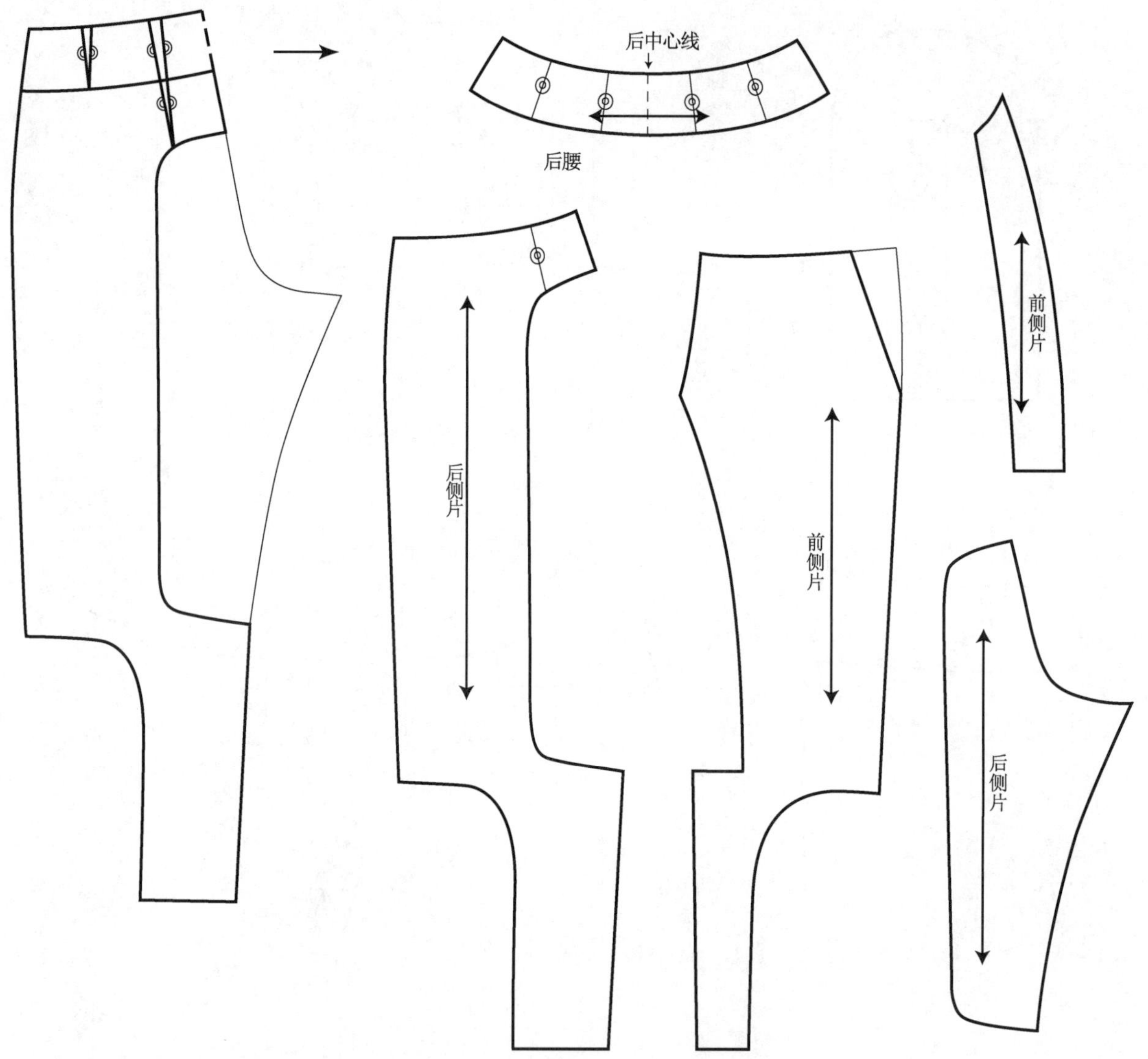

图 14-10-3 马裤裤片及零部件样板

平行前中线 3 cm 作门襟贴边，至臀围线下 2 cm 作圆角；量取贴边长度，作等长、6 cm 宽长方形为里襟样板。

(3) 前腰头及腰襻样板

套取前腰头样板，将省道合并后将上下止口线修顺，作右前腰样板；将右前腰样板水平翻转后前中心处延伸 3 cm 为叠门量，作左前腰头样板。

距前腰头侧缝 6 cm 作腰围线垂线为腰襻对称线，腰襻上宽 3 cm，下宽 4 cm，全长 9 cm，尖角长约 1.5 cm。

(4) 斜插袋样板

斜插袋样板作法详见基础锥形裤。

(5) 后腰头

套取后腰头样板，合并省道后修顺上下止口线，沿后中线翻转作后腰头样板。

裤片及零部件样板如图 14-10-3 所示。

五、结构分析

马裤上松下紧，从结构上看中裆线以上的部分实际为较宽松的直筒裤，所以作图方法基本同直筒裤的方法。因为腰臀差较大，而前片没有省道及能有效转移省道的分割线，所以在尺寸分配上采用了前腰围大、后腰围小的设计。马裤的分割线基本都是款式设计线，所以造型及作图尺寸都有很大的设计空间。

第十一节　牛仔背带裤

一、款式说明

图 14-11-1 是一款牛仔背带裤，整体造型呈直筒状，较为宽松。护胸及护背中心作明线设计，前片有贴袋及装饰小袋盖，贴袋及袋盖用铆钉固定；前裤片两侧各有一袋口呈弧线的斜插

图 14-11-1　牛仔背带裤

袋，并在口袋侧面开口，各用三颗金属扣扣合；后裤片通过育克分割，臀部有两个大贴袋。裤脚口拼接双层育克，外侧缝处通过三颗金属扣扣合，与侧缝开口设计相呼应。

二、规格设计(表 14-11-1)

表 14-11-1　牛仔背带裤规格表

单位：cm

部位名称	胸围	腰围	臀围	背长	腰长	直裆长	全长	裤长	脚口围
净体尺寸 H	84	68	90	38	18	24.5	—	—	—
加放尺寸	10	22	10	—	0	4.5	—	—	—
成衣尺寸 H′	94	86	100	38	18	29	125	80	54

三、平面结构制图

在腰围有横向分割线的连身裤一般将上下部分分开绘制。首先绘制裤装部分样板。

1. 基础框架的绘制

和绘制直筒裤的基础框架方法相似，以宽为 H′/4＋1 cm、长为裤长作一个长方形为后片的基础框架；以宽为 H′/4－1 cm、长为裤长作一个长方形为前片的基础框架，间距约 20 cm。

从腰围辅助线向下量取直裆尺寸作水平线为横裆线；从腰围辅助线向下量取腰长尺寸作水平线为臀围线；后中心斜线取 15∶2，斜线在腰围线上取 1.5 cm 作为起翘量。

从后中心斜线与横裆线交点向外 H′/10 cm 在横裆线上取后小裆宽；从前中心线和横裆线交点向外 H′/20－1 cm 在横裆线上取前小裆宽。

在横裆线上，取后横裆宽的中点并向侧缝偏移 1 cm，作竖直线为后烫迹线；在横裆线上，取前横裆宽的中点，作竖直线为前烫迹线。

脚口线上 12 cm 作水平线为脚口分割线。

2. 裤片基本板的绘制

(1) 前裤片的轮廓线

① 根据成品尺寸确定轮廓关键点。

前臀围是 H′/4－1 cm＝24 cm，前腰围是 W′/4＝21.5 cm，差值 2.5 cm。在腰围辅助线与侧缝线交点处收进 1 cm 取腰侧点 A，余量在前中心去掉并下降 1 cm，取前腰点 B。

在前脚口分割线取脚口/2－2 cm，均匀分布在前烫迹线两边，确定内外侧缝线与脚口线交点 C 和 D。

② 作内前外侧缝线。

过点 A、G、C 点作前外侧缝线，臀围线下基本为直线；连接 ID 作稍有弧度的内侧缝线，使之与脚口分割线垂直。

③ 作脚口育克。

向下延长内外侧缝线至脚口线，作脚口育克。

④ 作前上裆线。

连接 BH，前裆弧线的画法与基础直筒裤相同。

⑤ 作前腰头。

过点 A 和 B 作前腰围线，使之与前中心线和侧缝线垂直，在前腰围线向下 4 cm 画一条平行线为前腰头下止口线。

⑥ 定前插袋位置及尺寸。

在前腰头下止口线处取 5 cm 作为插袋宽度，再向下取 9 cm 根据款式造型作一条曲线为袋口弧线。

(2) 后裤片的轮廓线

① 根据成品尺寸确定轮廓关键点。

连接后腰点 K 和腰围线与后侧缝线的交点，量取 W′/4，余量 1.5 cm 做成腰省进行转移。

在后脚口分割线取脚口围/2＋2 cm，均匀分布在后烫迹线两边，确定内外侧缝线与脚口线交点 M 和 N。

② 作后内外侧缝线。

过点 L、Q、M 点作后外侧缝线，臀围线下基本为直线；取落当量约 0.5 cm，连接 TN，向内约 1.5 cm 作内侧缝线，使之与脚口分割线垂直。

③ 作后上裆线。

后上裆线的作法与基础直筒裤相同。

④ 作后脚口育克。

同前片的做法，向下延长内外侧缝线至脚口线，作脚口育克。

⑤ 作后腰头和育克。

连接 KL 作后腰围线，使之与前后中心线和侧缝线垂直，向下量取 4 cm 作其平行线为腰头下止口线；在侧缝处向下量取 4 cm，后中处量取 6 cm 作一条微凸的曲线为育克下止口线；取腰围线中点作腰省，省宽为腰围尺寸的余量，省长 10 cm。重新量取腰围尺寸，在后腰围线中心将余量做成后腰省，省长 10 cm。

⑥ 定后贴袋位置及尺寸。

育克下止口线下 3 cm 作其平行线，距后中心 6 cm 定贴袋内侧位置，袋口宽 14 cm，袋长 14 cm，平行线上 1 cm 定袋口外侧位置。

3. 护胸及护背样板

（1）护胸样板

将衣片原型前中心线与裤片前中心辅助线延长线对齐，水平延长腰围线。距腰围线向上 24 cm 作护胸上止口线，宽 12 cm；腰围线上量取 W′/4，上抬 1.5 cm 后作前腰围线；连接上止口和腰围线外侧，根据款式作弧形为护胸的侧面止口线。护胸上止口线下 4 cm 作其平行线为护胸贴边样板。

侧颈点处向外量取 4 cm 定背带位置，背带宽 4 cm，与护胸上止口外侧相连，作连接线的平行线为前背带样板。

（2）护背样板

同前片作法，将衣片原型后中心线与裤片后中心辅助线延长线对齐，距腰围线向上 24 cm 作护背上止口线，宽 10 cm；腰围线上量取 W′/4，连接上止口和腰围线外侧，根据款式作弧线，为护背的侧面止口线。护背上止口线下 4 cm 作其平行线为护背贴边样板。背带作法与前片相同。

背带裤基本样板如图 14-11-2 所示。

4. 零部件样板

（1）护胸贴袋样板

套取护胸样板，沿前中心线翻转，修正上下止口线；距上止口线 5 cm 作水平线，大贴袋袋口宽 18 cm，高 12 cm。

贴袋上止口线上 1.5 cm，过外侧止口线 0.5 cm 定小袋盖位置，袋盖宽 8 cm，高 5 cm，下止口作 1 cm 尖角。

（2）护胸护背贴边样板

护胸上止口线下 4 cm 作其平行线为贴边样板，护背贴边样板与护胸贴边的做法相同。

（3）背带样板

将前后衣片在肩线处拼合，修正背带两侧止口线，前背带下止口向下延长 3 cm 为背带样板。

（4）前插袋样板

同基础锥形裤中斜插袋的作法相似，袋口处向前中心量取 8 cm，袋长 20 cm，沿对折线将袋布展开，得到斜插袋袋布的完整样板。

腰围线上袋口向前中心量取 4 cm，侧缝线上斜插袋口向下量取 5 cm，平行于斜插袋袋口作袋垫布样板。

沿袋口向外 3 cm 作袋口弧形的平行线，为袋口贴边样板。

（5）前后腰头及侧门襟样板

套取前腰头样板，距侧缝 1.5 cm 在腰头中心定扣眼位置，沿前中心翻转后修正上下止口线为前腰头样板。

前侧片袋垫布上沿侧缝线外 3 cm 作其平行线，长 9 cm，为侧门襟贴边样板；作等长、宽 6 cm 长方形为侧里襟样板。

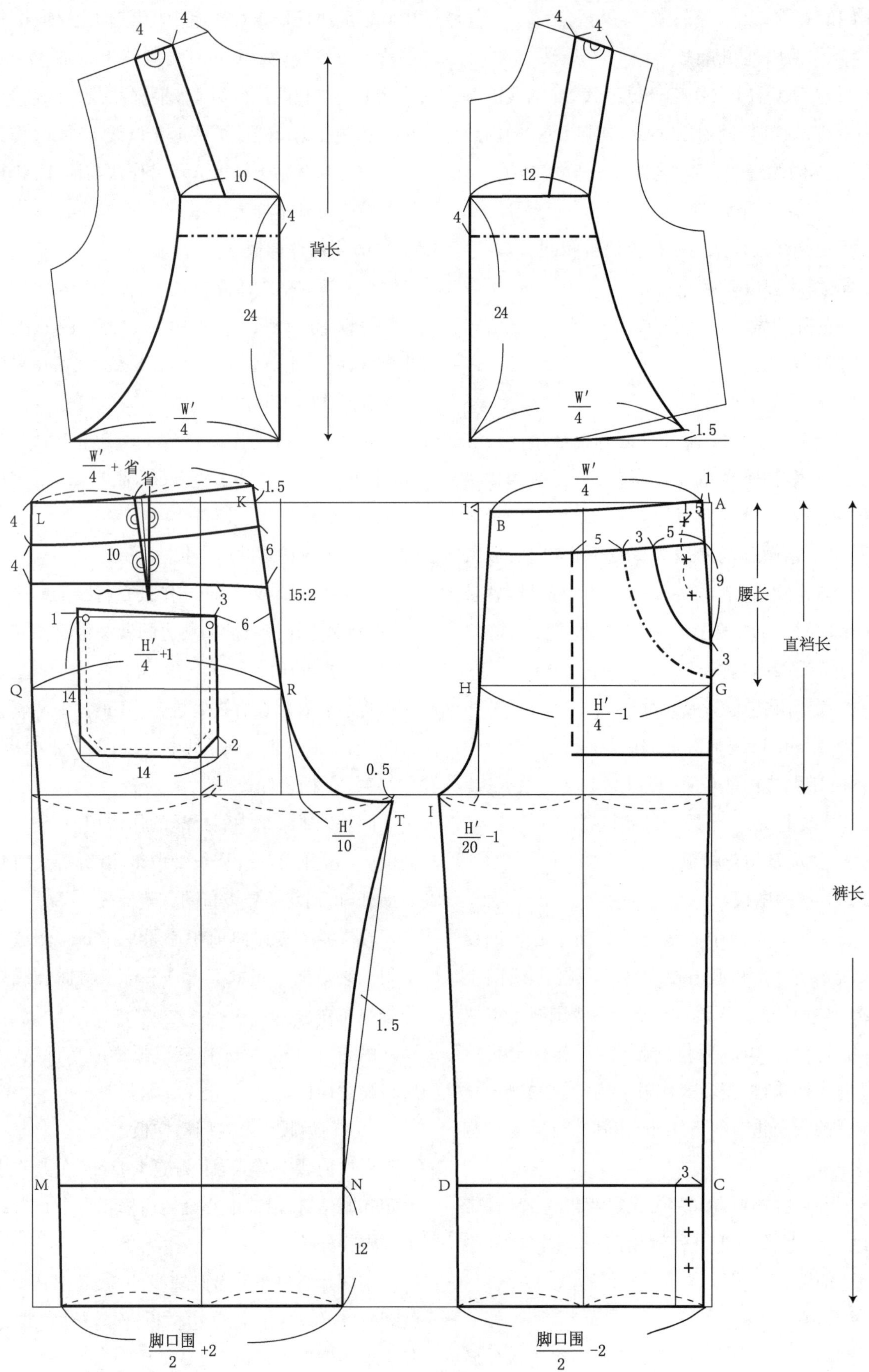

图 14-11-2　背带裤基本板

套取后腰头样板后合并腰省并修正上下止口线，侧缝处向外延伸 3 cm 作搭门量，沿后中心线翻转为后腰头样板。

(6) 后育克样板

套取后片育克样板，合并省道并修正上下止口线。

(7) 脚口育克样板

套取前后片育克样板，在内侧缝处拼合，后外侧缝线向外延伸 3 cm 为搭门量，根据款式定纽扣及扣眼位置，最后沿脚口线翻转作脚口育克样板。

零部件样板如图 14-11-3 所示，护胸、护背及裤片样板如图 14-11-4 所示。

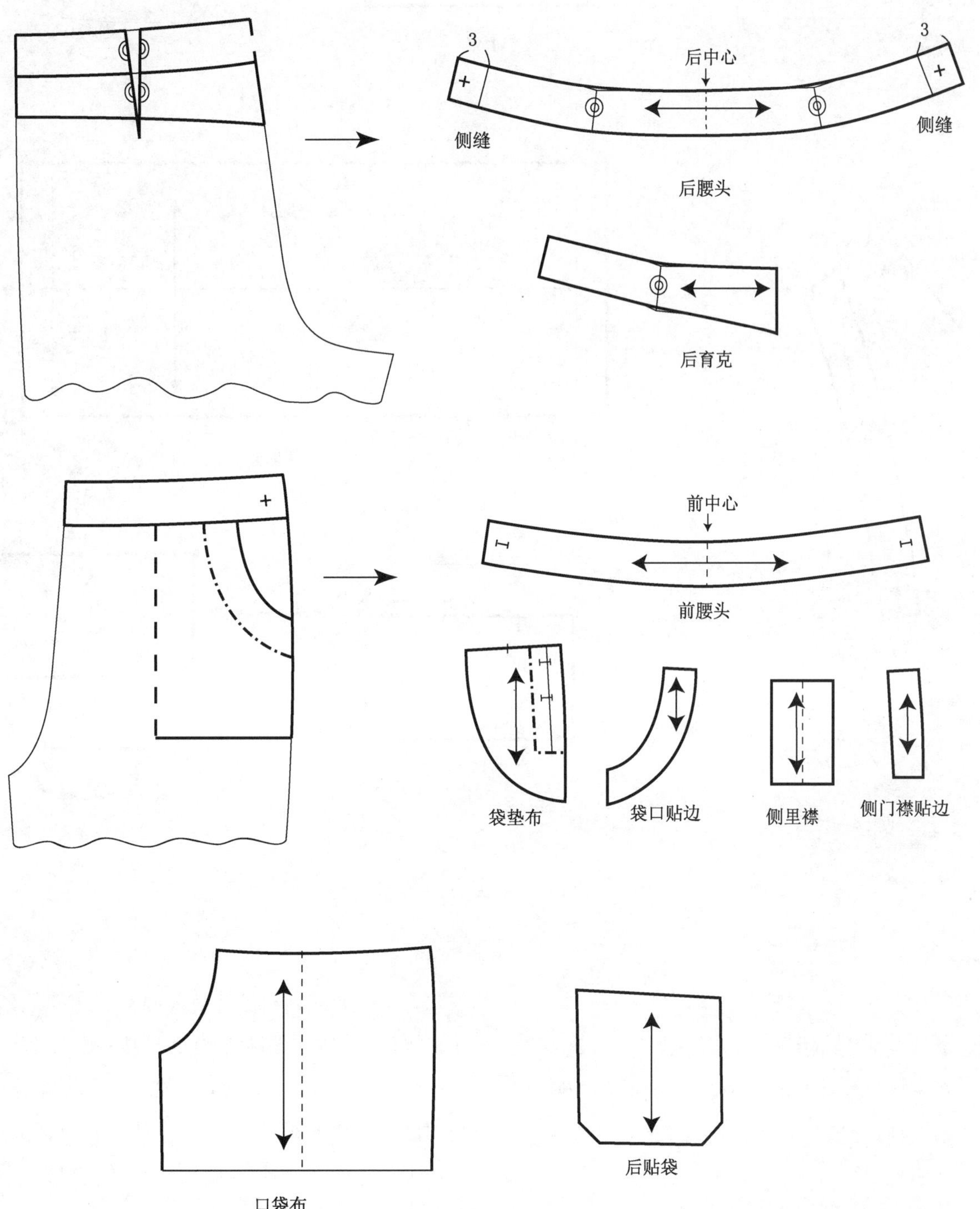

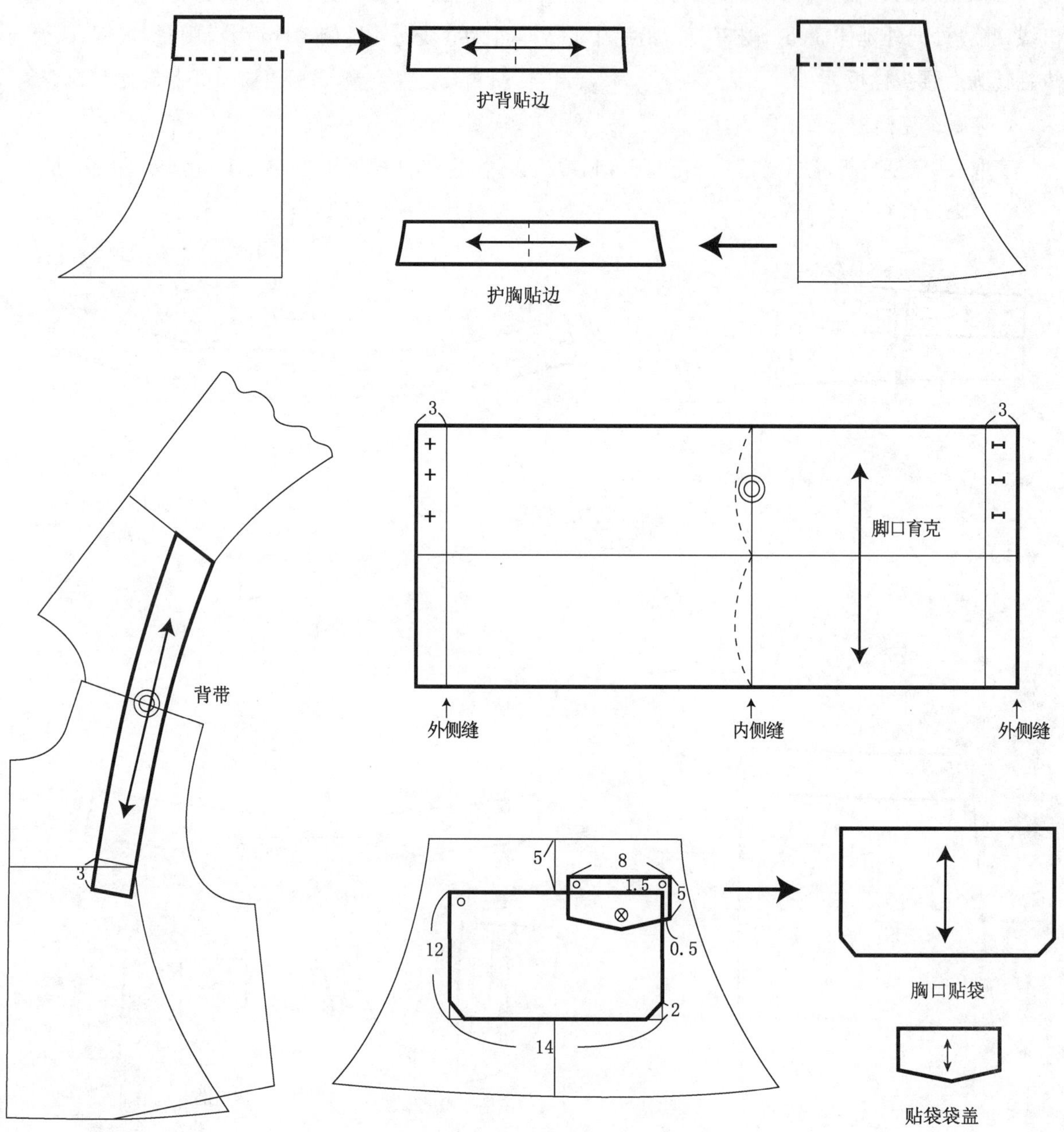

图 14-11-3　背带裤零部件样板

四、结构分析

背带裤是连体装的一种，上半身采用护胸和护背的设计，侧缝处并不封闭，因此上半身廓型较为平面化。

背带裤因为腰臀放松量的不同可分为合体型和宽松型两种，合体性背带裤一般腰围合体，因此下半部分的结构设计与普通裤子相同，仅仅是在腰部增加了护胸和护背的连接；宽松型背带裤一般腰围宽大，主要通过背带承重，下部分的结构设计与普通裤子有一定差异。因为腰围尺寸较大，所以后中心斜线斜度较小，起翘量较小，在后腰中心形成较大空隙，所以需增加直裆尺寸来弥补人体运动时后中心的伸长量。

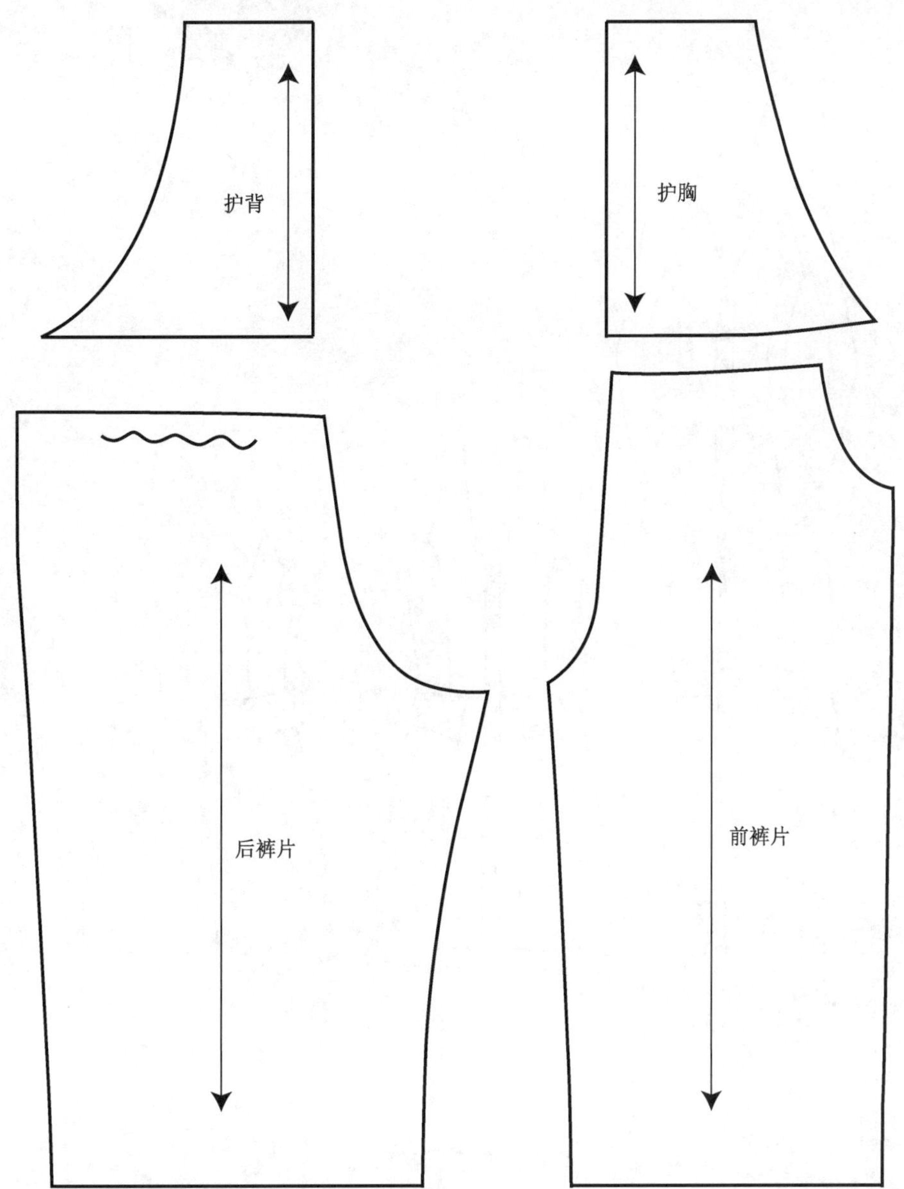

图 14-11-4　背带裤护胸、护背及裤片样板

第十二节　连　身　裤

一、款式说明

图 14-12-1 是一款连身裤，上半身为合体背心，采用四开身设计；下半身为较为宽松的箱形短裤，通过前中心的明门襟扣合，腰围线处有前后相连的装饰边。

图 14-12-1 连身裤

二、规格设计(表 14-12-1)

表 14-12-1 连身裤规格表

单位：cm

部位名称	胸围	腰围	臀围	背长	腰长	直裆长	全长	裤长	脚口围
净体尺寸 H	84	68	90	38	18	24.5	—	—	—
加放尺寸	6	4	8	—	0	2.5	—	—	—
成衣尺寸 H′	90	72	98	38	18	27	86	45	56

三、平面结构制图

1. 上半身背心样板

(1) 背心后片样板

上衣原型腰围线向下量取 3 cm 作水平线为背心下止口辅助线。

侧颈点向外量取 5 cm,后胸围辅助线上量取 B′/4 定袖窿底点,作后袖窿线;过该点作直线垂直腰围线为侧缝辅助线,腰围线上侧缝处收进 1.5 cm,以 W′/4 为后腰围,量取差量约为 3 cm,为分割线处收腰量。

取胸围线中点向侧缝偏移 0.5 cm,过该点作腰围线垂线,以该垂线为中心线作后分割线,使之在腰围处收腰量约为 3 cm,在下止口线处收量约为 2.5 cm。

作侧缝线使之在腰围处收进 1.5,在下止口线处收量约为 1 cm。

连接背心下止口线,量取后中心段长度记为"●1",后侧段长度为"●2"。

后中心向下量取 12 cm,侧缝处向下量取 4 cm,作后片贴边线。

(2) 背心前片样板

上衣原型腰围线向下量取 3 cm 作水平线为背心下止口辅助线。

取后胸围为 B′/4 作直线垂直腰围线为侧缝辅助线,侧缝处起翘 1.5 cm,收进 1.5 cm 作前片下止口线,以 W′/4 为后腰围尺寸,余量约 3 cm 为分割线处收腰量。

量取后片侧缝长,作等长的前侧缝线确定前袖窿底点,侧颈点向外量取 5 cm,作前袖窿线;前颈点向下 15 cm 作领口弧线。

取胸围线中点,过该点作腰围线垂线,以该垂线为中心线作后分割线,使之在腰围处收腰量约为 3 cm,并竖直向下至背心下止口线。

前片下止口线上量取前中心段长度记为"▲1",前侧段长度为"▲2"。

侧缝处向下量取 4 cm,作水平线为前片贴边线。

前中心向外量取 1.5 cm 为搭门量作门襟样板。

2. 下半部分基础框架的绘制

下半部分以宽为 H′/4+1 cm、长为裤长作一个长方形为后片的基础框架;以宽为 H′/4−1 cm、长为裤长作一个长方形为前片的基础框架,间距约 20 cm。

从腰围辅助线向下量取直裆尺寸作水平线为横裆线;从腰围辅助线向下量取腰长尺寸作水平线为臀围线;后中心斜线取 15∶3.5,斜线在腰围线上取 2.5 cm 作为起翘量。

从后中心斜线与横裆线交点向外 H′/10 cm 在横裆线上取后小裆宽;从前中心线和横裆线交点向外 H′/20−1 cm 在横裆线上取前小裆宽。

在横裆线上,取后横裆宽的中点并向侧缝偏移 1.5 cm,作竖直线为后烫迹线;在横裆线上,取前横裆宽的中点,作竖直线为前烫迹线。

3. 裤片基本板的绘制

(1) 前裤片的轮廓线

① 作内前外侧缝线和上裆线。

前臀围是 H′/4−1=24 cm,前腰围是 W′/4=18 cm,差值 6 cm。在腰围辅助线与侧缝线交点处收进 1.5 cm 取腰侧点,前中心收进 0.5 cm 并下降 1 cm,余量作褶裥。

以脚口/2−2 cm 作脚口线,同第六节箱型短裤的方法作前内外侧缝线及上裆线。

② 作前腰围线及褶裥。

作前腰围辅助线使之与前中心和侧缝线垂直,向下 3 cm 作该线平行线为裤片腰围线;从前中量取"▲1"确定褶裥位置,从侧缝量取"▲2"确定褶裥大小,向下作竖直线。

③ 定前插袋位置及尺寸。

腰围线上近侧缝处量取 3 cm,向下 15 cm 作插袋袋口线。

④ 作前腰装饰边。

侧缝处量取 6 cm，距前中 4 cm 向下量取 8 cm，向侧缝方向偏移 1.5 cm 后作装饰边下止口线。

(2) 后裤片的轮廓线

① 作后腰围线及省道。

连接后腰围辅助线，向下 3 cm 作其平行线，从后中量取“●1”定省道位置，以 2 cm 为省道大小，继续量取“●2”确定侧缝位置；垂直腰围线作后腰省，省长 9 cm。

② 作后内外侧缝线。

以脚口/2+2 cm 作脚口线，落裆量约 0.5 cm，同第六节箱型短裤的方法作后内外侧缝线及上裆线。

③ 作后片装饰边。

侧缝处向下量取 6 cm 作腰围线的平行线为后片装饰边。

连身裤基本样板如图 14-12-2 所示。

4. 零部件样板

(1) 装饰边样板

分别套取前后装饰边样板，前片褶皱改为等尺寸省道，分别合并前后片省道，将前后片在侧缝处加放 1 cm 后拼合，修正上下止口线。

(2) 前门襟样板

套取前衣片上门襟样板，量取裤片前中心线腰围至臀下 2 cm 长度，将门襟样板向下延长该长度后沿外止口翻转，修正上止口。分别距上止口 2 cm、下止口 4 cm 确定纽扣位置，并均匀地取其他纽扣位置。

(3) 斜插袋样板

斜插袋作法请参考第十节马裤。

连身裤零部件样板如图 14-12-3 所示，衣片及裤片样板如图 14-12-4 所示。

四、结构分析

与上一节背带裤相比，这款连身裤在胸部、腰部更为合体，因此结构设计实际为上衣样板和裤装样板的组合，这种结构组合设计的关键在于上下身的匹配，其要点同横向分割线连衣裙的结构设计相似。

从款式可以看出该款在正腰位收腰，而上下身分割线在正腰位以下，所以横向分割线取在正腰位线下 3 cm，衣片收腰时下止口的收腰量不同于腰围线上的收腰量，同时为了保证上下衣身的统一，上衣分割线和下装省道、褶裥的位置相统一。

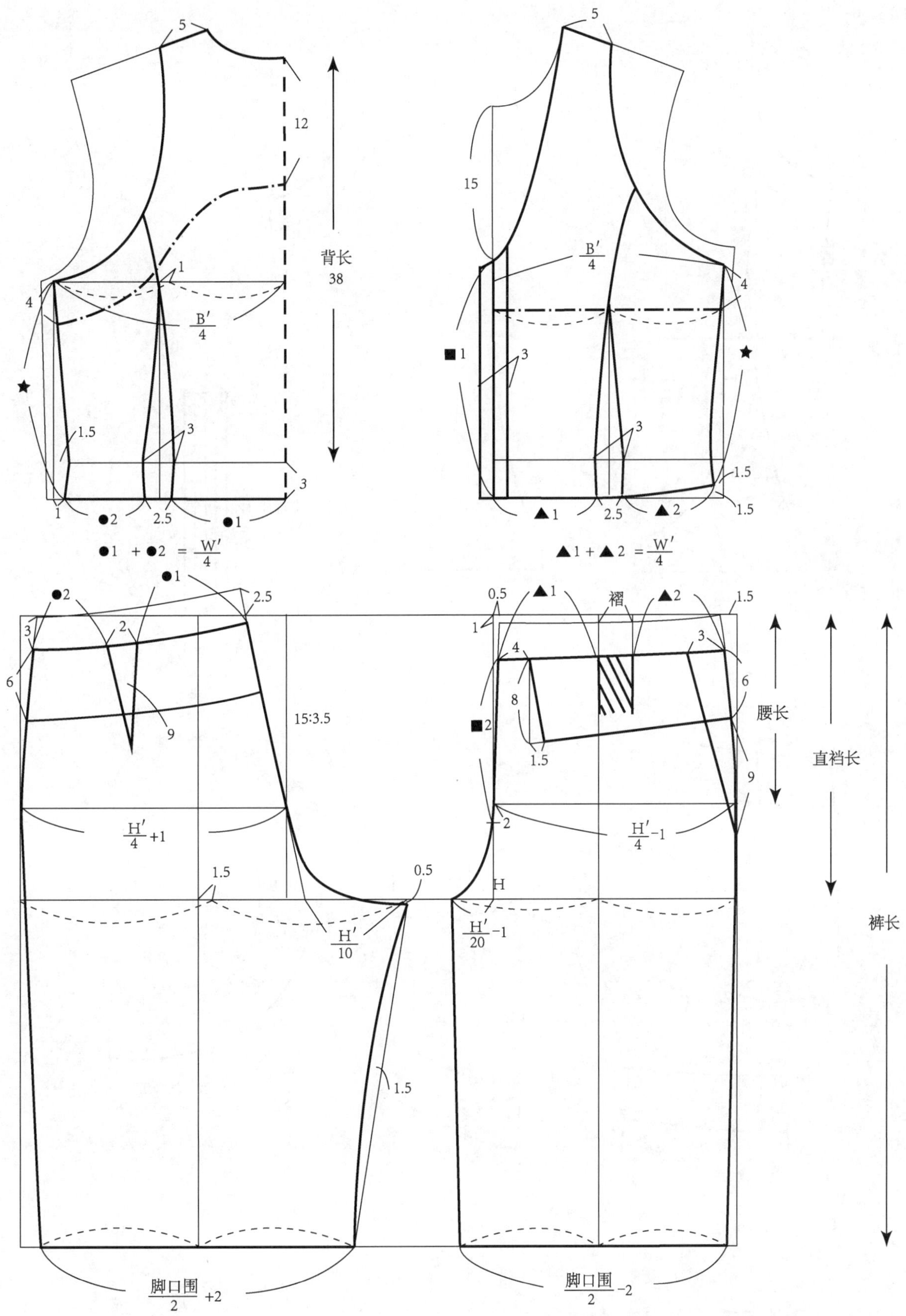

图 14-12-2　连身裤基本板

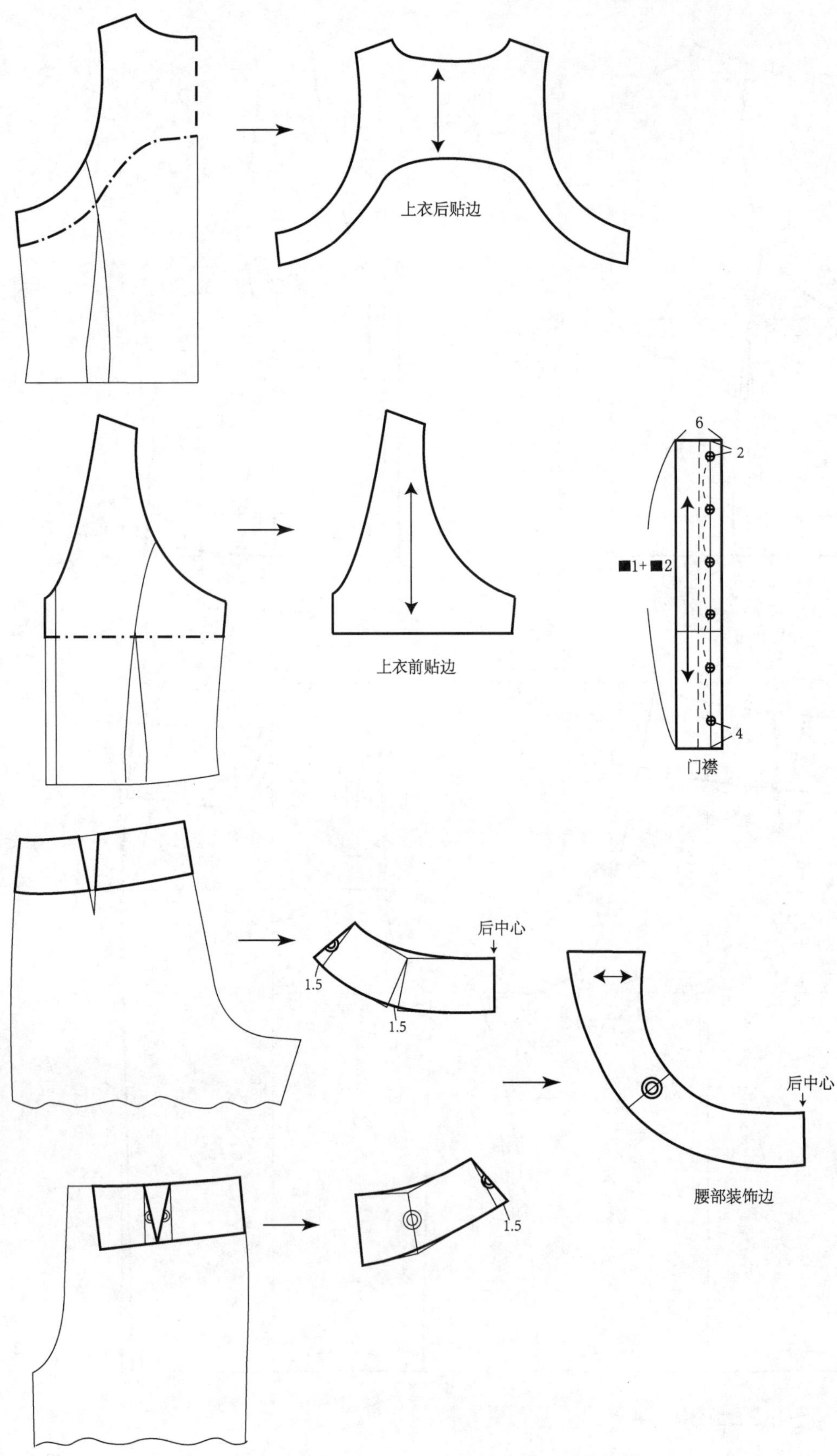

图 14-12-3 连身裤零部件样板

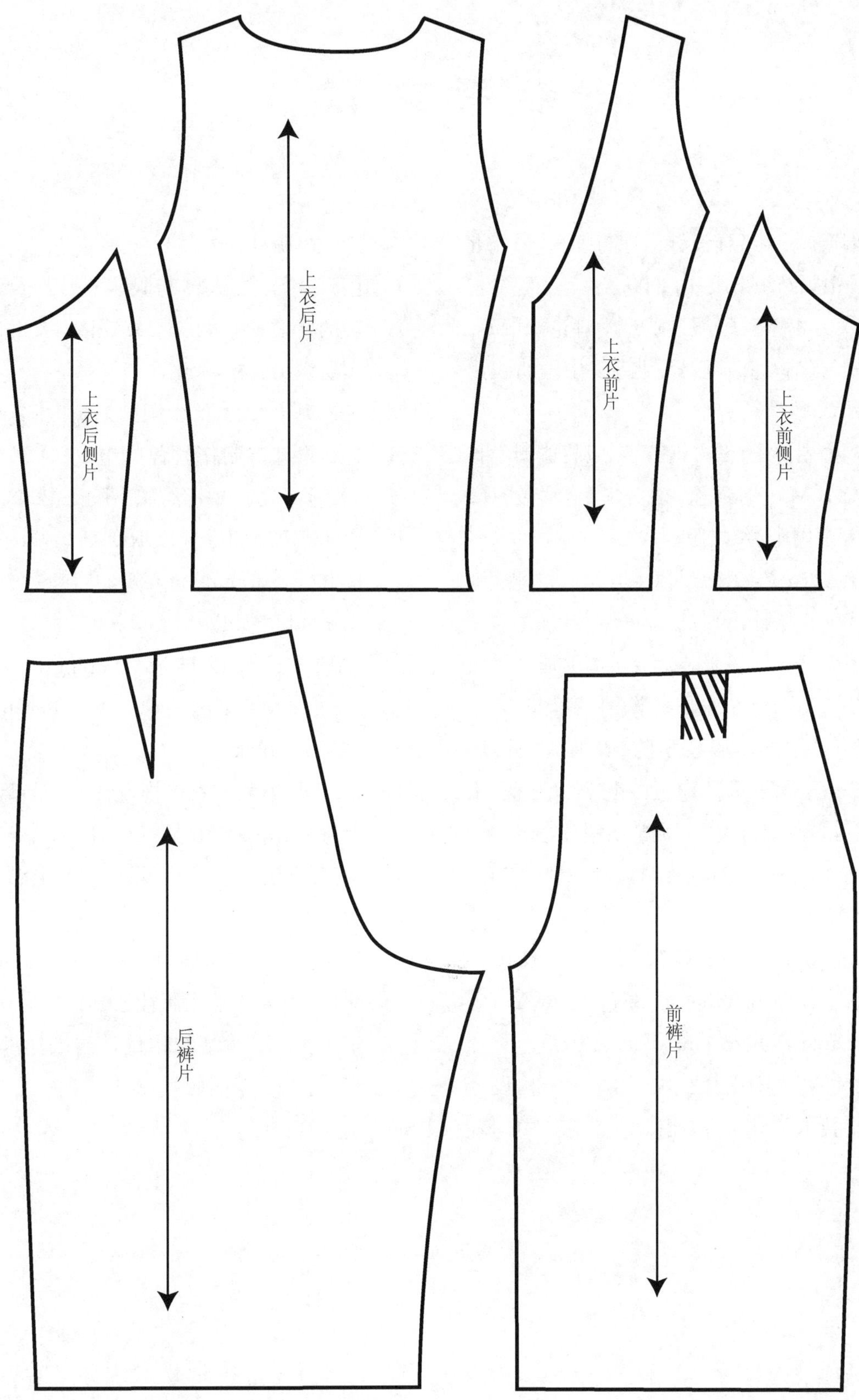

图 14-12-4　连身裤衣片及裤片样板

参考文献

[1] 刘瑞璞. 服装纸样设计原理与技术[M]. 北京：中国纺织出版社，2005.

[2] [日]三吉满智子. 服装造型学理论篇[M]. 郑嵘，张浩，韩洁羽，译. 北京：中国纺织出版社，2008.

[3] [日]中屋典子，三吉满智子. 服装造型学技术篇 1[M]. 孙兆全，刘美华，金鲜英，译. 北京：中国纺织出版社，2007.

[4] 章永红. 女装结构设计(上)[M]. 杭州：浙江大学出版社，2005.

[5] 鲍卫君，陈荣富. 服装裁剪实用手册——下装篇[M]. 上海：东华大学出版社，2005.

[6] [日]日本文化服装学院. 服饰造型讲座 2——裙子、裤子[M]. 张祖芳，纪万秋，朱瑾，等，译. 上海：东华大学出版社，2000.

[7] 张向辉，于晓坤. 女装结构设计(上)[M]. 上海：东华大学出版社，2013.

[8] ZAMKOFF B，PRICE J. Basic pattern skills for fashion design [M]. New York：Fairchild Publications，1999.

[9] 胡大芬，黎志伟，谈剑波. 裙与裤结构设计关键技术及 CAD 应用[M]. 北京：中国轻工业出版社，2012.

[10] [日]中泽愈. 人体与服装——人体结构·美的要素·纸样[M]. 袁观洛，译. 北京：中国纺织出版社，2003.

[11] [美]海伦·约瑟夫-阿姆斯特朗. 美国时装样板设计与制作教程(上)(下)[M]. 裘海索，译. 北京：中国纺织出版社，2008.

[12] AMADEN-CRAWFORD C. The art of fashion draping [M]. New York：Fairchild Publications，2007.

[13] JAFFE H，RELIS N. Draping for fashion design [M]. New York：Fashion Institute of Technology，2000.

[14] 侯东昱. 下装成衣结构设计·下装篇[M]. 上海：东华大学出版社，2012.

[15] 申鸿. 下装创意结构设计[M]. 上海：东华大学出版社，2014.

[16] 侯东昱. 女下装结构设计原理与应用[M]. 北京：化学工业出版社，2014.

[17] 宋金英. 裙/裤装结构设计与纸样[M]. 上海：东华大学出版社，2014.